21世纪高等教育土木工程系列教材

PKPM装配式结构设计

主　编　张同伟　张孝存
参　编　张雪琪　汪　炳　熊勇林

机 械 工 业 出 版 社

PKPM 作为目前国内建筑行业中普遍采用的结构设计平台，结合装配式建筑的发展需求，推出了 PKPM-PC 软件，用于装配式混凝土结构的设计。为便于读者了解 PKPM 装配式建筑软件的使用，本书紧密结合工程实例，由浅入深，由基础到专业，主要介绍了 PKPM 结构设计、装配式结构建模、装配式结构方案设计、装配式结构计算分析、装配式结构深化设计、装配式结构图纸清单。

本书可作为高等院校土建类专业 PKPM-PC 装配式结构设计相关课程的教材，也可作为土建行业 PKPM-PC 装配式结构设计人员的参考书。

本书配有 PPT 课件、练习题答案等教学资源，免费提供给选用本书作为教材的授课教师，需要者请登录机械工业出版社教育服务网（www.cmpedu.com）注册后下载。

图书在版编目（CIP）数据

PKPM 装配式结构设计 / 张同伟，张孝存主编.
北京：机械工业出版社，2024. 8. --（21 世纪高等教
育土木工程系列教材）. -- ISBN 978-7-111-76391-8

Ⅰ. TU370.4

中国国家版本馆 CIP 数据核字第 2024E9R830 号

机械工业出版社（北京市百万庄大街 22 号　邮政编码 100037）
策划编辑：马军平　　　　　　　责任编辑：马军平
责任校对：郑　雪　薄萌钰　　　封面设计：张　静
责任印制：常天培
北京机工印刷厂有限公司印刷
2025 年 5 月第 1 版第 1 次印刷
184mm×260mm · 18.75 印张 · 460 千字
标准书号：ISBN 978-7-111-76391-8
定价：59.80 元

电话服务　　　　　　　　　网络服务
客服电话：010-88361066　机 工 官 网：www.cmpbook.com
　　　　　010-88379833　机 工 官 博：weibo.com/cmp1952
　　　　　010-68326294　金 书 网：www.golden-book.com
封底无防伪标均为盗版　机工教育服务网：www.cmpedu.com

前　言

在国家双碳政策的引导下，装配式建筑以其优良的特性，成为我国建筑工业化与可持续发展的重点方向之一，是目前高等院校土木工程专业学生及工程技术人员需了解与掌握的重要内容。PKPM 作为目前国内建筑行业中普遍采用的结构设计平台，结合装配式建筑的发展需求，推出了 PKPM-PC 装配式混凝土结构设计软件。为便于读者了解 PKPM-PC 装配式结构软件的使用，本书重点介绍了该软件的主要功能、基本操作、装配式结构建模、方案设计、深化设计与图纸生成等内容，并通过工程实例帮助读者更好地了解装配式结构的设计方法与主要步骤。

本书共分为 7 章，第 1 章概要介绍 PKPM BIMBase 平台的组成，以及 PKPM-PC 装配式混凝土结构设计软件的主要功能。第 2 章概括介绍 PKPM 结构设计软件的平面建模操作及 SATWE 结构内力分析与计算模块的参数设计。第 3 章详细介绍 PKPM-PC 装配式结构建模方法与基本操作。第 4 章主要介绍 PKPM-PC 装配式结构方案设计的流程与基本操作。第 5 章主要介绍 PKPM-PC 装配式结构设计指标检查与接力 SATWE 模块完成内力分析计算的主要方法。第 6 章介绍 PKPM-PC 装配式结构深化设计的主要内容与方法。第 7 章介绍 PKPM-PC 装配式结构生成设计图纸与计算书的基本操作。

本书由佳木斯大学张同伟和宁波大学张孝存任主编，参编人员还有西安建筑科技大学张雪琪、宁波大学汪炳和熊勇林。具体编写分工：第 1 章由张同伟编写，第 2 章由张雪琪、张同伟编写，第 3、4 和 6 章由张孝存编写，第 5 章由汪炳编写，第 7 章由熊勇林编写，全书由张同伟和张孝存统稿。

本书编写注重选材的系统性、实用性，由浅入深，从基础延伸到专业，适合土木工程专业学生及初学 PKPM-PC 装配式软件的结构设计人员使用。本书编写得到了宁波大学教学研究项目（JYXM2024104）的资助。

本书编写过程中参考了很多文献，在此向文献的作者表示衷心感谢。限于编者水平，书中难免存在不妥之处，敬请读者批评指正。

编　者

目　录

装配式设计软件简介 | 第1章

本章介绍：

为满足建筑信息化与装配式结构设计的行业需求，PKPM 自主研发了 BIMBase 平台，并在此基础上开发了 PKPM-PC 软件。该软件基于现行国家标准与设计习惯，具备装配式结构分析、构件拆分与预拼装、国标及多地装配率计算、构件深化设计与碰撞检查、自动出图、自动统计清单、数据导出等功能。本章将首先对 PKPM BIMBase 平台的组成及功能进行介绍，并在此基础上介绍 PKPM-PC 软件的界面、主要功能与一般设计流程。

学习要点：

- 了解 BIMBase 平台及 PKPM-PC 软件的主要功能与操作界面。
- 掌握利用 PKPM-PC 软件进行装配式混凝土结构设计的一般操作流程。

1.1 BIMBase 平台简介

PKPM 是我国建筑结构设计领域应用最为广泛的结构分析与设计软件之一。近年来，建筑信息模型（BIM）技术与装配式结构得到了广泛的发展与应用。PKPM 适应市场发展需求，于 2021 年推出了完全自主知识产权的 BIMBase 建模软件。BIMBase 基于自主三维图形内核，致力解决行业信息化领域"卡脖子"问题，实现核心技术自主可控。平台重点实现图形处理、数据管理和协同工作，由三维图形引擎、BIM 专业模块、BIM 资源库、多专业协同管理、多源数据转换工具、二次开发包等组成。平台可满足大体量工程项目的建模需求，实现多专业数据的分类存储与管理、多参与方的协同工作，支持建立参数化组件库，具备三维建模和二维工程图绘制功能。

BIMBase 平台提供了 C++、Python、C#等多种二次开发接口，目前已有建筑、电力、化工等多个行业的软件企业在 BIMBase 平台上进行二次开发。基于完全自主 BIM 技术形成的多项软件产品已推向市场，包括多专业建模及自动化成图、结构分析设计、装配式建筑设计、绿色建筑分析、铝模板设计等全国产 BIM 应用软件，逐步建立起国产 BIM 软件生态环境。

图 1-1 为 BIMBase 平台的启动界面，主要包含基础建模软件（BIMBase）、建筑全专业协同设计系统（PKPM-BIM）、绿色低碳与建筑节能系列软件（PKPM-GBP）、装配式混凝土设计软件（PKPM-PC）和装配式钢结构设计软件（PKPM-PS）。本书以 PKPM-PC 软件为重点，介绍装配式混凝土结构的建模、设计、分析和绘图等内容。

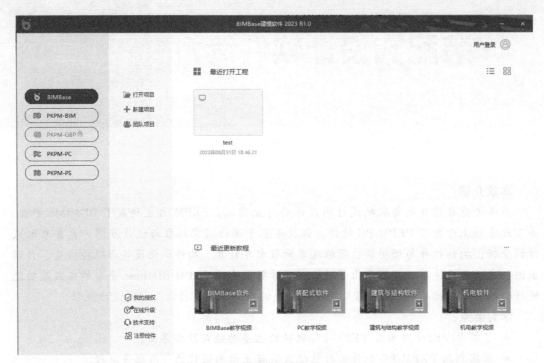

图 1-1　BIMBase 平台启动界面

1.1.1　建筑全专业协同设计系统（PKPM-BIM）

PKPM-BIM 软件包含建筑、结构和机电（给排水、暖通和电气）设计软件三个主要模块。

1. PKPM-BIM 建筑设计

PKPM-BIM 建筑设计模块是我国首款专注于中国建筑设计师建筑 BIM 设计软件，主要功能模块包括建筑正向 BIM 设计、BIM 施工图审查、清单算量、格式交互等功能，填补了国产 BIM 建筑设计软件的空白。其主要功能特点包括：

1）自由设计，一次完成想要的绘制，为建筑的自由设计提供便利的条件。

2）智能生成轴网系统，为复杂的轴网提供便捷的路径。

3）追踪器实时跟随，方便快捷地进行距离定位。

4）常用设置集的随时调用，用各工具收藏的构件进行快速建模。

5）丰富的二维、三维图库，最大限度地满足二维图纸表达与三维设计的需求。

6）多视图实时查看与修改，让建筑设计更轻松自如。

7）智能模型审查，自动定位到相应的构件，预审模型是否符合规范要求。

2. PKPM-BIM 结构设计

PKPM-BIM 结构设计模块提供快速创建结构 BIM 模型、结构 BIM 模型转设计模型、结构计算、基础设计、钢筋深化、高效出图及图模联动等功能；该产品同时也可以通过协同工作机制形成全专业模型与相关应用。其主要功能特点包括：

1）基于自主的 BIM 平台，功能研发更可控。

2）继承 PKPM 传统工作方式及建模流程，提供丰富多样的建模辅助功能，降低 BIM 建模难度，有效提高建模效率。

3）模型直接接力 SATWE 进行前处理，实现计算分析内核的无缝衔接，确保结果准确性。

4）提供便捷的建模工具，包括识图建模、参数修改、层间编辑等，让建模更加高效。

5）实现基于 BIM 模型的可视化荷载布置及编辑功能。

6）提供专业间模型链接及构件级协同两种模式，实现跨专业模型协作与应用，同时支持建筑模型构件部分转化。

3. PKPM-BIM 机电设计

PKPM-BIM 机电设计模块是国内首款基于 BIM 技术的机电设计软件，横向涵盖暖通、建筑给排水、建筑电气三专业，纵向功能涵盖三维建模、专业计算、根据三维模型进行水力计算、碰撞检查、专业提资、完成部分出图的设计全过程，并可完成机电三专业重点规范条文自审和报审工作。其主要功能特点包括：

1）提供管道绘制和编辑等智能设计功能，根据用户设置，自动进行管道连接。通过管道夹点对管道编辑时，可联动相关管道。

2）提供设备自动连接工具，暖通提供风盘、辐射采暖、风口等设备智能连接工具，建筑给排水提供卫浴设备、自动喷洒、消火栓等设备智能连接工具，建筑电气提供灯具、插座、开关、弱电设备自动连接工具，提高建模效率。

3）可根据三维模型，自动判断管道设备连接关系，进行水力计算。可根据水力计算结果，自动刷新三维模型。

4）提供建筑、结构、暖通、电气、给排水全专业碰撞检查功能，在同一个模型文件中完成碰撞检查，生成报告书。

5）提供设备库管理工具，用户可增加、删除、编辑设备数据库，可导入常用软件的设备库。

6）提供给建筑、结构开洞提资，给装配式建筑提供预埋条件的功能。

7）提供机电三专业重点规范条文自审和报审工作。

1.1.2 绿色低碳与建筑节能系列软件（PKPM-GBP）

PKPM-GBP 绿色低碳与建筑节能系列软件，既包含传统的节能系列软件，绿色建筑施工图设计模块，室内外风、光、声、热性能设计模块，还推出了超低能耗、碳排放计算，光伏发电模块（表 1-1）。PKPM-GBP 软件基于 GB 55015—2021《建筑节能与可再生能源利用通用规范》、GB 55016—2021《建筑环境通用规范》、GB/T 50378—2019《绿色建筑评价标准》及各地方设计、评价标准研发而成，为国内首款同时适用于超低能耗建筑设计分析，建筑碳排放计算分析，绿色建筑设计评价、性能模拟，覆盖建筑全生命周期的软件。

表 1-1 PKPM-GBP 系统软件的主要模块

模块	主要功能	执行标准
PKPM-PBECA	民用建筑节能设计分析	GB 55015—2021《建筑节能与可再生能源利用通用规范》、各地建筑节能设计标准

（续）

模块	主要功能	执行标准
PKPM-Energy	建筑能耗模拟分析	GB/T 50378—2019《绿色建筑评价标准》、JGJ/T 449—2018《民用建筑绿色性能计算标准》、JGJ/T 288—2012《建筑能效标识技术标准》
PKPM-PHEnergy	被动式低能耗建筑模拟分析	GB/T 51350—2019《近零能耗建筑技术标准》
PKPM-CES	建筑碳排放计算分析	GB 55015—2021《建筑节能与可再生能源利用通用规范》、GB/T 51366—2019《建筑碳排放计算标准》
PKPM-Sound	建筑声环境模拟分析	GB/T 50378—2019《绿色建筑评价标准》、GB 55016—2021《建筑环境通用规范》、JGJ/T 449—2018《民用建筑绿色性能计算标准》
PKPM-Daylight	室内天然采光模拟分析	GB/T 50378—2019《绿色建筑评价标准》、GB 55016—2021《建筑环境通用规范》、JGJ/T 449—2018《民用建筑绿色性能计算标准》
PKPM-TED&HeatIsland	建筑热环境设计分析	GB/T 50378—2019《绿色建筑评价标准》、JGJ/T 449—2018《民用建筑绿色性能计算标准》
PKPM-CFDout	室外风环境模拟分析	GB/T 50378—2019《绿色建筑评价标准》、JGJ/T 449—2018《民用建筑绿色性能计算标准》
PKPM-CFDindoor	室内自然通风模拟分析	GB/T 50378—2019《绿色建筑评价标准》、JGJ/T 449—2018《民用建筑绿色性能计算标准》
PKPM-TCD	室内热舒适性设计评价	GB/T 50378—2019《绿色建筑评价标准》、JGJ/T 449—2018《民用建筑绿色性能计算标准》
PKPM-AQ	室内空气质量设计评价	GB/T 50378—2019《绿色建筑评价标准》、GB 55016—2021《建筑环境通用规范》及 JGJ/T 449—2018《民用建筑绿色性能计算标准》
PKPM-GBD&GBtools	绿色建筑设计分析评价	GB/T 50378—2019《绿色建筑评价标准》,各地方设计、评价标准
PKPM-Solar	太阳能光伏设计	GB 50797—2012《光伏发电站设计规范》

1.1.3 装配式混凝土结构设计软件（PKPM-PC）

PKPM-PC 装配式混凝土结构设计软件，结合 PKPM 结构设计软件，可实现混凝土装配式工程整体结构计算分析及相关内力调整、连接节点设计功能，同时提供常用预制构件吊装、脱模、运输过程中的相关验算，并输出详细验算计算书；同时在 BIM 平台上可实现预制构件库的建立、三维拆分与预拼装、碰撞检查、构件详图输出、材料统计、BIM 数据直接接力生产加工设备等功能。PKPM-PC 可满足装配式结构计算、方案设计和深化设计的不同需要。其主要功能特点包括：

1）作为基于国内首款自主 BIM 平台的预制装配式建筑设计软件系统，支持全过程的 BIM 核心产业化信息模型，贯穿设计、生产、施工与运维。实现三维可视化多专业协同，多专业信息模型的创建，三维预制构件拼装、施工模拟与碰撞检查，材料统计，接力 CAM 生产，跟踪运输，指导施工与运维。

2）BIM 平台下丰富的参数可定制化预制装配式构件库，涵盖了国标图集各种结构体系的墙、板、楼梯、阳台、梁、柱等，为装配式结构的拆分、三维预拼装、碰撞检查与生产加工提供基础单元，推动模数化与标准化，简化设计工作，使设计单位前期就能主动参与到装配式结构的方案设计中，在设计阶段就能避免冲突或安装不上的问题。

3）符合 JGJ 1—2014《装配式混凝土结构技术规程》的装配式结构的分析设计，可以完成装配式整体分析与内力调整、预制构件配筋设计、预制墙底水平连接缝计算、预制柱底水平缝计算、梁端竖向连接缝计算、叠合梁纵向抗剪面计算，保证装配式结构设计安全度，提高设计单位的设计效率。

4）基于 BIM 平台的预制装配式构件详图自动化生成。装配式结构图要细化到每个构件的详图，详图工作量很大，BIM 平台下的详图自动化生成，保证模型与图纸的一致性，既能够增加设计效率，又能提高构件详图图纸的精度，减少错误。

5）实时的预制率、装配面积的统计计算，为方案阶段提供便捷的工具。

6）利用 BIM 系统下预制装配式建筑 CAM 技术，PKPM-PC 装配式混凝土结构的 BIM 模型数据直接接力工厂加工生产信息化管理系统，预制构件模型信息直接接力数控加工设备，自动化进行钢筋分类、钢筋机械加工、构件边模自动摆放、管线开孔信息的自动化画线定位、浇筑混凝土量的自动计算与智能化浇筑，达到无纸化加工，避免了加工时人工二次录入可能带来的错误，大大提高了工厂生产效率。

1.1.4 装配式钢结构设计软件（PKPM-PS）

PKPM-PS 装配式钢结构设计软件，结合 PKPM 结构设计软件，提供预制构件楼承板及组合楼板的施工阶段的相关验算，实现整体结构分析及相关内力调整、连接设计，并可在BIM 平台上实现预制构件库的建立、三维拆分与预拼装、碰撞检查、构件详图输出、材料统计、BIM 数据直接接力生产加工设备等功能。其主要功能特点包括：

1）作为基于 BIM 平台的预制装配式钢结构设计软件系统，支持全过程的 BIM 核心产业化信息模型，贯穿设计、生产、施工与运维。实现三维可视化多专业协同，多专业信息模型的创建，三维预制构件拼装、施工模拟与碰撞检查，材料统计，接力 CAM 生产，跟踪运输，指导施工与运维。

2）BIM 平台下丰富的参数可定制化预制装配式构件库，涵盖了国标图集各种结构体系的板、楼梯、阳台等，为装配式钢结构的拆分、三维预拼装、碰撞检查与生产加工提供基础单元，推动模数化与标准化，简化设计工作，使设计单位前期就能主动参与到装配式结构的方案设计中，在设计阶段就能避免冲突或安装不上的问题。

3）基于 BIM 平台的预制装配式构件详图自动化生成，保证模型与图纸的一致性，既能提高设计效率，又能提高构件详图图纸的精度，减少错误。

4）提供强大的钢结构节点连接设计功能，满足 GB 50017—2017《钢结构设计标准》的相关要求，自动生成完整的钢结构施工图，包括平面布置图、立面布置图、节点大样图、连接节点图、连接节点列表图等，满足施工图交付的相关要求。

5）提供了包括方案设计、初步设计和施工图设计的装配式钢结构全流程设计，减少了各阶段重复建模的工作量，提高了工作效率。

6）提供了专业的数据接口，可以和 Revit 及 Bentley 进行数据转换，快速实现结构专业的三维施工图模型创建。

1.2 PKPM-PC 软件界面

1.2.1 程序启动界面

PKPM-PC 软件的启动界面如图 1-2 所示，用户可根据设计需要，在区域②中选择"新建项目""打开项目"，也可以直接双击区域③中的"最近打开工程"中的项目缩略图启动程序。"最近打开工程"显示最近打开的 8 个工程项目。为优化用户对 PKPM 软件的使用，在新版本软件平台的启动界面中，区域④的"技术支持"弹框提供了 6 种 PKPM 官方的联系方式，区域⑤提供了教学视频入口，为用户使用 PKPM-PC 软件提供了进一步的支持。

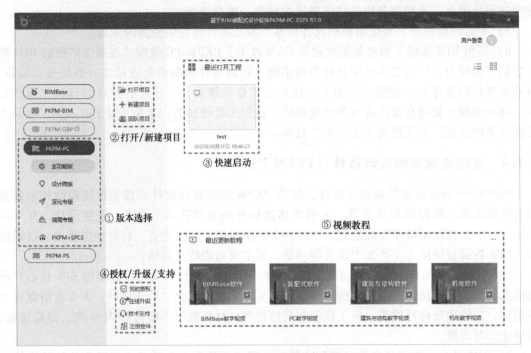

图 1-2 PKPM-PC 软件的启动界面

1.2.2 用户操作界面

PKPM-PC 软件界面和 BIMBase 平台上其他功能模块界面基本相同，软件界面总体布局如图 1-3 所示。用户可以在窗口顶部切换 BIMBase 平台的其他软件模块，或切换装配式混凝土结构设计模块的不同版本。PKPM-PC 软件的用户操作界面为 Windows 窗口界面，用户可以随意改变窗口的大小、位置和形状，并可在软件运行过程中运行 Windows 桌面上的其他程序，实现多进程工作方式。操作界面可分为四个主要区域，即上部的快速访问工具栏和 Ribbon 菜单，中部左侧的项目浏览器和属性窗口，中部的绘图区，下部的常用工具栏、命令区和状态显示区。

1.2.3 界面功能介绍

（1）快速访问工具栏　如图 1-4 所示，快速访问工具栏可进行常用的新建、打开、保存、撤销、恢复、专业切换等操作。

（2）Ribbon 菜单　如图 1-5 所示，以"PC 全功能版"为例，PKPM-PC 的菜单包含开始、常用功能、结构建模、方案设计、计算分析、深化设计、预留预埋、施工设计、指标与检查、图纸清单、工具集、管理、协同设计、外部数据、帮助和设置子菜单。"PC 设计院版"和"PC 深化专版"等根据各自设计特点不同，子菜单在"PC 全功能版"基础上做了一定简化。

图 1-3　PKPM-PC 软件的操作界面

图 1-4　快速访问工具栏

图 1-5　Ribbon 菜单

（3）视图浏览器和属性栏　如图 1-6 所示，软件界面的中部左侧区域可切换显示为视图浏览器或属性栏。视图浏览器中将显示楼层信息及图纸列表，如需切换楼层和图纸，需双击操作。切换到属性栏后，在视图中选择实体后，属性栏中的数据会自动更新为该构件的属性。按住视图浏览器和属性栏的顶部进行拖拽，可以使停靠栏由停靠变为悬浮，双击悬浮框的顶部可以恢复为停靠模式。若单击停靠栏右上角的关闭按钮，或通过三角按钮下拉选项选择隐藏后，可以在视图区域任意位置处右击，在弹出的右键菜单中单击浏览器或属性即可重新启动视图浏览器和属性栏。

（4）绘图区

1）视图盒：位于主界面右上角（图 1-7），单击可以更改观察方向，单击箭头或者蓝色区域切换视角方向，在视图中按住鼠标滚轮并移动可以在视角不变的情况下平移模型，按住〈Ctrl〉键后再按住鼠标滚轮进行移动可以对视图模型进行旋转。

2）右键菜单：将光标放在构件上右击，会出现图 1-8 所示的菜单，可以进行选择、隐藏、移动、复制等操作。"充满显示"是将整个模型以适配视窗的尺寸显示。"选择同类实体"可以将所有与已选构件同类的实体选中。单击"视图控制"，打开图 1-9 所示对话框，

图 1-6 视图浏览器和属性栏

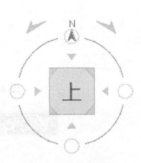

图 1-7 视图盒

图 1-8 右键菜单

图 1-9 "显示控制"对话框

可以按构件类型进行显隐，通过视图控制隐藏的构件，不会随右键菜单的"取消隐藏"命令而显示。

（5）常用命令栏 如图1-10所示，在程序界面右下侧的常用命令栏中，可直接使用导入/导出/打开PM、测量长度、构件复制、楼层复制、标准层复制和单构件出图功能。

图1-10 常用命令栏

（6）命令行 绘图区下方的命令行如图1-11所示。在使用命令行搜索指令时，命令行会自动联想出相关命令，单击即可快速启动命令。无输入命令的状态下单击右侧倒三角会显示出历史记录，左击可执行命令，右击是只选中不执行，右键选中后使用〈Ctrl+C〉键可以复制指令到剪贴板。若输入命令有误，命令行会以抖动方式提示。执行命令过程中的提示信息，会在命令行上方悬浮提示并自动渐隐。可通过查看历史记录查看以往提示信息。

图1-11 命令行

（7）状态栏 界面最下方是状态栏，如图1-12所示，从左到右分别为视窗控制及显示模式、鼠标指针当前位置的三维坐标，以及捕捉状态控制及捕捉设置工具。

1）视窗控制：可快速切换为单窗口、两窗口和三窗口，将多窗口平铺放置，将所有视窗充满显示。在多窗口显示时，可以将单个视窗拖出视口并调整视窗大小。

2）捕捉工具：可帮助用户在建模和设计过程中精确地定位到需要的位置。通过单击按钮可以切换状态，状态按钮为灰色底色填充时，表示开启，无填充时表示关闭。如图1-12所示，从左至右7个按钮分别为对象捕捉、对象捕捉追踪、极轴追踪、正交模式、栅格捕捉、锁定平面和捕捉设置。

图1-12 状态栏

1.3 PKPM-PC装配式结构设计的一般流程

如图1-13所示，PKPM-PC装配式结构设计主要包括获取装配式结构设计条件、装配式结构建模、装配式结构方案设计、结构整体计算分析、装配式结构施工图设计、装配式结构深化设计等环节。需要注意，利用PKPM-PC进行装配式结构设计时，在结构建模、计算分析等环节均与PKPM结构设计软件存在交互。因此，学习PKPM-PC装配式结构设计前，首先需要掌握传统PKPM结构设计软件的基本操作。

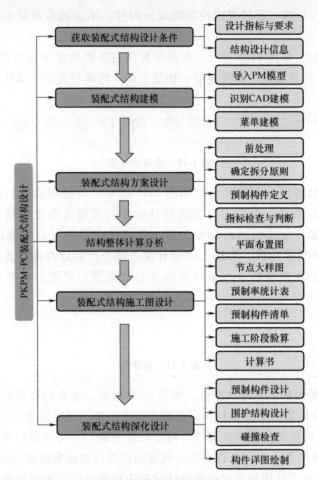

图 1-13　PKPM-PC 装配式结构设计的一般流程

本章介绍:

在利用 PKPM-PC 软件进行装配式混凝土结构设计时,在结构平面建模与内力分析计算等环节与传统的 PKPM 结构设计软件均有交互。装配式结构中的现浇部分也需要利用 PKPM 结构设计软件进行计算与设计。为此,本章将介绍 PKPM 结构设计软件的平面建模(PMCAD)模块和内力计算分析(SATWE)模块的基本功能与操作,为装配式软件的使用与装配式结构的设计提供基础。其中,PMCAD 模块采用人机交互方式布置各层平面轴网、构件与荷载,从而实现整栋建筑的平面建模。它为各功能设计提供数据接口,因此在整个系统中起到承前启后的重要作用。SATWE 是采用空间有限元壳元模型计算分析的模块,可完成建筑结构在恒、活、风荷载地震力作用下的内力分析、动力时程分析及荷载效应组合计算,并可对钢筋混凝土结构完成截面配筋计算。

学习要点:

- 掌握 PKPM 结构平面建模的操作流程与方法。
- 了解结构平面建模相关参数的含义与设置方法。
- 了解 SATWE 结构内力分析与计算模块的基本功能与适用范围。
- 结合规范要求,熟悉 SATWE 模块的各项参数含义与设置原则。

2.1 PMCAD 界面环境与基本功能

2.1.1 程序启动

双击桌面 PKPM 软件图标,弹出图 2-1 所示界面,在对话框右上角的专业模块列表中选择"结构建模"选项。一般可选择主界面左侧的"SATWE 核心的集成设计"(普通标准层建模)进行建模操作。

2.1.2 文件管理

PMCAD 软件的文件创建与打开方式如下:

1)新建模型时,单击"新建/打开"按钮,弹出图 2-2 所示"选择工作目录"对话框,建立该项工程专用的工作子目录。不同的工程应在不同的工作子目录下运行。打开已有模型时,可移动光标到相关的工程组装效果图上,双击启动 PMCAD 建模程序,也可以随后用单击"应用"按钮启动建模程序 PMCAD。

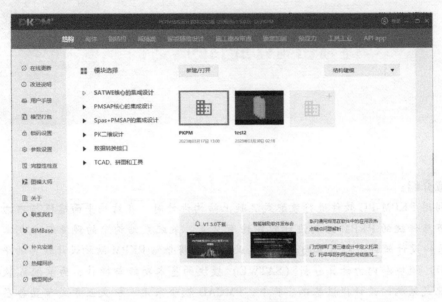

图 2-1　PKPM 软件主界面

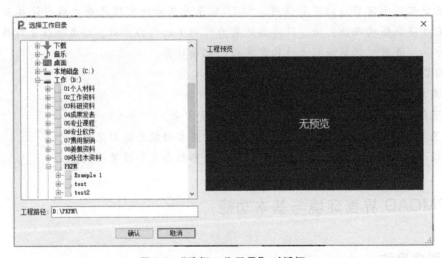

图 2-2　"选择工作目录"对话框

2）启动 PMCAD 后，在弹出的对话框内输入要建立的新文件或要打开的旧文件名称，然后单击"确定"按钮。

3）PMCAD 文件组成：一个工程的数据结构，包括用户交互输入的模型数据、定义的各类参数和软件运算后得到的结果，都以文件方式保存在工程目录下。程序把文件类型按照模块分类，如 PKPM 建模数据主要包括模型文件"工程名.JWS"和"工程名.PM"文件。若把上述文件复制到另一工作目录，就可在另一工作目录下恢复原有工程的数据结构。

2.1.3　界面环境

PMCAD 结构平面建模的主界面如图 2-3 所示。程序将屏幕划分为上侧的 Ribbon 菜单区、模块切换及楼层显示管理区，右侧的工作树、分组、命令树及构件组面板区，下侧的命令提示区、快捷工具条按钮区、图形状态提示区和中部的图形显示区，各分区主要功能如下：

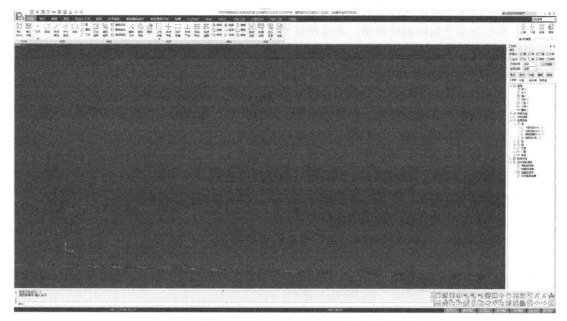

图 2-3　PMCAD 结构平面建模主界面

1）Ribbon 菜单主要为软件的专业功能，主要包含文件存储、图形显示、轴线网点生成、构件布置编辑、荷载输入、楼层组装、工具设置等功能。

2）上部的模块切换及楼层管理区，可以在同一集成环境中切换到其他计算分析处理模块，而楼层显示管理区，可以快速进行单层、全楼的展示。

3）上部的快捷命令按钮区，主要包含模型的快速存储、恢复，以及编辑过程中的恢复（Undo）、重做（Redo）功能。

4）下侧的快捷工具条按钮区，主要包含模型显示模式快速切换，构件的快速删除、编辑、测量工具，楼板显示开关，模型保存、编辑过程中的恢复（Undo）、重做（Redo）等功能。

5）右侧的工作树、分组、命令树及构件组面板区，提供了一种全新的方式，可做到以前版本不能做到的选择、编辑交互。树表提供了 PM 中已定义的各种截面、荷载、属性，反过来既可作为选择过滤条件，也可由树表内容察看当前模型的整体情况。

6）下侧的图形状态提示区，包含图形工作状态管理的一些快捷按钮，有点网显示、角度捕捉、正交模式、点网捕捉、对象捕捉、显示坐标等功能，可以在交互过程中单击按钮，直接进行各种状态的切换。

7）在屏幕下侧是命令提示区，一些数据、选择和命令由键盘键入，如果用户熟悉命令名，可以在"命令"的提示下直接键入一个命令而不必使用菜单。

此外，单击 PMCAD 主界面左上角的"PKPM"图标，会弹出"文件"菜单，包含保存、恢复模型、发布桌面 i-model、移动 i-model、导入 DXF 文件，打印当前图形区域等功能。

2.1.4 平面建模的主要步骤

PMCAD 结构平面建模的主要步骤如下：

1) 布置各层平面的轴线网格，各层网格平面可以相同，也可以不同。

2) 输入柱、梁、墙、洞口、斜柱支撑、次梁、层间梁、圈梁的截面数据，并按设计方案将它们布置在平面网格和节点上。

3) 设置各结构层主要设计参数，如楼板厚度、混凝土强度等级等。

4) 生成房间和现浇板信息，布置预制板、楼板开洞、悬挑板、楼板错层等楼面信息。

5) 输入作用在梁、墙、柱和节点上的恒、活荷载。

6) 定义各标准层上的楼面恒、活荷载（均布荷载），并对各房间的荷载进行修改。

7) 设置设计参数、材料信息、风荷信息和抗震信息等。

8) 根据结构标准层、荷载标准层和各层层高，楼层组装出总层数。

9) 进行结构自重及楼面荷载的传导计算。

10) 保存数据，校核各层荷载，为后续分析做准备。

2.2 轴线与网格输入

绘制轴网是整个交互输入程序最为重要的一环。"轴网"菜单如图 2-4 所示，其中集成了轴线输入和网格生成两部分功能，只有在此绘制出准确的图形才能为后续的布置工作打下良好的基础。

图 2-4 "轴网"菜单

2.2.1 轴线输入

1. 基本轴线图素

"绘图"与"轴线"功能子菜单如图 2-5 所示。"绘图"功能子菜单提供了节点、直线、两点直线、平行直线、矩形、圆、圆弧、三点等基本图素，它们配合各种捕捉工具、热键和其他一级菜单中的各项工具，构成了一个小型绘图系统，用于绘制各种形式的轴线。绘制图素的操作和 Auto-CAD 完全相同。而在轴线输入部分有

图 2-5 "绘图"及"轴线"功能子菜单

"正交轴网"和"圆弧轴网"两种方式，可通过参数定义方式形成平面正交轴线或圆弧轴网。

1) 节点：用于直接绘制白色节点，供以节点定位的构件使用，绘制是单个进行的，如

果需要成批输入可以使用图编辑菜单进行复制。此外，软件提供了"定数等分"和"定距等分"两种快捷操作方式。

2）两点直线：用于绘制零散的直轴线。

3）平行直线：适用于绘制一组平行的直轴线。首先绘制第一条轴线，以第一条轴线为基准输入复制的间距和次数，间距值的正负决定了复制的方向。以"上、右为正"，可以分别按不同的间距连续复制，提示区自动累计复制的总间距。

4）矩形：适用于绘制一个与 X、Y 轴平行的闭合矩形轴线，它只需要输入两个对角的坐标，因此比用"折线"绘制同样的轴线更快速。

5）圆环：适用于绘制一组闭合同心圆环轴线。在确定圆心和半径或直径的两个端点或圆上的三个点后可以绘制第一个圆。输入复制间距和次数可绘制同心圆，复制间距值的正负决定了复制方向，以"半径增加方向为正"，可以分别按不同间距连续复制，提示区自动累计半径增减的总和。

6）圆弧：适用于绘制一组同心圆弧轴线。按圆心、起始角、终止角的次序绘出第一条弧轴线，然后输入复制间距和次数绘制同心圆弧。绘制过程中还可以使用热键直接输入数值或改变顺逆时针方向。

2. 轴网输入

在轴线输入部分有"正交轴网"和"圆弧轴网"两个命令，可不通过屏幕绘图方式，而是参数定义方式形成平面正交轴线或圆弧轴网。

（1）正交轴网　如图 2-6 所示，正交轴网是通过定义开间和进深形成正交网格，跨度数据可用光标从屏幕上已有的常见数据中挑选，也可以用键盘输入。

1）预览窗口：可动态显示用户输入的轴网，并可标注尺寸。鼠标的滚轮可以对预览窗口中的轴网进行实时比例缩放，按下中键还可以平移预览图形。在预览窗口的上方有三个小按钮：第一个按钮"放大"，放大预览图形；第二个按钮"缩小"，缩小预览图形；第三个按钮"全图"：充满显示预览图形。

2）数据录入：预览窗口的右边显示当前开间或进深的数据，可直接单击选择

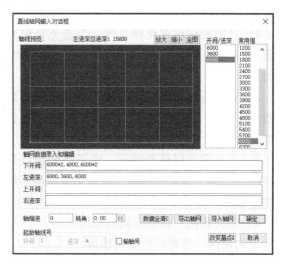

图 2-6　"直线轴网输入"对话框

进行输入。如果用户习惯键盘输入的方式，可以在预览窗下的四个文本框中直接输入数据。在输入数据的时候支持使用"＊"（乘号）重复上一个相同的数据，乘号后输入重复次数。

3）转角：用于设置轴网的旋转角度。

4）输入轴号：勾选时，可在此选项左侧给轴线命名，输入横向和竖向起始的轴线号即可。

5）导出轴网：将当前设置的轴网导出至独立的 axr 文件中，以便重复使用。

6）导入轴网：从已有的 axr 文件中导入输入过的轴网，当轴网类似时可避免重复工作。

7）改变基点：可在轴网四个角端点间切换基点，以改变布置轴网时的基点。

数据全部输入完成后，单击"确定"按钮即可布置设置后的轴网。在布置轴网时，也可通过快捷键〈A〉改变轴网的旋转角度，通过快捷键〈B〉改变轴网的插入基点，通过快捷键〈R〉返回"直线轴网输入对话框"重新设置。

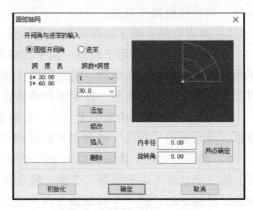

图 2-7 "圆弧轴网"对话框

（2）圆弧轴网 图 2-7 所示为"圆弧轴网"对话框。"开间角"是指轴线展开宽度，"进深"是指半径方向的跨度，单击"确定"按钮时再输入径向轴线端部延伸长度和环向轴线端部延伸长度。

1）内半径：环向最内侧轴线半径，作为起始轴线。

2）旋转角：径向第一条轴线起始角度，轴线按逆时针方向排列。

也可单击右侧"两点确定"按钮输入插入点，默认方式是以圆心为基准点，按〈Tab〉键可转换为以第一开间与第一进深的交点为基准点的布置方式。

完成后按"确定"按钮，弹出图 2-8 所示的"轴网输入"对话框。

1）径向轴线端部延伸长度：为避免径向轴线端节点置于内外侧环向轴线上，可将径向轴线两端延长。

2）环向端部轴线延伸角度：为避免环向网格端节点置于起止径向轴线上，可将环向轴线延长一个角度。

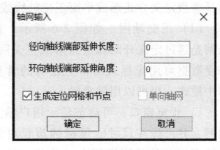

图 2-8 "轴网输入"对话框

3）生成定位网格和节点：由于环向轴线是无始无终的闭合圆，因此程序将环向自动生成网格线来代表环向轴线，而径向轴线的网点可根据需要生成。

4）单向轴网：如果环向或径向只定义了一个跨度，该选项将被激活，选择"是"则只产生单向轴网，否则产生双向轴网。

数据全部输入完成后，单击"确定"按钮即可布置设置好的轴网。

3. 图素编辑

图素的复制、删除等编辑功能在"轴线网点"菜单中，如图 2-9 所示，可用于编辑轴线、网格、节点和各种构件。

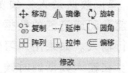

图 2-9 图素编辑菜单

各项编辑命令均有以下五种工作方式，并可采用〈Tab〉键切换：

（1）目标捕捉方式 当进入程序出现捕捉靶（□）后，便可以对单个图素进行捕捉并要求加以确认，这对于少量的或在较繁图素中抽取图素是很方便的。需要注意的是，在单击没有选中的情形下，程序会自动变为窗口方式进行选择，满足用户在大多数情况下的使用要求，避免了选择方式的切换。

（2）窗口方式　当进入程序出现箭头（↑）后，程序要求在图中用两个对角点截取窗口，当第一点在左边时，完全包在窗口中的所有图素都不经确认地被选中而被编辑，当第一点在右边时，与窗口边框相交或完全包在窗口中的所有图素都不经确认地被选中而被编辑。这对于整块图形的操作是很方便的。

（3）直线方式　当进入程序出现十字叉（┼）后，程序要求在图中用两个点拉一直线，与直线相交的所有图素都不经确认地被选中而被编辑。

（4）带窗围取方式　当进入程序出现选择框（□）后，程序要求将需要编辑的图素全部被包围在该选择框范围内。

（5）围栏方式　当进入程序出现十字叉（┼）后，程序要求在图中选取任意的点围成一个区域将需要编辑的图素全部包围在内。注意：此种方式应避免在围选时出现交叉线。

4. 轴线命名与删除轴名

（1）轴线命名　在网点生成之后为轴线命名的菜单。在此输入的轴线名将在施工图中使用。在输入轴线时，凡在同一条直线上的线段不论其是否贯通都视为同一轴线，在执行本菜单命令时可以单击每根网格，为其所在的轴线命名，对于平行的直轴线可以按一次〈Tab〉键后进行成批命名，这时程序要求单击相互平行的起始轴线及不希望命名的轴线，单击后输入一个字母或数字后程序自动按顺序为轴线编号。

（2）删除轴名　轴线命名后，单击需要删除的轴号，按屏幕提示操作即可。

2.2.2　网格生成

"网格生成"是程序自动将所绘制的定位轴线分割为网格和节点。凡是轴线相交处都会产生一个节点，用户可对其做进一步的修改。网格生成部分的子菜单如图 2-10 所示。

（1）删除节点　在形成节点后可对节点进行删除。删除节点过程中若节点被布置的墙线挡住，可使用〈F9〉键中

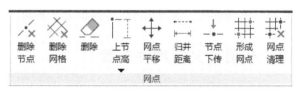

图 2-10　网格生成部分的子菜单

的"填充开关"项使墙线变为非填充状态。端节点删除将导致与之联系的网格也被删除。

（2）网点平移　可以不改变构件的布置情况，而对轴线、节点、间距进行调整。对于与圆弧有关的节点应使所有与该圆弧有关的节点一起移动，否则圆弧的新位置无法确定。

（3）形成网点　可将输入的几何线条转变成楼层布置需要的白色节点和红色网格线，并显示轴线与网点的总数。这项功能在输入轴线后自动执行，一般不必专门执行此命令。

（4）网点清理　清除本层平面上没有用到的网格和节点。程序会把平面上的无用网点，如作辅助线用的网格、从其他层复制的网格等进行清理，以避免无用网格对程序运行产生负面影响。

1）网格上没有布置任何构件（并且网格两端节点上无柱）时，将被清理。

2）节点上没有布置柱、斜杆。

3）节点未输入过附加荷载并且不存在其他附加属性。

4）与节点相连的网格不能超过两段，当节点连接两段网格时，网格必须在同一轴

线上。

5）当节点与两段网格相连并且网格上布置了构件时（构件包括墙、梁、圈梁），构件必须为同类截面并且偏心等布置信息完全相同，同时相连的网格上不能有洞口。如果清理此节点后会引起两端相连墙体的合并，则合并后的墙长不能超过 18m（此数值可以定制）。

（5）上节点高　即本层在层高处节点相对于楼层的高差，程序隐含为楼层的层高，即其上节点高为 0。改变上节点高，也就改变了该节点处的柱高、墙高和与之相连的梁的坡度。用该命令可更方便地处理像坡屋顶这种楼面高度有变化的情况。"设置上节点高"对话框如图 2-11 所示。

软件提供了以下三种节点抬高方式：

1）单节点抬高：直接输入抬高值（单位：mm），并按多种选择方式选择按此值进行抬高的节点。

2）指定两个节点，自动调整两点间的节点：指定同一轴线上两节点的抬高值，程序自动将此两点之间的其他节点的抬高值按同一坡度自动调整。

3）指定三个节点，自动调整其他节点：该功能用于快捷地形成一个斜面。主要方法是指定这个斜面

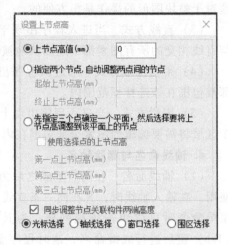

图 2-11　"设置上节点高"对话框

上的三点，分别给出三点的标高，此时再选择其他需要拉伸到此斜面上的节点，即可由程序自动抬高或下降这些节点，从而形成所需的斜面。

此外，为解决使用上节点高制造错层而频繁修改边缘节点两端梁、墙顶标高的问题，新版 PKPM 提供了"同步调整节点关联构件两端高度"选项，若勾选了该选项，则设置"上节点高"两端的梁、墙两端将保持同步上下平动。

2.3　楼层定义与构件布置

2.3.1　构件布置

1. 构件布置集成面板

在 PMCAD 主界面中单击构件的"布置"按钮，屏幕左侧将弹出"构件布置"集成面板，如图 2-12 所示。

面板的左侧提供了每类构件的预览图，根据选中的截面类型、参数重新绘制，进行动态预览，提示每个参数的具体含义。在列表中，以浅绿色加亮的行表示该截面在本标准层中有构件引用。

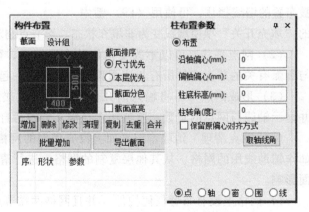

图 2-12　"构件布置"集成面板

面板的右侧是每类构件布置时需要输入的参数，如偏心、标高、转角等。单击顶部的构件类别选项卡，程序会自动切换布置

信息，单击"布置"按钮或直接双击截面列表中某类截面，就可以在图面上开始构件的输入了。

如果需要使用图面上已有构件的截面类型、偏心、转角、标高等信息，可以单击"拾取"按钮，按提示选中某一构件，程序将按这个构件的标高、偏心等布置信息，自动刷新到布置信息区域内的各个文本输入框，再单击"布置"按钮即可快速输入相似构件。

2. 构件布置要点

（1）构件类型　图 2-13 所示为"构件输入"子菜单，PMCAD 中可布置梁、柱、墙、洞口、斜杆等常用结构构件。楼板布置在"楼板"子菜单生成。

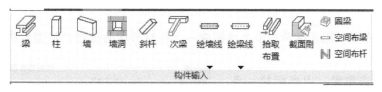

图 2-13　"构件输入"子菜单

（2）参照定位

1）柱布置在节点上，每节点上只能布置一根柱。

2）梁、墙布置在网格上，两节点之间的一段网格上仅能布置一道墙，可以布置多道梁，但各梁标高不应重合。梁、墙长度即两节点之间的距离。

3）层间梁的布置方式与主梁基本一致，但需要在输入时指定相对于层顶的高差和作用在其上的均布荷载。

4）洞口也布置在网格上，该网格上还应布置墙。可在一段网格上布置多个洞口，但程序会在两洞口之间自动增加节点，如洞口跨越节点布置，则该洞口会被节点截成两个标准洞口。

5）斜杆支撑有按节点布置和按网格布置两种布置方式。斜杆在本层布置时，其两端点的高度可以任意，既可跃层布置，也可水平布置，用输入标高的方法来实现。注意斜杆两端点所用的节点，不能只在执行布置的标准层有，承接斜杆另一端的标准层也应标出斜杆的节点。

6）次梁布置时选取与它首、尾两端相交的主梁或墙构件，连续次梁的首、尾两端可以跨越若干跨一次布置，不需要在次梁下布置网格线，此梁的顶面标高和与它相连的主梁或墙构件的标高相同。

（3）构件布置参数　构件在布置前必须要定义它的截面尺寸、材料、形状类型等信息。程序对"构件"菜单组中的构件定义和布置的管理都采用图 2-14 所示的对话框。

1）增加：定义一个新的截面类型，在对话框中输入构件的相关参数。

2）删除：删除已经定义过的构件截面定义，已经布置于各层的这种构件也将自动删除。

3）修改：修改已经定义过的构件截面形状类型，已

图 2-14　构件布置——"梁布置"
对话框

经布置于各层的这种构件的尺寸也会自动改变。

4）清理：自动清除已定义但在整个工程中未使用的截面类型。

（4）构件布置方式　PMCAD 提供了五种构件布置方式，并可采用〈Tab〉键进行切换。

1）直接布置：在选择了标准构件并输入了偏心值后，程序首先进入该方式，凡是被捕捉靶套住的网格或节点，在按〈Enter〉键后即被插入该构件，若该处已有构件，将被当前值替换。

2）沿轴线布置：被捕捉靶套住的轴线上的所有节点或网格将被插入该构件。

3）按窗口布置：用光标在图中截取窗口，窗口内的所有网格或节点上将被插入该构件。

4）按围栏布置：用光标单击多个点围成一个任意形状的围栏，将围栏内所有节点与网格上插入构件。

5）直线栏选布置：用光标拉一条线段，与该线段相交的网点或构件即被选中，随即进行后续的布置操作。

（5）布置过程　下面以一个柱布置的实例具体说明构件布置的操作方法。主要操作过程如下：

1）单击构件菜单中的"柱"按钮，弹出图 2-15 所示的"柱布置"对话框。

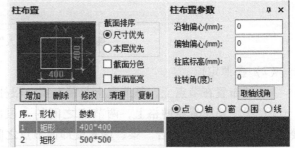

图 2-15　"柱布置"对话框

2）定义截面类型：单击"新建"或"修改"按钮，将弹出构件"截面参数"对话框（图 2-16），在对话框中输入构件的相关参数，如果要修改截面类型，单击"截面类型"右侧按钮，屏幕弹出"截面类型"对话框，单击要选择的截面类型即可。

3）布置构件：在对话框中选取某一种截面后，在如图 2-15 所示"柱布置"参数对话框，输入柱的偏心与转角。对话框的下面对应的是构件布置的五种方式。可以直接单击对应方式前的单选按钮，也可按〈Tab〉键在几种方式间切换。

（6）构件修改　"构件修改"子菜单如图 2-17 所示。在 PMCAD 软件中布置完成构件后，可通过修改菜单实现截面替换、构件删除、偏心对齐等快捷修改功能。

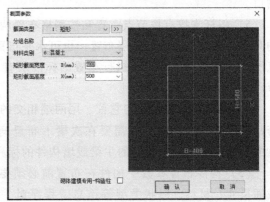

图 2-16　"截面参数"对话框

图 2-17　"构件修改"子菜单

1）构件删除：单击构件修改子菜单中的"构件删除"按钮，即弹出图 2-18 所示"构件删除"对话框。在对话框中选中某类构件（可一次选择多类构件），即可完成删除操作。

2）截面替换：单击"截面替换"按钮，选择构件类型后弹出图 2-19 所示对话框，通过设置需要被替换的截面及替换后的截面即可实现所有该截面类型的构件替换。操作中可自由选择针对哪一标准层进行构件替换，常适用于不同标准层构件变截面时的快速建模修改。

图 2-18　"构件删除"对话框

3）偏心对齐：如图 2-20 所示，提供了梁、柱、墙相关的对齐操作，可用来调整梁、柱、墙沿某个边界的对齐操作，常用来处理建筑外轮廓的平齐问题。举例说明如下：

① 柱上下齐：当上下层柱的尺寸不一样时，可按上层柱对下层柱某一边对齐（或中心对齐）的要求自动算出上层柱的偏心并按该偏心对柱的布置自动修正。此时打开"层间编辑"菜单可使从上到下各标准层都与第一层柱的某边对齐。因此布置柱时可先省去偏心的输入，在各层布置完后再用本菜单修正各层柱偏心。

② 梁与柱齐：可使梁与柱的某一边自动对齐，按轴线或窗口方式选择某一列梁时可使这些梁全部自动与柱对齐，这样在布置梁时不必输入偏心，省去人工计算偏心的过程。

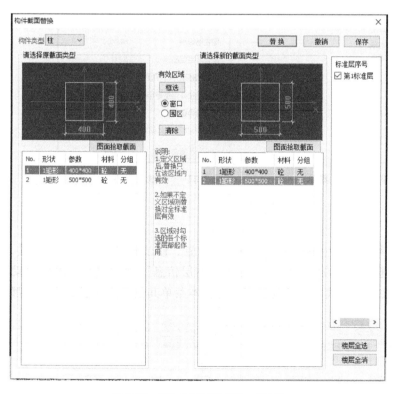

图 2-19　"构件截面替换"对话框

图 2-20　"偏心对齐"子菜单

2.3.2 楼层定义

楼层定义主要包含"本层信息"与"材料强度"两项功能,如图 2-21 所示。

"本层信息"菜单项是每个结构标准层必须做的操作,用于输入和确认图 2-22 所示各项结构信息参数。在新建一个工程时,梁、柱、墙钢筋级别默认设置为 HRB400,梁、柱箍筋及墙分布筋级别默认设置为 HPB300。菜单中的板厚、混凝土强度等级等参数均为本标准层统一值,后续可通过"楼板"菜单进行详细的修改。此外还可单击 PMCAD 主界面"楼层"菜单下的"全楼信息"按钮同时查看所有标准层的信息。

"材料强度"初设值可在"本层信息"内设置,而对于与本层信息和设计参数中默认强度等级不同的构件,则可用本菜单提供的"材料强度"按钮进行赋值。该命令目前支持的内容包括修改墙、梁、柱、斜杆、楼板、悬挑板、圈梁的混凝土强度等级和修改柱、梁、斜杆的钢号。

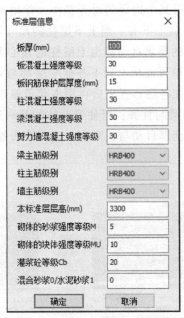

图 2-21 "本层信息"与"材料强度"子菜单　　　　图 2-22 "标准层信息"对话框

2.3.3 楼板生成

如图 2-23 所示,楼板子菜单包含生成楼板、楼板错层设置、修改板厚设置、板洞设置、悬挑板布置、预制板布置功能。其中的生成楼板功能按"本层信息"中设置的板厚值自动生成各房间楼板,同时生成由主梁和墙围成的各房间信息。本菜单其他功能除了悬挑板,都

图 2-23 "楼板"子菜单

要按房间进行操作。操作时，光标移动到某一房间时，其楼板边缘将以亮黄色勾勒出来，以方便确定操作对象。楼板生成基本操作如下。

（1）生成楼板　运行此命令可自动生成本标准层结构布置后的各房间楼板，板厚默认取"本层信息"菜单中设置的板厚值，也可通过"修改板厚"命令进行修改。生成楼板后，如果修改"本层信息"中的板厚，没有进行过手工调整的房间板厚将自动按照新的板厚取值。如果生成楼板后改动了模型，此时再次执行生成楼板命令，程序可以识别出角点没有变化的楼板，并自动保留原有的板厚信息，对新的房间则按照"本层信息"菜单中设置的板厚取值。布置预制板时，同样需要用到此功能生成的房间信息，因此要先运行一次生成楼板命令，再在生成好的楼板上进行布置。

（2）楼板错层　运行此命令后，每块楼板上标出其错层值，并弹出错层参数输入窗口，输入错层高度后，此时选中需要修改的楼板即可。

（3）修改板厚　"生成楼板"功能自动按"本层信息"中的板厚值设置板厚，可以通过此项命令进行修改。运行此命令后，每块楼板上标出目前板厚，并弹出板厚的输入窗口，输入后在图形上选中需要修改的房间楼板即可。

（4）层间板　用来进行夹层楼板的布置。层间板只能布置在支撑构件（梁、墙）上，并且要求这些构件已经形成了闭合区域。在指定标高时，必须与支撑构件处于同一标高。所以，在布置层间板前，请执行"生成楼板"命令。一个房间区域内，只能布置一块层间板。在"层间板参数"设置对话框中，标高参数的默认值为"-1"，含义是让程序从层顶开始，向下查找第一块可以形成层间板的空间区域，自动布置上层间板。这个参数支持"-1"到"-3"，即可以最多向下查找三层。程序支持自动查找空间斜板。

（5）板洞布置　板洞的布置方式与一般构件类似，需要先进行洞口形状的定义，再将定义好的板洞布置到楼板上。目前支持的洞口形状有矩形、圆形和自定义多边形。洞口布置的要点如下：

1）洞口布置首先选择参照的房间，当光标落在参照房间内时，图形上将加粗标识出该房间布置洞口的基准点和基准边，将光标靠近围成房间的某个节点，则基准点将挪动到该点上。

2）矩形洞口插入点为左下角点，圆形洞口插入点为圆心，自定义多边形的插入点在画多边形后人工指定。

3）洞口的沿轴偏心是指洞口插入点距离基准点沿基准边方向的偏移值；偏轴偏心是指洞口插入点距离基准点沿基准边法线方向的偏移值；轴转角是指洞口绕其插入点沿基准边正方向开始逆时针旋转的角度。

（6）全房间洞　将指定房间全部设置为开洞。当某房间设置了全房间洞时，该房间楼板上布置的其他洞口将不再显示。全房间开洞时，相当于该房间无楼板，也无楼板恒、活荷载。若建模时不需在该房间布置楼板，却要保留该房间楼面恒、活荷载时，可通过将该房间板厚设置为 0 解决。

（7）悬挑板的布置要点

1）悬挑板的布置方式与一般构件类似，需要先进行悬挑板形状的定义，再将定义好的悬挑板布置到楼面上。

2）悬挑板的类型定义：程序支持输入矩形悬挑板和自定义多边形悬挑板。在悬挑板定义中，增加了悬挑板宽度参数，输入 0 时取布置的网格宽度。

3）悬挑板的布置方向：由程序自动确定，其布置网格线的一侧必须已经存在楼板，此时悬挑板挑出方向将自动定为网格的另一侧。

4）悬挑板的定位距离：对于在定义中指定了宽度的悬挑板，可以在此输入相对于网格线两端的定位距离。

5）悬挑板的顶部标高：可以指定悬挑板顶部相对于楼面的高差。

6）一道网格只能布置一个悬挑板。

（8）布置预制板 需要先运行"生成楼板"命令，在房间中生成现浇板信息。PMCAD 提供"自动布板"及"指定布板"两种预制板布置方式，每个房间中预制板可有两种宽度。

1）自动布板：输入预制板宽度（每间可有两种宽度）、板缝的最大宽度限制与最小宽度限制。由程序自动选择板的数量、板缝，并将剩余部分做成现浇带放在最右或最上。

2）指定布板：由用户指定本房间中楼板的宽度和数量、板缝宽度、现浇带所在位置。注意，只能指定一块现浇带。

（9）组合楼盖 可以完成钢结构组合楼板的定义、压型钢板的布置，STS 中"画结构平面图与钢材统计"可以进行组合楼板的计算和施工图绘制，以及统计全楼钢材（包括压型钢板）的用量。在定义了楼盖类型等参数后即可进行压型钢板布置，按布置方式、布置方向及压型钢板种类三项内容进行布板。需注意的是，对于已布置预制楼板的房间不能同时布置压型钢板。

（10）楼梯布置 为了适应新的抗震规范要求，程序给出了计算中考虑楼梯影响的解决方案：在 PMCAD 建模过程中，可在矩形房间输入二跑或平行的三跑、四跑楼梯等类型。程序可自动将楼梯转化成折梁或折板。此后在接力 SATWE 时，无须更换目录，在计算参数中直接选择是否计算楼梯即可。SATWE "参数定义"中可选择是否考虑楼梯作用，如果考虑，可选择梁或板任一种方式或两种方式同时计算楼梯。

布置楼梯时，单击"楼梯"子菜单下"布置"按钮，在平面上选择要布置楼梯的房间后，弹出图 2-24 所示对话框。以布置双跑楼梯为例，单击双跑楼梯预览图后，弹出图 2-25 所示对话框，按建筑设计方案调整设计参数后，单击"确定"按钮即可完成楼梯布置。

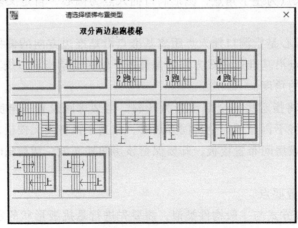

图 2-24 "请选择楼梯布置类型"对话框

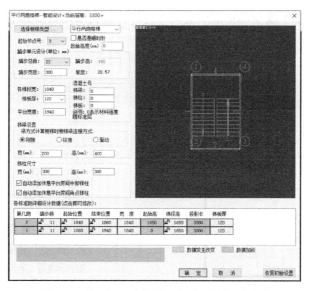

图 2-25　"平行两跑楼梯—智能设计"对话框

（11）楼板删除　操作方法与梁、柱等构件相同。

2.3.4　层编辑

1. 楼层管理

楼层管理包含增加标准层、删除标准层和插入标准层等操作。如图 2-26 所示，楼层管理功能位于 PMCAD 主界面"楼层"选项卡→"标准层"子菜单。

图 2-26　"楼层管理"子菜单

（1）增加　用于新标准层的输入。为保证上下节点网格的对应，将旧标准层的全部或一部分复制成新标准层，在此基础上进行修改。在右上角的标准层列表中单击"增加"按钮时，弹出图 2-27 所示对话框。可以依据当前标准层，增加一个新标准层，把已有的楼层内容全部或局部复制下来，可通过直接、轴线、窗口、围栏四种方式选择复制的部分。切换标准层菜单如图 2-28 所示，可以单击下拉工具条中的"第 N 标准层"进行切换，也可单击"上层"和"下层"按钮来直接切换到相邻的标准层。

（2）删除　用于删除某个标准层。

（3）插入　在指定标准层后插入一标准层，其网点和构件布置可从指定标准层上选择复制。

2. 层间编辑

"层间编辑"位于"构件"子菜单内，有"层间编辑"和"层间复制"两个功能选项。

（1）层间编辑　单击"层间编辑"，弹出图 2-29 所示"层间编辑设置"对话框。利用该对话框可将操作在多个或全部标准层上同时进行，省去来回切换到不同标准层去执行同一菜单的麻烦。

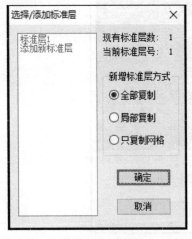

图 2-27 "选择/添加标准层"对话框

图 2-28 "选择标准层"子菜单

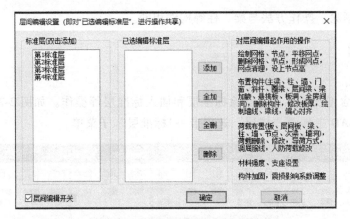

图 2-29 "层间编辑设置"对话框

（2）层间复制　可将当前层的部分构件复制到已有的其他标准层中，对话框如图 2-30 所示，操作方法与层间编辑类似。

图 2-30 "层间复制设置"对话框

2.4 荷载输入与校核

PMCAD 建模过程中，只有结构布置与荷载布置都相同的楼层才能成为同一结构标准层。荷载布置的各子功能菜单如图 2-31 所示，主要的输入荷载包括：楼面恒、活荷载；非楼面传来的梁间荷载、次梁荷载、墙间荷载、节点荷载及柱间荷载等；人防荷载；吊车荷载。PMCAD 中输入的是荷载标准值。以下重点介绍前两类荷载的输入与修改方式。

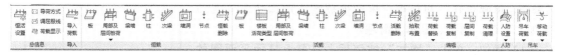

图 2-31 "荷载布置"的各子功能菜单

2.4.1 荷载输入

1. 恒活设置

用于设置当前标准层的楼面恒、活荷载的统一值及全楼相关荷载处理的方式。单击"恒活设置"按钮，屏幕弹出图 2-32 所示的"楼面荷载定义"对话框。

1）恒、活荷载统一值：各荷载标准层需定义作用于楼面的恒、活均布面荷载。先假定各标准层上选用统一的（大多数房间的数值）恒、活面荷载，如各房间不同，可在楼面恒载和楼面活载处修改调整。

2）自动计算现浇楼板自重：选中该项后程序可以根据楼层各房间楼板的厚度，折合成该房间的均布面荷载，并把它叠加到该房间的恒载面荷载中。此时用户输入的各层恒载面荷载值中不应该再包含楼板自重。

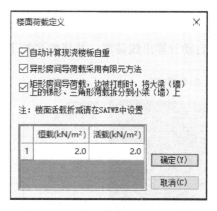

图 2-32 "楼面荷载定义"对话框

3）可选择设置异形房间导荷载是否采用有限元方法。

4）矩形房间导荷打断设置：如果矩形房间周边网格被打断，在进行房间荷载导算时，程序会自动按照每边的边长占整个房间周长的比值，将楼面荷载按均布线荷载分配到每边的梁、墙上。新增加的导荷方法是程序先按照矩形房间的塑性铰线方式进行导算，再将每个大边上得到的三角形、梯形线荷载拆分，按位置分配到各个小梁、墙段上，荷载类型为不对称梯形，各边总值不变。

5）活荷载折减参数说明：活荷载折减参数在 SATWE 程序的"参数定义"→"活载信息"中考虑。

2. 楼面荷载输入

使用此功能之前，必须要用"构件布置"中的"生成楼板"命令形成过一次房间和楼板信息。该功能用于根据已生成的房间信息进行板面恒、活荷载的局部修改。

单击"恒载"面板中的"板"命令，则该标准层所有房间的恒载值将在图形上显示，同时弹出图 2-33 所示的"修改恒载"对话框。在对话框中，用户可以输入需要修改的恒载值，再在模型上选择需要修改的房间，即可实现对楼面荷载的修改。

对于已经布置了楼面荷载的房间,可以勾选"按本层默认值设置"选项,后续使用"恒活设置"命令修改楼面恒、活荷载默认值时,这些房间的荷载值可以自动更新。

楼面活荷载的布置、修改方式也与此操作相同。

3. 梁墙荷载输入

用于输入非楼面传来的作用在梁上的恒、活荷载,以恒荷载为例,在子菜单单击"梁"按钮后,弹出图 2-34 所示的"梁墙:恒载布置"对话框。梁间荷载输入的操作命令包括增加、修改、删除、显示及清理。

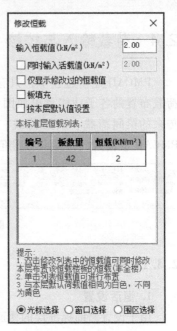

图 2-33 "修改恒载"对话框

1)增加:单击"增加"按钮后,屏幕上显示平面图的单线条状态,并弹出图 2-35 所示"添加:梁荷载"对话框。软件提供了多种梁间荷载形式供设计选择,还有填充墙荷载的辅助计算功能。程序自动将楼层组装表中各层高度统计出来,增加到列表中供用户选择,同时提供一个"高扣减"参数,主要用来考虑填充墙高度时,扣除层顶梁的厚度值。用户再输入填充墙容重⊖及厚度值,单击"计算"按钮,程序会自动计算出线荷载,并将组名按上述各参数进行修改。

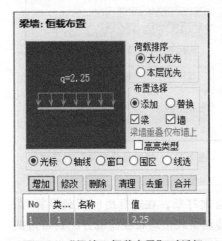

图 2-34 "梁墙:恒载布置"对话框

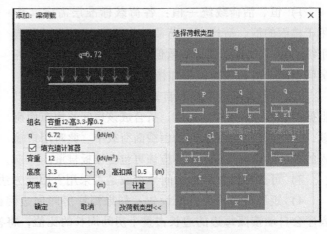

图 2-35 "添加:梁荷载"对话框

2)修改:修正当前选择荷载类型的定义数值。

3)删除:删除选定类型的荷载,工程中已布置的该类型荷载将被自动删除。

4)显示:在平面图上高亮显示出当前类型梁恒荷载的布置情况。

5)清理:自动清理荷载表中在整楼中未使用的类型。

完成上述荷载信息输入操作后,单击列表中的类型将它布置到杆件上,用户可使用"添加"和"替换"两种方式进行输入。选择"添加"时,构件上原有的荷载不动,在其基础上增加新的荷载;选择"替换"时,当前工况下的荷载被替换为新荷载。

⊖ "容重"应为"重度",单位为 kN/m³,因软件中均为"容重",为与软件保持一致,本书采用了"容重"这一旧称。

4. 柱荷载输入

用于输入柱间的恒、活荷载信息，与梁间荷载的操作一样，但操作对象由网格线变为有柱的网格点，且柱间荷载需区分力的作用方向（X 向与 Y 向）。

5. 节点荷载输入

用于直接输入加在平面节点上的荷载，荷载作用点即平面上的节点，各方向弯矩的正向以右手螺旋法确定。节点荷载操作命令与梁间荷载类同。操作的对象由网格线变为网格节点。每类节点荷载需输入 6 个数值。节点荷载的布置和添加如图 2-36 所示。

注意：输入了梁、墙荷载后，如果再进行修改节点信息（删除节点、清理节点、形成网点、绘制节点等）的操作，由于和相关节点相连杆件的荷载将做等效替换（合并或拆分），所以此时应核对一下相关的荷载。

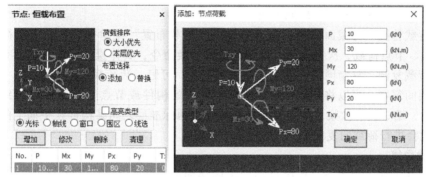

图 2-36　节点荷载的布置和添加

6. 板局部荷载输入

板间荷载有三种类型：集中点荷载、线荷载和局部面荷载。支持恒活工况和各类自定义工况，且可以布置在层间板上。

7. 次梁荷载

操作与梁墙荷载相同。

8. 墙洞荷载

用于布置作用于墙开洞上方的荷载，类型只有均布荷载，操作与梁间荷载相同。

9. 自定义荷载工况

程序默认提供了六类常用工况：消防车、屋面活、屋面雪、屋面灰、工业停产检修和施工活荷载，如图 2-37 所示。

图 2-37　"自定义荷载工况" 菜单

10. 楼板荷载类型

根据荷载规范 GB 50009—2012 中的 5.1.2 要求，设计楼面梁、墙、柱及基础时，对不同的房屋类型和条件采用不同的活荷折减系数。PMCAD 在活荷载布置菜单中增加了指定房屋类型功能，在后续计算中，将根据此处的指定，依据规范自动采用合理的活荷载折减系数。

2.4.2 荷载编辑

1. 基本操作

（1）荷载删除 荷载的删除分为"恒载删除"和"活载删除"两个菜单，操作方法相同。"恒荷载删除"的对话框如图2-38所示。程序允许同时删除多种类型的荷载。可以直接选择荷载（文字或线条），包括楼板局部荷载，并支持三维选择以方便选择层间梁的荷载。对于一根梁上有多个荷载的情形，直接框选要删除的荷载即可。

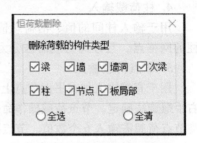

图2-38 "恒荷载删除"对话框

（2）荷载修改 同荷载删除一样，不再捕捉荷载布置的构件，而是直接单击荷载（文字或线条）进行修改，并支持层间编辑。

（3）荷载替换 与截面替换功能类似，在"荷载布置"菜单中，包含了梁荷载、柱荷载、墙荷载、节点荷载、次梁荷载、墙洞荷载的替换命令，具体操作与构件截面替换类似。

（4）荷载复制 复制同类构件上已布置的荷载，可恒、活荷载一起复制。

（5）层间复制 可以将其他标准层上曾经输入的构件或节点上的荷载复制到当前标准层，包括梁、墙、柱、次梁、节点及楼板荷载。当两标准层之间某构件在平面上的位置完全一致时，就会进行荷载的复制。

2. 荷载导算

（1）导荷方式 用于修改程序自动设定的楼面荷载传导方向。程序提供了以下三种导荷方式：

1）对边传导方式：只将荷载向房间两对边传导，在矩形房间上铺预制板时，程序按板的布置方向自动取用这种荷载传导方式。使用这种方式时，需指定房间某边为受力边。

2）梯形三角形方式：对现浇混凝土楼板且房间为矩形的情况，程序采用这种方式。

3）沿周边布置方式：将房间内的总荷载沿房间周长等分成均布荷载布置，对于非矩形房间程序选用这种传导方式。使用这种方式时，可以指定房间的某些边为不受力边。

（2）调屈服线 根据楼板的屈服线来分配荷载。程序默认的屈服线角度为45°，在一般情况下无须调整。通过调整屈服线角度，可实现房间两边、三边受力等状态。

（3）荷载导算 荷载自动的导算功能在本建模程序存盘退出时执行。PKPM中荷载导算满足以下规则：

1）输入的荷载应为荷载标准值，输入的楼面恒荷载应根据建模时"自动计算楼板自重"选项决定现浇楼板自重是否考虑到楼面恒荷载中；对预制楼板的自重，应加入到楼面恒荷载中。

2）楼面荷载统计荷载面积时，考虑了梁墙偏心及弧梁墙时弧中所含弓形的面积。

3）现浇矩形板时，按梯形或三角形规律导到次梁或框架梁、墙；可通过"调屈服线"菜单，人工控制梯形或三角形的形状，程序默认屈服线角度为45°。

4）预制楼板时按板的铺设方向。

5）房间非矩形时或房间矩形但某一边由多于一根的梁、墙组成时，近似按房间周边各杆件长度比例分配楼板荷载。

6）有次梁时，荷载先传至次梁，从次梁再传给主梁或墙。房间内有二级次梁或交叉次梁时，程序先将楼板上荷载自动导算到次梁上，再把每一房间的次梁当作一个交叉梁系做超静定分析求出次梁的支座反力，并将其加到承重的主梁或墙上。

7）计算完各房间次梁，再把每层主梁当作一个以柱和墙为竖向约束支承的交叉梁系进行计算。

2.4.3　荷载校核

该命令位于"前处理及计算"菜单内，此菜单可检查在 PMCAD 中设计者输入的荷载及自动导算的荷载是否正确。一般出计算书也在这个选项下进行，因为这里汇总了所有的荷载类型，且这里可以进行竖向导荷和荷载统计，便于对整个结构的荷载进行分析控制，在不考虑抗震时，竖向导荷的结果可直接用于基础设计。

2.5　参数定义与模型组装

2.5.1　参数定义

设计参数定义位于"楼层"菜单下，单击"设计参数"命令后，弹出图 2-39 所示对话框内，可依次设置总信息、材料强度、地震信息、风荷载信息与钢筋信息的基本参数。PMCAD 模块"设计参数"对话框中的各类设计参数，当用户执行"保存"命令时，会自动存储到 JWS 文件中，对后续各种结构计算模块均起控制作用。

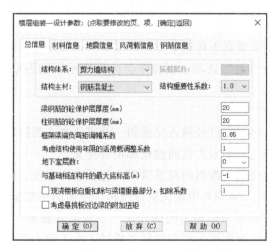

图 2-39　"楼层组装—设计参数"对话框

2.5.2　楼层组装

楼层组装功能中，可为每个输入完成的标准层指定层高、层底标高，并将标准层布置到建筑整体的某一部位，从而搭建出完整建筑模型。"楼层组装"对话框如图 2-40 所示。

2.5.3　节点下传

上下楼层的节点和轴网的对齐，是 PMCAD 中上下楼层构件对齐和正确连接的基础，大部分情况下如果上下层构件的定位节点、轴线不对齐，则在后续的其他程序中往往会被视为

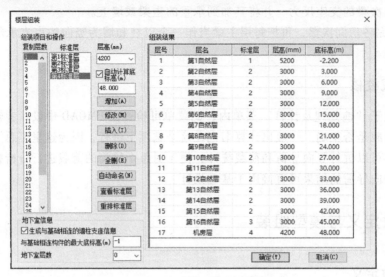

图 2-40 "楼层组装"对话框

没有正确连接，从而无法正确处理。可根据上层节点的位置在下层生成一个对齐节点，并打断下层的梁、墙构件，使上下层构件可以正确连接。

节点下传有自动下传和交互选择下传两种方式，一般情况下自动下传可以解决大部分问题，包括：梁托柱、梁托墙、梁托斜杆、墙托柱、墙托斜杆、斜杆上接梁的情况。自动下传功能有两处可执行，一是在"楼层组装—节点下传"弹出的对话框中单击"自动下传"按钮，软件将当前标准层相关节点下传至下方的标准层上；另外在软件退出的提示对话框中勾选"生成梁托柱、墙托柱节点"选项，则程序会自动对所有楼层执行节点的自动下传。

2.5.4 工程拼装

使用工程拼装功能，可以将已经输入完成的一个或几个工程拼装到一起，这种方式对于简化模型输入操作、大型工程的多人协同建模都很有意义。

工程拼装功能可以实现模型数据的完整拼装，包括结构布置、楼板布置、各类荷载、材料强度及在 SATWE、TAT、PMSAP 中定义的特殊构件在内的完整模型数据。

工程拼装目前支持"合并顶标高相同的楼层""楼层表叠加"和"任意拼装方法"三种方式，选择拼装方式后，根据提示指定拼装工程插入本工程的位置即可完成拼装。

（1）合并顶标高相同的楼层 按"楼层顶标高相同时，该两层拼接为一层"的原则进行拼装，拼装出的楼层将形成一个新的标准层。这样两个被拼装的结构，不一定限于必须从第一层开始往上拼装的对应顺序，可以对空中开始的楼层拼装。多塔结构拼装时，可对多塔的对应层合并，这种拼装方式要求各塔层高相同，简称"合并层"方式。

（2）楼层表叠加 这种拼装方式可以将工程 B 中的楼层布置原封不动的拼装到工程 A 中，包括工程 B 的标准层信息和各楼层的层底标高参数。实质上就是将工程 B 的各标准层模型追加到工程 A 中，并将楼层组装表也添加到工程 A 的楼层组装表末尾。

（3）任意拼装方法 当各塔层高不同，或者标高不同时，采用以上两种方法需要手工修改层高和标高，使标准层在拼装时能严格对应，才能正确拼装。这一步工作量比较大，为此提供了按楼层拼装的新方式。只需一步就可以将任意两个工程拼装在一起，而不受标高层高的限制。整个过程不需要再对工程做任何人工调整。

此外，PMCAD 也提供了单层拼装功能，可调入其他工程或本工程的任意一个标准层，将其全部或部分地拼装到当前标准层上。操作和工程拼装相似。

模型组装完成后，可采用以下三种方式查看组装后的模型：

1）整楼模型：用于三维透视方式显示全楼组装后的整体模型。

2）多层组装：输入要显示的起始层高和终止层高，即可三维显示局部几层的模型。

3）动态模型：相对于"整楼模型"一次性完成组装的效果，动态模型功能可以实现楼层的逐层组装，更好地展示楼层组装的顺序，尤其可以很直观地反映出广义楼层模型的组装情况。

2.5.5　模型保存与退出

随时保存文件可防止因程序的意外中断而丢失已输入的数据。可通过界面左上侧的"保存"按钮完成保存操作，或在切换程序模块弹出保存提示进行操作。

退出建模程序时，单击上部"计算分析"菜单的"转到前处理"命令，或直接在下拉列表中选择分析模块的名称，屏幕会弹出图 2-41 所示退出程序信息提示对话框。程序提供了"存盘退出"和"不存盘退出"的选项，如果选择"不存盘退出"，则程序不保存已做的操作并直接退出交互建模程序。

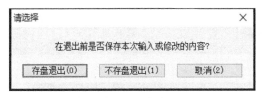

图 2-41　退出建模程序的信息提示对话框

2.6　SATWE 界面环境与基本功能

2.6.1　界面环境

SATWE 分析设计界面采用了目前流行的 Ribbon 界面风格，如图 2-42 所示。界面的上侧为典型的 Ribbon 菜单，主要包括"前处理及计算""结果"和"补充验算"三个标签，菜单的扁平化和图形化方便了用户进行菜单查找和对菜单功能的理解。界面的左侧为停靠对话框，更加方便地实现人图交互功能。界面的中间区域为图形窗口，用来显示图形及进行人图交互。界面的下侧为命令行，允许用户通过输入命令的方式实现特定的功能。界面的右下角为常用工具条，该区域主要是为用户提供一些常用的功能，简化用户的操作流程。如标签页提供了二维和三维显示的切换功能、字体增大和减小功能、移动字体、特殊字体控制开关和保存数据的功能。

2.6.2　操作流程

SATWE 结构分析与计算的主要流程如图 2-43 所示。

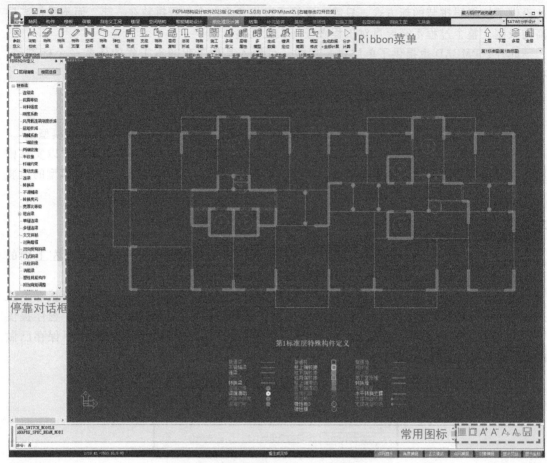

图 2-42 SATWE 分析设计界面

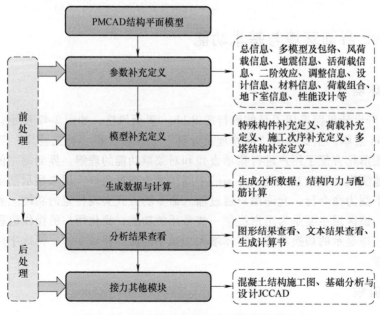

图 2-43 SATWE 结构分析与计算的主要流程

2.7　分析与设计参数定义

SATWE 的前处理及计算菜单如图 2-44 所示。

图 2-44　SATWE 前处理及计算菜单

"参数定义"中的参数信息是 SATWE 计算分析必需的信息。新建工程必须执行此菜单，确认参数正确后方可进行下一步操作，此后如参数不再改动，则可略过此菜单。对于一个新建工程，在 PMCAD 模型中已经包含了部分参数，这些参数可以为 PKPM 系列的多个模块所共用，但对于结构分析而言并不完备。SATWE 在 PMCAD 参数的基础上提供了一套更为丰富的参数，以适应结构分析和设计的需要。

在单击"参数定义"菜单后，弹出参数页切换菜单，共 18 页，分别为总信息、多模型及包络、风荷载信息、地震信息、隔震信息、活荷载信息、二阶效应、刚度调整、内力调整、基本设计信息、钢结构设计信息、钢筋信息、混凝土信息、工况信息、组合信息、地下室信息、性能设计和高级参数。

"生成数据"是 SATWE 前处理的核心功能，程序将 PMCAD 模型数据和前处理补充定义的信息转换成适合有限元分析的数据格式。新建工程必须执行此菜单，正确生成 SATWE 数据并且数据检查无错误提示后，方可进行下一步的计算分析。此外，只要在 PMCAD 中修改了模型数据或在 SATWE 前处理中修改了参数、特殊构件等相关信息，都必须重新执行"生成 SATWE 数据文件及数据检查"，才能使修改生效。

除了上述两项，其余各项菜单不是必需的，可根据工程实际情况，有针对性地选择执行。

2.7.1　总信息

"总信息"页面如图 2-45 所示。"总信息"页面包含的是结构分析所必需的最基本参数。

页面左下角的"参数导入""参数导出"功能，可以将自定义参数外的其他参数保存在一个文件里，便于用户统一设计参数时使用。"恢复默认"功能可将参数恢复为 SATWE 初始参数设置。页面左上角设有参数搜索功能。在文本框中直接输入关键字，程序对包含此项关键字的参数高亮显示，单击文本框右侧关闭按钮可退出搜索状态。

1. 水平力与整体坐标夹角

地震作用和风荷载的方向默认是沿着结构建模的整体坐标系 X 轴和 Y 轴方向成对作用的。当用户认为该方向不能控制结构的最大受力状态时，则可改变水平力的作用方向。改变"水平力与整体坐标夹角"，实质上就是填入新的水平力方向与整体坐标系 X 轴之间的夹角，逆时针方向为正，单位为（°）。程序默认为 0°。

改变夹角后，程序并不直接改变水平力的作用方向，而是将结构反向旋转相同的角度，以间接改变水平力的作用方向，即填入 30°时，SATWE 中将结构平面顺时针旋转 30°，此时水平力的作用方向将仍然沿整体坐标系的 X 轴和 Y 轴方向，即 0°和 90°方向。改变结构平面布置转角后，必须重新执行"生成数据"菜单，以自动生成新的模型几何数据和风荷载信息。

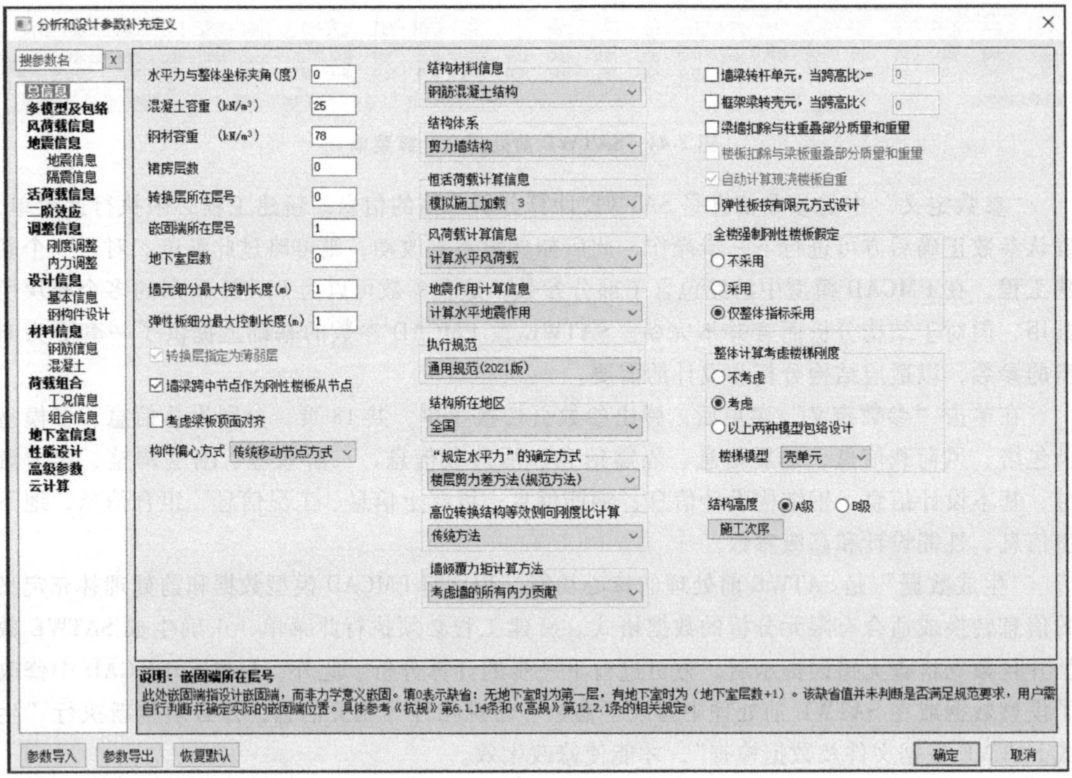

图 2-45 "总信息"页面

此参数将同时影响地震作用和风荷载的方向，因此建议在需要改变风荷载作用方向时才采用该参数。此时如果结构新的主轴方向与整体坐标系方向不一致，可将主轴方向角度作为"斜交抗侧力附加地震方向"填入，以考虑沿结构主轴方向的地震作用。

如不改变风荷载方向，只需考虑其他角度的地震作用时，则无须改变"水平力与整体坐标夹角"，增加附加地震作用方向即可。

2. 混凝土、钢材容重

混凝土、钢材容重用于求梁、柱、墙和板自重，一般情况下混凝土的容重为 $25kN/m^3$，钢材的容重为 $78.0kN/m^3$，即程序的默认值。如要考虑梁、柱、墙和板上的抹灰、装修层等荷载时，可以采用增大容重的方法近似考虑，以避免烦琐的荷载导算。若采用轻质混凝土等，也可在此修改其容重。该参数在 PMCAD 和 SATWE 中同时存在，其数值是联动的。

3. 裙房层数

《抗规》第 6.1.10 条文说明指出：有裙房时，加强部位的高度也可以延伸至裙房以上一层。SATWE 在确定剪力墙底部加强部位高度时，总是将裙房以上一层作为加强区高度判定的一个条件。程序不能自动识别裙房层数，需要人工指定。裙房层数应从结构最底层起算

（包括地下室）。如地下室为 3 层，地上裙房为 4 层时，则裙房层数应填入 7。裙房层数仅用于底部加强区高度的判断，规范针对裙房的其他相关规定，程序并未考虑。

4. 转换层所在层号

《高规》第 10.2 节明确规定了两种带转换层结构：带托墙转换层的剪力墙结构（部分框支剪力墙结构）及带托柱转换层的筒体结构。这两种带转换层结构的设计有其相同之处，也有其各自的特殊性。《高规》第 10.2 节对这两种带转换层结构的设计要求做出了规定，一部分是两种结构同时适用的，另一部分是仅针对部分框支剪力墙结构的设计规定。为适应不同类型转换层结构的设计需要，程序通过"转换层所在层号"和"结构体系"两项参数来区分不同类型的带转换层结构。

1）只要用户填写了"转换层所在层号"，程序即判断该结构为带转换层结构，自动执行《高规》第 10.2 节针对两种结构的通用设计规定，如根据第 10.2.2 条判断底部加强区高度，根据第 10.2.3 条输出刚度比等。

2）如果用户同时选择了"部分框支剪力墙结构"，程序在上述基础上还将自动执行《高规》第 10.2 节专门针对部分框支剪力墙结构的设计规定，包括：根据第 10.2.6 条对高位转换时框支柱和剪力墙底部加强部位抗震等级自动提高一级；根据第 10.2.16-7 条输出框支框架的地震倾覆力矩；根据第 10.2.17 条对框支柱的地震内力进行调整；根据第 10.2.18 条对剪力墙底部加强部位的组合内力进行放大；根据第 10.2.19 条控制剪力墙底部加强部位分布钢筋的最小配筋率等。

3）如果用户填写了"转换层所在层号"但选择了其他结构类型，程序将不执行上述仅针对部分框支剪力墙结构的设计规定。

对于水平转换构件和转换柱的设计要求，与"转换层所在层号"及"结构体系"两项参数均无关，只取决于在"特殊构件补充定义"中对构件属性的指定。只要指定了相关属性，程序将自动执行相应的调整，如根据第 10.2.4 条对水平转换构件的地震内力进行放大，根据第 10.2.7 条和第 10.2.10 条执行转换梁、柱的设计要求等。

对仅有个别结构构件进行转换的结构，如剪力墙结构或框架-剪力墙结构中存在的个别墙或柱在底部进行转换的结构，可参照水平转换构件和转换柱的设计要求进行构件设计，此时只需对这部分构件指定其特殊构件属性，不再需要填写"转换层所在层号"，程序将仅执行对于转换构件的设计规定。

程序不能自动识别转换层，需要人工指定。"转换层所在层号"应从结构最底层起算（包括地下室）。如地下室为 3 层，转换层位于地上 2 层时，转换层所在层号应填入 5。而程序在做高位转换层判断时，则是以地下室顶板起算转换层层号的，即以（转换层所在层号−地下室层数）进行判断，大于或等于 3 层时为高位转换。

5. 嵌固端所在层号

对于无地下室的结构，嵌固端一定位于首层底部，此时嵌固端所在层号为 1，即结构首层；对于带地下室的结构，当地下室顶板具有足够的刚度和承载力，并满足相关规范的要求时，可以作为上部结构的嵌固端，此时嵌固端所在楼层为地上一层，即为地下室层数+1，这也是程序默认的"嵌固端所在层号"。如果修改了地下室层数，应注意确认嵌固端所在层号是否需做相应修改。

嵌固端位置的确定应参照《抗规》第 6.1.14 条和《高规》第 12.2.1 条的相关规定，

其中应特别注意楼层侧向刚度比的要求。如地下室顶板不能满足作为嵌固端的要求，则嵌固端位置要相应下移至满足规范要求的楼层。程序默认的"嵌固端所在层号"总是为地上一层，并未判断是否满足规范要求，用户应特别注意自行判断并确定实际的嵌固端位置。

对于此处指定的嵌固端，程序主要执行如下的调整：

1）确定剪力墙底部加强部位时，将起算层号取为（嵌固端所在层号-1），即默认将加强部位延伸到嵌固端下一层，比《抗规》第6.1.10-3条的要求保守一些。

2）嵌固端下一层的柱纵向钢筋，除了应满足计算配筋，还应不小于上层对应位置柱的同侧纵筋的1.1倍；梁端弯矩设计值应放大1.3倍。参见《抗规》第6.1.14条和《高规》第12.2.1条。

3）当嵌固层为模型底层时，即"嵌固端所在层号"为1时，进行薄弱层判断时的刚度比限值取1.5。参见《高规》第3.5.2-2条。

4）涉及"底层"的内力调整，除了底层，程序将同时针对嵌固层进行调整。参见《抗规》第6.2.3条、第6.2.10-3条等。

6. 地下室层数

地下室层数是指与上部结构同时进行内力分析的地下室部分的层数。地下室层数影响风荷载和地震作用计算、内力调整、底部加强区的判断等众多内容，是一项重要参数。

7. 墙元、弹性板细分最大控制长度

工程规模较小时，建议在0.5~1.0填写；剪力墙数量较多，不能正常计算时，可适当增大细分尺寸，在1.0~2.0取值，但前提是一定要保证网格质量。用户可在SATWE的"分析模型及计算"→"模型简图"→"空间简图"中查看网格划分的结果。

当楼板采用弹性板或弹性膜时，弹性板细分最大控制长度起作用。通常墙元和弹性板可取相同的控制长度。当模型规模较大时可适当降低弹性板控制长度，在1.0~2.0取值，以提高计算效率。

8. 转换层指定为薄弱层

SATWE中这个参数默认置灰，需要人工修改转换层号。勾选此项与在"内力调整"页面"指定薄弱层号"中直接填写转换层层号的效果是一样的。

9. 墙梁跨中节点作为刚性楼板从节点

勾选此项时，剪力墙洞口上方墙梁的上部跨中节点将作为刚性楼板的从节点，不勾选时，这部分节点将作为弹性节点参与计算。该选项的本质是确定连梁跨中节点与楼板之间的变形协调，将直接影响结构整体的分析和设计结果，尤其是墙梁的内力及设计结果。

10. 考虑梁板顶面对齐

PMCAD建立的模型是梁和板的顶面与层顶对齐，这与真实的结构是一致的。计算时若不勾选"考虑梁板顶面对齐"会强制将梁和板上移，使梁的形心线、板的中面位于层顶，这与实际情况有些出入。勾选"梁板顶面对齐"时，程序将梁、弹性膜、弹性板沿法向向下偏移，使其顶面置于原来的位置。有限元计算时用刚域变换的方式处理偏移。当勾选"考虑梁板顶面对齐"，同时将梁的刚度放大系数置1.0，理论上此时的模型最为准确合理。采用这种方式时应注意定义全楼弹性板，且楼板应采用有限元整体结果进行配筋设计，但目前SATWE尚未提供楼板的设计功能，因此用户在使用该选项时应慎重。

11. 构件偏心方式

1）传统移动节点方式。如果模型中的墙存在偏心，则程序会将节点移动到墙的实际位置，以此来消除墙的偏心，即墙总是与节点贴合在一起，而其他构件的位置可以与节点不一致，它们通过刚域变换的方式进行连接。

2）刚域变换方式。将所有节点的位置保持不动，通过刚域变换的方式考虑墙与节点位置的不一致。

12. 结构材料信息

程序提供"钢筋混凝土结构""钢与砼混合结构"⊖"有填充墙钢结构""无填充墙钢结构""砌体结构"五个选项供用户选择。该选项会影响程序选择不同的规范来进行分析和设计。例如：对于框剪结构，当"结构材料信息"为"钢结构"时，程序按照钢框架-支撑体系的要求执行 $0.25V_0$ 调整；当"结构材料信息"为"混凝土结构"时，则执行混凝土结构的 $0.2V_0$ 调整。因此应正确填写该信息。

13. 结构体系

程序提供了 20 种结构形式，包括框架、框剪、框筒、筒中筒、剪力墙、板柱剪力墙结构、异型柱框架结构、异型柱框剪结构、配筋砌块砌体结构、砌体结构、底框结构、部分框支剪力墙结构、单层钢结构厂房、多层钢结构厂房、钢框架结构、巨型框架-核心筒（仅限广东地区）、装配整体式框架结构、装配整体式剪力墙结构、装配整体式部分框支剪力墙结构和装配整体式预制框架-现浇剪力墙结构。结构体系的选择影响到众多规范条文的执行，计算时应根据实际结构形式确定。

14. 恒活荷载计算信息

1）不计算恒活荷载。不计算竖向荷载。

2）一次性加载。按一次加荷方式计算竖向荷载。

3）模拟施工加载 1。按模拟施工加荷方式计算竖向荷载。

4）模拟施工加载 2。按模拟施工加荷方式计算竖向荷载，同时在分析过程中将竖向构件（柱、墙）的轴向刚度放大 10 倍，以削弱竖向荷载按刚度的重分配。这样做将使得柱和墙上分得的轴力比较均匀，接近手算结果，传给基础的荷载更为合理。

5）模拟施工加载 3。比较真实地模拟结构竖向荷载的加载过程，即分层计算各层刚度后，再分层施加竖向荷载，采用这种方法计算出来的结果更符合工程实际。需要注意的是，采用"模拟施工加载 3"时，必须正确指定"施工次序"，否则会直接影响计算结果的准确性。

6）构件级施工次序。支持前处理"施工次序"处定义的构件级施工次序。

15. 风荷载计算信息

SATWE 提供两类风荷载，一类是程序依据《荷规》在"分析模型及计算"→"生成数据"时自动计算的水平风荷载，作用在整体坐标系的 X 和 Y 向，可在"分析模型及计算"→"风荷载"菜单中查看，习惯上称之为"水平风荷载"；另一类是在"设计模型前处理"→"特殊风荷载"菜单中自定义的特殊风荷载。"特殊风荷载"又可分为两类：通过单击"自动生成"菜单自动生成的特殊风荷载和用户自定义的特殊风荷载，习惯上统称为"特殊风

⊖　"砼"即混凝土，为与软件保持一致，涉及软件选项的"砼"字不做变动。

荷载"。

一般来说,大部分工程采用 SATWE 默认的"水平风荷载"即可,如需考虑更细致的风荷载,则可通过"特殊风荷载"实现。SATWE 通过"风荷载计算信息"参数判断参与内力组合和配筋时的风荷载种类:

1)不计算风荷载。任何风荷载均不计算。

2)计算水平风荷载。仅水平风荷载参与内力分析和组合,无论是否存在特殊风荷载数据。

3)计算特殊风荷载。仅特殊风荷载参与内力分析和组合。

4)计算水平和特殊风荷载。水平和特殊风荷载同时参与内力分析和组合。此选项只用于特殊情况,一般工程不建议采用。

16. 地震作用计算信息

(1)不计算地震作用 对于不进行抗震设防的地区或者抗震设防烈度为 6 度时的部分结构,规范规定可以不进行地震作用计算,参见《抗规》第 3.1.2 条,此时可选择"不计算地震作用"。《抗规》第 5.1.6 条规定:6 度时的部分建筑,应允许不进行截面抗震验算,但应符合有关的抗震措施要求。因此这类结构在选择"不计算地震作用"的同时,仍然要在"地震信息"页面中指定抗震等级,以满足抗震构造措施的要求。此时,"地震信息"页面除了抗震等级相关参数,其余项会变灰。

(2)计算水平地震作用 计算 X、Y 两个方向的地震作用。

(3)计算水平和规范简化方法竖向地震 按《抗规》第 5.3.1 条规定的简化方法计算竖向地震。

(4)计算水平和反应谱方法竖向地震 按竖向振型分解反应谱方法计算竖向地震;《高规》第 4.3.14 规定:跨度大于 24m 的楼盖结构、跨度大于 12m 的转换结构和连体结构,悬挑长度大于 5m 的悬挑结构,结构竖向地震作用效应标准值宜采用时程分析方法或振型分解反应谱方法进行计算。因此,10 版提供了按竖向振型分解反应谱方法计算竖向地震的选项。采用振型分解反应谱法计算竖向地震作用时,程序输出每个振型的竖向地震力,以及楼层的地震反应力和竖向作用力,并输出竖向地震作用系数和有效质量系数,与水平地震作用均类似。

(5)计算水平和等效静力法竖向地震 按《抗规》第 5.3.2 条和第 5.3.3 条及《高规》第 4.3.15 条的要求,增加了"等效静力法"计算竖向地震作用效应,并且可以针对构件在结构中的不同位置指定不同的竖向地震效应系数,从而使得高烈度区的大跨度、长悬臂等结构的竖向地震效应计算更加合理。

17. 结构所在地区

分为全国、上海、广东,分别采用中国国家规范、上海地区规程和广东地区规程。

18. "规定水平力"的确定方式

《抗规》第 3.4.3 条和《高规》第 3.4.5 条规定:在规定水平力作用下楼层的最大弹性水平位移(层间位移)大于该楼层两端弹性水平位移(层间位移)平均值的 1.2 倍。依据上述要求,采用楼层地震剪力差的绝对值作为楼层的规定水平力,即选项"楼层剪力差方法(规范方法)",一般情况下建议选择此方法。"节点地震作用 CQC 组合方法"是程序提供的另一种方法,其结果仅供参考。

19. 高位转换结构等效侧向刚度比计算

（1）采用《高规》附录 E.0.3 方法　程序自动按照《高规》要求分别建立转换层上、下部结构的有限元分析模型，并在层顶施加单位力，计算上、下部结构的顶点位移，进而获得上、下部结构的刚度和刚度比。此时，需选择"全楼强制采用刚性楼板假定"或"整体指标计算采用强刚，其他指标采用非强刚"。

（2）"传统方法"　采用串联层刚度模型计算。

20. 墙倾覆力矩计算方法

在一般的框剪结构设计中，剪力墙的面外刚度及其抗侧力能力是被忽略的，因为在正常的结构中，剪力墙的面外抗侧力贡献相对于其面内微乎其微。但对于单向少墙结构，剪力墙的面外抗侧力贡献，成为一种不能忽略的抗侧力成分，它在性质上类似于框架柱，宜看作一种独立的抗侧力构件。

程序提供了墙倾覆力矩计算方法的三个选项，分别为"考虑墙的所有内力贡献""只考虑腹板和有效翼缘，其余部分计算框架"和"只考虑面内贡献，面外贡献计入框架"。当需要界定结构是否为单向少墙结构体系时，建议选择"只考虑面内贡献，面外贡献计入框架"。当用户尢须进行是否是单向少墙结构的判断时，可以选择"只考虑腹板和有效翼缘，其余部分计入框架"。

21. 墙梁转杆单元的控制跨高比

当墙梁的跨高比过大时，如果仍用壳元来计算墙梁的内力，计算结果的精度较差。用户可通过指定"墙梁转杆单元的控制跨高比"，程序会自动将墙梁的跨高比大于该值的墙梁转换成框架梁，并按照框架梁计算刚度、内力并进行设计，使结果更加准确合理。当指定"墙梁转杆单元的跨高比"为 0 时，程序对所有的墙梁不做转换处理。

22. 框架梁按壳元计算控制跨高比

根据跨高比将框架连梁转换为墙梁（壳），同时增加了转换壳元的特殊构件定义，将框架方式定义的转换梁转为壳的形式。用户可通过指定该参数将跨高比小于该限值的矩形截面框架连梁用壳元计算其刚度，若该限值取值为 0，则对所有框架连梁都不做转换。

23. 梁、墙扣除与柱重叠部分质量和重量

勾选此项时，梁、墙扣除与柱重叠部分的重量和质量。由于重量和质量同时扣除，恒荷载总值会有所减小（传到基础的恒荷载总值也随之减小），结构周期也会略有缩短，地震剪力和位移相应减少。

从设计安全性角度而言，适当的安全储备是有益的，建议用户仅在确有经济性需要，并对设计结果的安全裕度确有把握时才谨慎选用该选项。

24. 弹性板按有限元方式设计

梁板共同工作的计算模型，可使梁上荷载由板和梁共同承担，从而减少梁的受力和配筋，特别是针对楼板较厚的板，应将其设置为弹性板 3 或者弹性板 6 计算。在 SATWE 的前处理中，可通过以下步骤实现楼板有限元分析和设计：

第 1 步：正常建模，退出时仍按原方式导荷，支持各种楼面荷载种类（点荷载、线荷载及面荷载）。

第 2 步：在参数对话框中确认各层楼板的主筋强度。

第 3 步：在特殊构件中指定需进行配筋设计的楼板为弹性板 3 或弹性板 6。

25. 全楼强制采用刚性楼板假定

"强制刚性楼板假定"和"刚性楼板假定"是两个相关但不等同的概念,应注意区分。

"刚性楼板假定"是指楼板平面内无限刚,平面外刚度为零的假定。每块刚性楼板有三个公共的自由度,从属于同一刚性板的每个节点只有三个独立的自由度。这样能大大减少结构的自由度,提高分析效率。SATWE 自动搜索全楼楼板,对于符合条件的楼板,自动判断为刚性楼板,并采用刚性楼板假定,无须用户干预。

而"强制刚性楼板假定"则不区分刚性板、弹性板或独立的弹性节点,只要位于该层楼面标高处的所有节点,在计算时都将强制从属同一刚性板。"强制刚性楼板假定"可能改变结构的真实模型,因此其适用范围是有限的,一般仅在计算位移比、周期比、刚度比等指标时建议选择。在进行结构内力分析和配筋计算时,仍要遵循结构的真实模型,才能获得正确的分析和设计结果。

当选择"仅整体指标采用"即整体指标计算采用强刚模型计算,其他指标采用非强刚模型计算。勾选此项,程序自动对强制刚性楼板假定和非强制刚性楼板两种假定模型分别进行计算,并对计算结果进行整合,用户可以在文本结果中同时查看到两种计算模型的位移比、周期比及刚度比这三项整体指标,其余设计结果则全部取自非强制刚性楼板假定模型。通常情况下,无须用户再对结果进行整理,即可实现与过去手动进行两次计算相同的效果。

26. 整体计算考虑楼梯刚度

在结构建模中创建的楼梯,用户可在 SATWE 中选择是否在整体计算时考虑楼梯的作用。若在整体计算中考虑楼梯的作用,程序会自动将梯梁、梯柱、梯板加入到模型当中。当采用楼梯参与计算时,暂不支持按构件指定施工次序的施工模拟计算。

SATWE 提供了两种楼梯计算模型:壳单元和梁单元,默认采用壳单元。两者的区别在于对梯段的处理。壳单元模型用膜单元计算梯段的刚度,而梁单元模型用梁单元计算梯段的刚度,两者对于平台板都用膜单元来模拟。程序可自动对楼梯单元进行网格细分。

此外,针对楼梯计算,SATWE 设置了自动进行多模型包络设计。如果用户选择同时计算不带楼梯模型和带楼梯模型,则程序自动生成两个模型,并进行包络设计。

27. 结构高度

目前,这参数只针对执行广东《高规》(DBJ 15-92—2013)的项目起作用,A 级和 B 级用于结构扭转不规则程度的判断和输出。

28. 施工次序

单击"施工次序"按钮,弹出图 2-46 所示对话框。若用户勾选了"联动调整",当用户修改某一层的施工次序,其以上的自然层的施工次序也会调整相应的变化量。

图 2-46 "施工次序"对话框

2.7.2 多模型及包络

"多模型及包络"页面如图 2-47 所示。

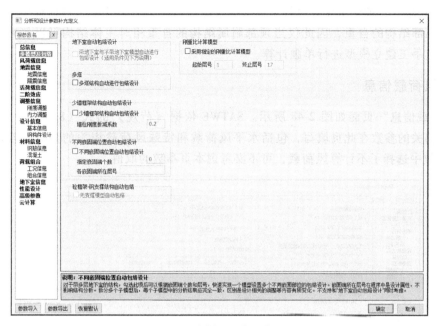

图 2-47 "多模型及包络"页面

（1）带地下室与不带地下室模型自动进行包络设计 对于带地下室模型，勾选此项可以快速实现整体模型与不带地下室的上部结构的包络设计。当模型考虑温度荷载或特殊风荷载，或存在跨越地下室上、下部位的斜杆时，该功能暂不适用。对于不带地下室的上部结构模型时，自动形成时用户在"层塔属性"中修改的地下室楼层高度不起作用。

（2）多塔结构自动进行包络设计 该参数主要用来控制多塔结构是否进行自动包络设计。勾选了该项，程序允许进行多塔包络设计；反之不勾选该项，即使定义了多塔子模型，程序仍然不会进行多塔包络设计。

（3）少墙框架结构自动包络设计 针对少墙框架结构增加少墙框架结构自动包络设计功能。勾选该项，程序自动完成原始模型与框架结构模型的包络设计。"墙柱刚度折减系数"仅对少墙框架结构包络设计有效。框架结构子模型通过该参数对墙柱的刚度进行折减得到。另外，可在"设计属性补充"项对墙柱的刚度折减系数进行单构件修改。

（4）不同嵌固端位置自动包络设计 对于带多层地下室的结构，勾选此项后可以根据嵌固端个数和层号，快速实现一个模型设置多个不同嵌固部位的包络设计。嵌固端所在层号在程序中是设计属性，不影响结构分析。拆分多个子模型后，每个子模型中的分析结果应完全一致，区别是设计相关的调整等内容有所变化。此外，该功能不支持和"地下室自动包络设计"同时考虑。

（5）刚重比计算模型 程序将在全楼模型的基础上，增加计算一个子模型，该子模型的起始层号和终止层号由用户指定，即从全楼模型中剥离出一个刚重比计算模型。该功能适用于结构存在地下室、大底盘，顶部附属结构自重可忽略的刚重比指标计算，且仅适用于弯曲型和弯剪型的单塔结构。

1）起始层号：即刚重比计算模型的最底层是当前模型的第几层。该层号从楼层组装的最底层起算（包括地下室）。

2）终止层号：即刚重比计算模型的最高层是当前模型的第几层。目前程序未自动附加被去掉的顶部结构的自重，因此仅当顶部附属结构的自重相对主体结构可以忽略时才可采用，否则应手工建立模型进行单独计算。

2.7.3 风荷载信息

"风荷载信息"页面如图 2-48 所示。SATWE 依据《荷规》的式（8.1.1-1）计算风荷载。计算相关的参数在此页填写，包括水平风荷载和特殊风荷载相关的参数。若在"总信息"页参数中选择了不计算风荷载，可不必考虑本页参数的取值。

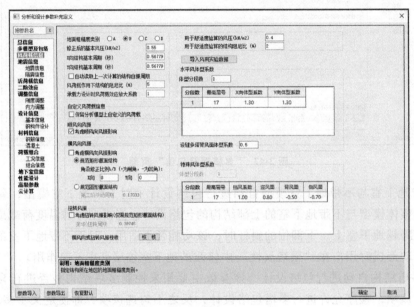

图 2-48 "风荷载信息"页面

1. 地面粗糙度类别

分 A、B、C、D 四类，用于计算风压高度变化系数等。

2. 修正后的基本风压

修正后的基本风压用于计算《荷规》式（8.1.1-1）的风压值 w_0，一般按照《荷规》给出的 50 年一遇的风压采用，对于部分风荷载敏感建筑，应考虑地点和环境的影响进行修正，如沿海地区和强风地带等。又如《门刚规程》中规定，基本风压按现行《荷规》的规定值乘 1.05 采用。用户应自行依据相关规范、规程对基本风压进行修正，程序以用户填入的修正后的风压值进行风荷载计算，不再另行修正。

3. X、Y 向结构基本周期

"结构基本周期"用于脉动风荷载的共振分量因子 R 的计算，见《荷规》式（8.4.4-1）。新版 SATWE 可以分别指定 X 向和 Y 向的基本周期，用于 X 向和 Y 向风荷载的计算。

对于比较规则的结构，可以采用近似方法计算基本周期：框架结构 $T = (0.08 \sim 0.10)N$；框剪结构、框筒结构 $T = (0.06 \sim 0.08)N$；剪力墙结构、筒中筒结构 $T = (0.05 \sim 0.06)N$，其中 N 为结构层数。

程序按简化方式对基本周期赋初值，用户也可以在 SATWE 计算完成后，得到了准确的结构自振周期，再回到此处将新的周期值填入，然后重新计算，以得到更为准确的风荷载。

4. 风荷载作用下结构的阻尼比

与"结构基本周期"相同，该参数也用于脉动风荷载的共振分量因子 R 的计算。

新建工程第一次进 SATWE 时，会根据"结构材料信息"自动对"风荷载作用下结构的阻尼比"赋初值：混凝土结构及砌体结构为 0.05，有填充墙钢结构为 0.02，无填充墙钢结构为 0.01。

5. 承载力设计时风荷载效应放大系数

《高规》第 4.2.2 条规定：对风荷载比较敏感的高层建筑，承载力设计时应按基本风压的 1.1 倍采用。对于正常使用极限状态设计，一般仍可采用基本风压值或由设计人员根据实际情况确定。也就是说，部分高层建筑在风荷载承载力设计和正常使用极限状态设计时，可能需要采用两个不同的风压值。为此，SATWE 新增了"承载力设计时风荷载效应放大系数"，用户只需按照正常使用极限状态确定风压值，程序在进行风荷载承载力设计时，将自动对风荷载效应进行放大，相当于对承载力设计时的风压值进行了提高，这样一次计算就可同时得到全部结果。

填写该系数后，程序将直接对风荷载作用下的构件内力进行放大，不改变结构位移。结构对风荷载是否敏感，以及是否需要提高基本风压，规范尚无明确规定，应由设计人员根据实际情况确定。程序默认值为 1.0。

6. 自定义风荷载信息

用户在执行"生成数据"后可在"模型修改"的"风荷载"菜单中对程序自动计算的水平风荷载进行修改。勾选此参数，再次执行生成数据，风荷载将会包络；否则，自定义风荷载将会被替换。

7. 顺风向风振

《荷规》第 8.4.1 条规定：对于高度大于 30m 且高宽比大于 1.5 的房屋，以及基本自振周期 T_1 大于 0.25s 的各种高耸结构，应考虑风压脉动对结构产生顺风向风振的影响。当计算中需考虑顺风向风振时，应勾选该项，程序自动按照规范要求进行计算。

8. 横风向风振与扭转风振

《荷规》第 8.5.1 条规定：对于横风向风振作用效应明显的高层建筑及细长圆形截面构筑物，宜考虑横风向风振的影响。第 8.5.4 条规定：对于扭转风振作用效应明显的高层建筑及高耸结构，宜考虑扭转风振的影响。

9. 横向风或扭转风振校核

考虑风振的方式可以通过风洞试验或者按照《荷规》附录 H.1，H.2 和 H.3 确定。当采用风洞试验数据时，软件提供文件接口 WINDHOLE.PM，用户可根据格式进行填写。当采用软件提供的《荷规》附录方法时，除了需要正确填写周期等相关参数，必须根据规范条文确保其适用范围，否则计算结果可能无效。

10. 用于舒适度验算的风压、阻尼比

《高规》第 3.7.6 规定：房屋高度不小于 150m 的高层混凝土建筑结构应满足风振舒适度要求。SATWE 根据 JGJ 99—1998《高层民用建筑钢结构技术规程》（以下简称《高钢规》）第 5.5.1-4 条，对风振舒适度进行验算。

验算风振舒适度时，需要用到"风压"和"阻尼比"，其取值与风荷载计算时采用的

"基本风压"和"阻尼比"可能不同，因此单独列出，仅用于舒适度验算。

按照《高规》要求，验算风振舒适度时结构阻尼比宜取 0.01~0.02，程序默认取 0.02，"风压"则默认与风荷载计算的"基本风压"取值相同，用户均可修改。

11. 导入风洞实验数据

如果想对各层各塔的风荷载做更精细的指定，可使用此功能进行设置。

12. 水平风体型系数

"总信息"页"风荷载计算信息"下拉框中，选择"计算水平风荷载"或者"计算水平和特殊风荷载"时，可在此处指定水平风荷载计算时所需的体型系数。

当结构立面变化较大时，不同区段内的体型系数可能不一样，程序限定体型系数最多可分三段取值。程序允许用户分 X、Y 方向分别指定体型系数。由于程序计算风荷载时自动扣除地下室高度，因此分段时只需考虑上部结构，不用将地下室单独分段。

计算水平风荷载时，程序不区分迎风面和背风面，直接按照最大外轮廓计算风荷载的总值，此处应填入迎风面体型系数与背风面体型系数绝对值之和。对于一些常见体型，风荷载体型系数取值如下：

1）圆形和椭圆形平面 $\mu_s = 0.8$。

2）正多边形及三角形平面 $\mu_s = 0.8 + 1.2/\sqrt{n}$，$n$ 为正多边形边数。

3）矩形、鼓形、十字形平面 $\mu_s = 1.3$。

4）V 形、Y 形、弧形、双十字形、井字形、L 形和槽形平面，以及高宽比大于 4、长宽比不大于 1.5 的矩形、鼓形平面，$\mu_s = 1.4$。

13. 特殊风体型系数

"特殊风荷载定义"菜单中使用"自动生成"菜单自动生成全楼特殊风荷载时，需要用到此处定义的信息。"特殊风荷载"的计算公式与"水平风荷载"相同，区别在于程序自动区分迎风面、背风面和侧风面，分别计算其风荷载，是更为精细的计算方式。应在此处分别填写各区段迎风面、背风面和侧风面的体型系数。

"挡风系数"表示有效受风面积占全部外轮廓的比例。当楼层外侧轮廓并非全部为受风面，存在部分镂空的情况时，应填入该参数。这样程序在计算风荷载时将按有效受风面积生成风荷载。

2.7.4 地震信息

"地震信息"页面如图 2-49 所示。当抗震设防烈度为 6 度时，某些房屋虽然可不进行地震作用计算，但仍应采取抗震构造措施。因此，若在"总信息"页面参数中选择了"不计算地震作用"，"地震信息"页面中各项抗震等级仍应按实际情况填写，其他参数全部变灰。

1. 建筑抗震设防类别

该参数暂不起作用，仅为设计标识。

2. 设防地震分组

设防地震分组应由用户自行填写，用户修改本参数时，界面上的"特征周期 T_g"会根据《抗规》第 5.1.4 条表 5.1.4-2 联动改变。因此，用户在修改设防地震分组时，应特别注

图 2-49　"地震信息"页面

意确认特征周期 T_g 值的正确性。特别是根据区划图确定了 T_g 值并正确填写后，一旦再次修改设防地震分组，程序会根据《抗规》联动修改 T_g 值，此时应重新填入根据区划图确定的 T_g 值。

当采用地震动区划图确定特征周期时，设防地震分组可根据 T_g 查《抗规》第 5.1.4 条表 5.1.4-2 确定当前对应的设防地震分组，也可以采用下文介绍的"区划图"按钮提供的计算工具来辅助计算并直接返回到页面。由于程序直接采用页面显示的 T_g 值进行后续地震作用计算，设防地震分组参数并不直接参与计算，因此对计算结果没有影响。

3. 设防烈度

设防烈度应由用户自行填写，用户修改设防烈度时，页面上的"水平地震影响系数最大值"会根据《抗规》第 5.1.4 条表 5.1.4-1 联动改变。因此，用户在修改设防烈度时，应特别注意确认水平地震影响系数最大值 α_{max} 的正确性。特别是根据区划图确定了 α_{max} 值并正确填写后，一旦再次修改设防烈度，程序会根据《抗规》联动修改 α_{max} 值，此时应重新填入根据区划图确定的 α_{max} 值。

当采用区划图确定地震动参数时，可根据设计基本地震加速度值查《抗规》第 3.2.2 条表 3.2.2 确定当前对应的设防烈度，也可以采用下文介绍的"区划图"按钮提供的计算工具来辅助计算并直接返回到页面。程序直接采用页面显示的水平地震影响系数最大值 α_{max} 进行后续地震作用计算，即设防烈度不影响计算程序中的 α_{max} 取值，但是进行剪重比等调整时仍然与设防烈度有关，因此应正确填写。

4. 场地类别

依据《抗规》，提供 I_0、I_1、II、III、IV 五类场地类别。修改场地类别时，特征周期 T_g 值会根据《抗规》第 5.1.4 条表 5.1.4-2 联动改变。因此，在修改场地类别时，应特别注意确认特征周期 T_g 值的正确性。特别是根据区划图确定了 T_g 值后，再次修改场地类别，程序根据抗规联动修改 T_g 值，此时应重新填入根据区划图确定的 T_g 值。

5. 特征周期、水平地震影响系数最大值、用于 12 层以下规则砼框架薄弱层验算的地震影响系数最大值

程序默认依据《抗规》，由"总信息"页"结构所在地区"参数、"地震信息"页"场地类别"和"设计地震分组"三个参数确定"特征周期"的默认值；"地震影响系数最大值"和"用于 12 层以下规则砼框架结构薄弱层验算的地震影响系数最大值"则由"总信息"页"结构所在地区"参数和"地震信息"页"设防烈度"两个参数共同控制。当改变上述相关参数时，程序将自动按《抗规》重新判断特征周期或地震影响系数最大值。当采用地震动参数区划图确定 T_g 和 α_{max} 时，可直接在此处填写，也可采用下文介绍的"区划图"工具辅助计算并自动填入。但要注意当上述几项相关参数（如"场地类别""设防烈度"等）改变时，用户修改的特征周期或地震影响系数值将不保留，自动恢复为《抗规》取值，因此应在计算前确认此处参数的正确性。

6. 周期折减系数

周期折减的目的是充分考虑框架结构和框架-剪力墙结构的填充墙刚度对计算周期的影响。对于框架结构，若填充墙较多，周期折减系数可取 0.6~0.7，填充墙较少时可取 0.7~0.8；对于框架-剪力墙结构，可取 0.7~0.8，纯剪力墙结构的周期可不折减。

7. 竖向地震作用系数底线值

根据《高规》第 4.3.15 条规定：大跨度结构、悬挑结构、转换结构、连体结构的连接体的竖向地震作用标准值不宜小于结构或构件承受的重力荷载代表值与所规定的竖向地震作用系数的乘积。程序设置"竖向地震作用系数底线值"参数以确定竖向地震作用的最小值。当采用振型分解反应谱方法计算的竖向地震作用小于该值时，程序将自动取该参数确定的竖向地震作用底线值。需要注意的是，当用该底线值调控时，相应的有效质量系数应该达到 90% 以上。

8. 竖向地震影响系数最大值

用户可指定竖向地震影响系数最大值占水平地震影响系数最大值的比值，来调整竖向地震的大小。

9. 区划图工具

GB 18306—2015《中国地震动参数区划图》于 2016 年 6 月 1 日实施。在使用该区划图时，应根据查得的二类场地峰值加速度和特征周期，采用该区划图规定的动力放大系数等参数及相应方法计算当前场地类别下的 T_g 和 α_{max}，并换算相应的抗震设防烈度，填入程序即可。为了减少设计人员查表和计算的工作量，SATWE 提供了地震动参数区划图检索和计算工具。

10. 抗规工具

《抗规》进行了局部修订，其中对我国主要城镇设防烈度、设计基本地震加速度和设计地震分组进行了局部修改。类似于区划图工具，SATWE 提供了针对《抗规》修订后的地震参数的检索和计算工具。

11. 自定义地震影响系数曲线

单击该按钮，在弹出的对话框中可查看按规范公式的地震影响系数曲线，并可在此基础上根据需要进行修改，形成自定义的地震影响系数曲线。

12. 结构阻尼比

采用《抗规》第 10.2.8 条条文说明提供的"振型阻尼比法"计算结构各振型阻尼比，可进一步提高混合结构的地震效应计算精度。

用户如果采用新的阻尼比计算方法，只需要选择"按材料区分"，并对不同材料指定阻尼比（程序默认钢材为 0.02，混凝土为 0.05），程序即可自动计算各振型阻尼比，并相应计算地震作用。

13. 特征值分析方法

程序默认为"子空间迭代法"。对于大体量结构，可采用多重里兹向量法，以较少的振型数满足有效质量系数要求，提高计算分析效率。

14. 计算振型个数

在计算地震作用时，振型个数的选取应遵循《抗规》第 5.2.2 条条文说明的规定："振型个数一般可以取振型参与质量达到总质量的 90% 所需的振型数"。当仅计算水平地震作用或者用规范方法计算竖向地震作用时，振型数应至少取 3。为了使每阶振型都尽可能地得到两个平动振型和一个扭转振型，振型数最好为 3 的倍数。

振型数的多少与结构层数及结构形式有关，当结构层数较多或结构层刚度突变较大时，振型数也应相应增加，如顶部有小塔楼、转换层等结构形式。

15. 程序自动确定振型数

仅当选择"子空间迭代法"进行特征值分析时可使用此功能。采用移频方法，根据用户输入的有效质量系数之和在子空间迭代中自动确定振型数，做到求出的振型数"一个不多，一个不少"。计算相同的振型数，程序自动确定振型数的计算效率与用户指定振型数的计算效率相当。

16. 考虑双向地震作用

选择"考虑双向地震作用"时，程序输出的地震工况内力是已经进行了双向地震组合的结果，地震作用下的所有调整都将在此基础上进行。

17. 偶然偏心

当用户勾选了"考虑偶然偏心"后，程序允许用户修改 X 和 Y 向的相对偶然偏心值，默认值为 0.05。用户也可单击"分层偶然偏心"按钮，分层分塔填写相对偶然偏心值。从理论上，各个楼层的质心都可以在各自不同的方向出现偶然偏心，从最不利的角度出发，假设偶然偏心值为 5%，则在程序中只考虑下列四种偏心方式：

1）X 向地震，所有楼层的质心沿 Y 轴负向偏移 5%，该工况记作 EXP。

2）X 向地震，所有楼层的质心沿 Y 轴正向偏移 5%，该工况记作 EXM。

3）Y 向地震，所有楼层的质心沿 X 轴正向偏移 5%，该工况记作 EYP。

4）Y 向地震，所有楼层的质心沿 X 轴负向偏移 5%，该工况记作 EYM。

18. 混凝土框架、剪力墙、钢框架抗震等级

程序提供 0、1、2、3、4、5 六种值。其中 0、1、2、3、4 分别代表抗震等级为特一级、一、二、三、四级，5 代表不考虑抗震构造要求。此处指定的抗震等级是全楼适用的。通过此处指定的抗震等级，SATWE 自动对全楼所有构件的抗震等级赋初值。依据《抗规》《高规》等相关条文，某些部位或构件的抗震等级可能还需要在此基础上进行单独调整，SAT-WE 将自动对这部分构件的抗震等级进行调整。对于少数未能涵盖的特殊情况，用户可通过前处理第二项菜单"特殊构件补充定义"进行单构件的补充指定，以满足工程需求。

19. 抗震构造措施的抗震等级

在某些情况下，结构的抗震构造措施等级可能与抗震等级不同。用户应根据工程的设防类别查找相应的规范，以确定抗震构造措施等级。当抗震构造措施的抗震等级与抗震措施的抗震等级不一致时，在配筋文件中会输出此信息。另外，在"设计模型前处理"的各类特殊构件中可以分别指定单根构件的抗震等级和抗震构造措施等级。

20. 悬挑梁默认取框梁抗震等级

如果不勾选此参数，程序默认按次梁选取悬挑梁抗震等级；如果勾选此参数，悬挑梁的抗震等级默认同主框架梁。程序默认不勾选此参数。

21. 降低嵌固端以下抗震构造措施的抗震等级

根据《抗规》第 6.1.3-3 条的规定：当地下室顶板作为上部结构的嵌固部位时，地下一层的抗震等级应与上部结构相同，地下一层以下抗震构造措施的抗震等级可逐层降低一级，但不应低于四级。如勾选该选项，程序将自动按照《抗规》规定执行，用户将无须在"设计模型补充定义"中单独指定相应楼层构件的抗震构造措施的抗震等级。

22. 部分框支剪力墙结构底部加强区剪力墙抗震等级自动提高一级

根据《高规》表 3.9.3、表 3.9.4，部分框支剪力墙结构底部加强区和非底部加强区的剪力墙抗震等级可能不同。

对于"部分框支剪力墙结构"，如果用户在"地震信息"页"剪力墙抗震等级"中填入部分框支剪力墙结构中一般部位剪力墙的抗震等级，并在此勾选了"部分框支剪力墙结构底部加强区剪力墙抗震等级自动提高一级"，程序将自动对底部加强区的剪力墙抗震等级提高一级。

23. 按主振型确定地震内力符号

按照《抗规》式（5.2.3-5）确定地震作用效应时，公式本身并不含符号，因此地震作用效应的符号需要单独指定。SATWE 的传统规则为，在确定某一内力分量时，取各振型下该分量绝对值最大的符号作为 CQC 计算以后的内力符号；而当选用该参数时，程序根据主振型下地震效应的符号确定考虑扭转耦联后的效应符号，其优点是确保地震效应符号的一致性，但由于涉及主振型的选取，因此在多塔结构中的应用有待进一步研究。

24. 程序自动考虑最不利水平地震作用

当用户勾选"程序自动考虑最不利水平地震作用"后，程序将自动完成最不利水平地震作用方向的地震效应计算，一次完成计算，无须手动回填。

25. 斜交抗侧力构件方向附加地震数、相应角度

《抗规》第 5.1.1 条规定：有斜交抗侧力构件的结构，当相交角度大于 15° 时，应分别计算各抗侧力构件方向的水平地震作用。用户可在此处指定附加地震方向。附加地震数可在 0~5 取值，在"相应角度"文本框填入各角度值。该角度是与整体坐标系 X 轴正方向的夹角，逆时针方向为正，各角度之间以逗号或空格隔开。

当用户在"总信息"页修改了"水平力与整体坐标夹角"时，应按新的结构布置角度确定附加地震的方向。如假定结构主轴方向与整体坐标系 X、Y 方向一致时，水平力夹角填入 30° 时，结构平面布置顺时针旋转 30°，此时主轴 X 方向在整体坐标系下为 -30°，作为"斜交抗侧力构件附加地震力方向"输入时，应填入 -30°。

每个角度代表一组地震，如填入附加地震数 1，角度 30°时，SATWE 将新增 EX1 和 EY1 两个方向的地震，分别沿 30°和 120°两个方向。当不需要考虑附加地震时，将附加地震方向数填 0 即可。

26. 同时考虑相应角度风荷载

程序仅考虑多角度地震作用，不计算相应角度风荷载，各角度方向地震总是与 0°和 90°风荷载进行组合。勾选此选项后，则 "斜交抗侧力构件方向附加地震数" 参数同时控制风和地震的角度，且地震作用和风荷载同向组合。

该功能主要有两种用途，一是改进过去对于多角度地震作用与风荷载的组合方式，可使地震作用与风荷载总是保持同向组合，二是满足复杂工程的风荷载计算需要，可根据结构体型进行多角度计算，或根据风洞实验结果一次输入多角度风荷载。

2.7.5 活荷载信息

"活荷载信息" 页面如图 2-50 所示。

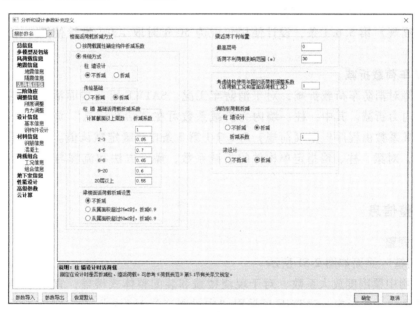

图 2-50 "活荷载信息" 页面

1. 楼面活荷载折减方式

（1）传统方式 可根据计算截面以上层数，分别设定墙柱设计和传给基础的活荷载是否进行折减。

（2）按荷载属性确定折减系数 适用于结构不同部位有不同用途，因而折减方式不同的情况。使用该方式时，需根据实际情况，在结构建模的 "荷载布置"→"楼板活荷类型"中定义房间属性，对于未定义属性的房间，程序默认按住宅处理。

2. 柱、墙、基础设计时活荷载是否折减

《荷规》第 5.1.2 条规定：梁、墙、柱及基础设计时，可对楼面活荷载进行折减。为了避免活荷载在 PMCAD 和 SATWE 中出现重复折减的情况，建议用户使用 SATWE 进行结构计算时，不要在 PMCAD 中进行活荷载折减，而是统一在 SATWE 中进行梁、柱、墙和基础设计时的活荷载折减。此处指定的"传给基础的活荷载"是否折减仅用于 SATWE 设计结果的文本及图形输出,在接力 JCCAD 时,SATWE 传递的内力为没有折减的标准内力,由用户在 JCCAD 中另行指定折减信息。

3. 柱、墙、基础活荷载折减系数

此处分 6 档给出了"计算截面以上的层数"和相应的折减系数,这些参数是根据《荷规》给出的隐含值,用户可以修改。

4. 梁楼面活荷载折减设置

用户可以根据实际情况选择不折减或者相应的折减方式。

5. 梁活荷不利布置最高层号

SATWE 有考虑梁活荷载不利布置的功能。若此参数填 0,表示不考虑梁活荷载不利布置作用;若填一个大于零的数 NL,则表示从 1~NL 各层考虑梁活荷载的不利布置,而 NL+1 层以上则不考虑梁活荷载不利布置,若 NL 等于结构的层数,则表示对全楼所有层都考虑梁活荷载的不利布置。

6. 考虑结构使用年限的活荷载调整系数

根据《高规》第 5.6.1 条,设计使用年限为 50 年时取 1.0,设计使用年限为 100 年时取 1.1。

7. 消防车荷载折减

程序支持对消防车荷载折减,对于消防车工况,SATWE 可与楼面活荷载类似,考虑梁和柱、墙的内力折减。其中,柱、墙内力折减系数可在"活荷信息"页指定全楼的折减系数,梁的折减系数由程序根据《荷规》5.1.2-1 第 3 条自动确定默认值。用户可在"活荷折减"菜单中,对梁、柱、墙指定单构件的折减系数,操作方法和流程与活荷内力折减系数类似。

2.7.6 调整信息

1. 刚度调整

"刚度调整"页面如图 2-51 所示。

(1) 采用中梁刚度放大系数 对于现浇楼盖和装配整体式楼盖,宜考虑楼板作为翼缘对梁刚度和承载力的影响。SATWE 可采用"中梁刚度放大系数"对梁刚度进行放大,近似考虑楼板对梁刚度的贡献。中梁刚度放大系数一般为 1.0~2.0。

(2) 梁刚度系数按 2010 规范取值 程序将根据《混规》第 5.2.4 条的表格,自动计算每根梁的楼板有效翼缘宽度,按照 T 形截面与梁截面的刚度比例,确定每根梁的刚度系数。

(3) 砼矩形梁转 T 形(自动附加楼板翼缘) 《混规》第 5.2.4 条规定:"对现浇楼盖和装配整体式楼盖,宜考虑楼板作为翼缘对梁刚度和承载力的影响"。勾选此项,程序自动将所有砼矩形截面梁转换成 T 形截面梁,在刚度计算和承载力设计时均采用新的 T 形截面。

(4) 地震作用连梁刚度折减系数 多、高层结构设计中允许连梁开裂,开裂后连梁的刚度有所降低,程序中通过连梁刚度折减系数来反映开裂后的连梁刚度。《高规》第 5.2.1 条规定:高层建筑结构地震作用效应计算时,可对剪力墙连梁刚度予以折减,折减系数不宜小于 0.5。指定该折减系数后,程序在计算时只在集成地震作用计算刚度阵时进行折减,竖

图 2-51　"刚度调整" 页面

向荷载和风荷载计算时连梁刚度不予折减。

（5）采用 SAUSAGE-Design 连梁刚度折减系数　如果勾选该项，程序会在 "分析模型及计算" → "设计属性补充" → "刚度折减系数" 中采用 SAUGE-Design 计算结果作为默认值，如果不勾选则仍选用调整信息中 "连梁刚度折减系数-地震作用" 的输入值作为连梁刚度折减系数的默认值。

（6）计算地震位移时连梁刚度折减系数　《抗规》第 6.2.13-2 条规定：计算地震内力时，抗震墙连梁刚度可折减；计算位移时，连梁刚度可不折减。勾选此项后，程序自动采用不考虑连梁刚度折减的模型进行地震位移计算，其余计算结果采用考虑连梁刚度折减的模型。

（7）风荷载作用连梁刚度折减系数　当风荷载作用水准提高到 100 年一遇或更高，在承载力设计时，应允许一定程度地考虑连梁刚度的弹塑性退化，即允许连梁刚度折减，以便整个结构的设计内力分布更贴近实际，连梁本身也更容易设计。

（8）梁柱重叠部分简化为刚域　勾选该参数对梁端刚域与柱端刚域独立控制。

（9）考虑钢梁刚域　当钢梁端部与钢管混凝土柱或者型钢混凝土柱连接时，程序默认生成 0.4 倍柱直径（或短边长度）的梁端刚域；当钢梁端部与其他截面柱子相连时，默认不生成钢梁端的刚域。

（10）托墙梁刚度放大系数　针对梁式转换层结构，由于框支梁与剪力墙的共同作用，使框支梁的刚度增大。托墙梁刚度放大是指与上部剪力墙及暗柱直接接触共同工作的部分，托墙梁上部有洞口部分梁刚度不放大，此系数不调整，输入 1。

（11）钢管束剪力墙计算模型　程序既支持采用拆分墙肢模型计算，也支持采用合并墙肢模型计算，还支持两种模型包络设计，主模型采用合并模型，平面外稳定、正则化宽厚比、长细比和混凝土承担系数取各分肢较大值。

（12）钢管束墙混凝土刚度折减系数　当结构中存在钢管束剪力墙时，可通过该参数对钢管束内部填充的混凝土刚度进行折减。

2. 内力调整

"内力调整"页面如图 2-52 所示。

（1）剪重比调整　勾选该项，程序根据《抗规》第 5.2.5 条规定自动调整最小地震剪力系数。也可单击"自定义调整系数"按钮，分层分塔指定剪重比调整系数。

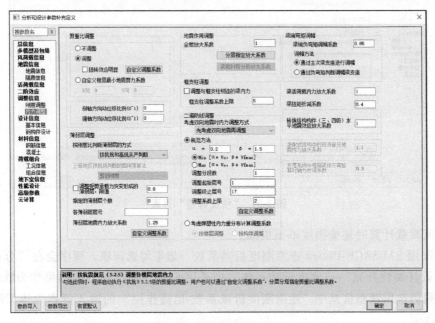

图 2-52 "内力调整"页面

（2）扭转效应明显　该参数用来标记结构的扭转效应是否明显。勾选此项后，无论结构基本周期是否小于 3.5s，楼层最小地震剪力系数都取《抗规》表 5.2.5 第一行的数值。

（3）自定义楼层最小地震剪力系数　勾选此项，并填入恰当的 X、Y 向最小地震剪力系数后，程序不再按《抗规》表 5.2.5 确定楼层最小地震剪力系数，而是执行用户自定义值。

（4）弱/强轴方向动位移比例　《抗规》第 5.2.5 条条文说明中明确了三种调整方式：加速度段、速度段和位移段。当动位移比例填 0 时，程序采取加速度段方式进行调整；当动位移比例为 1 时，程序采用位移段方式进行调整；当动位移比例填 0.5 时，程序采用速度段方式进行调整。另外，弱轴是指结构长周期方向，强轴是指短周期方向。

（5）薄弱层调整

1）按刚度比判断薄弱层的方式：提供"按《抗规》和《高规》从严判断""仅按《抗规》判断""仅按《高规》判断"和"不自动判断"四个选项供选择。

2）调整受剪承载力突变形成的薄弱层：勾选该参数后，对于受剪承载力不满足《高规》第 3.5.3 条要求的楼层，程序会自动将该层指定为薄弱层，执行薄弱层相关的内力调整，并重新进行配筋设计。采用此功能时应注意确认程序自动判断的薄弱层信息是否与实际相符。

3）指定薄弱层个数及各薄弱层层号：SATWE 自动按楼层刚度比判断薄弱层并对薄弱层进行地震内力放大，但对于竖向抗侧力构件不连续或承载力变化不满足要求的楼层，不能自动判断为薄弱层，需要手动指定。

4）薄弱层地震内力放大系数、自定义调整系数：《抗规》第 3.4.4-2 条规定：薄弱层的地震剪力增大系数不小于 1.15。《高规》第 3.5.8 条规定：地震作用标准值的剪力应乘 1.25 的增大系数。SATWE 对薄弱层地震剪力调整的做法是直接放大薄弱层构件的地震作用内力。"薄弱层地震内力放大系数"即由用户指定放大系数，以满足不同需求。程序默认值为 1.25。

（6）地震作用调整　程序支持全楼地震作用放大系数，用户可通过此参数来放大全楼地震作用，提高结构的抗震安全度，其经验取值范围是 1.0~1.5。

（7）框支柱调整　《高规》第 10.2.17 条规定：框支柱剪力调整后，应相应调整框支柱的弯矩及柱端框架梁的剪力和弯矩。程序自动对框支柱的剪力和弯矩进行调整，与框支柱相连的框架梁的剪力和弯矩是否进行相应调整，由设计人员决定。

由于程序计算的 $0.2V_0$ 调整和框支柱的调整系数值可能很大，用户可设置调整系数的上限值，这样程序进行相应调整时，采用的调整系数将不会超过这个上限值。程序默认 $0.2V_0$ 调整上限为 2.0，框支柱调整上限为 5.0，可以自行修改。

（8）二道防线调整　规范对于 $0.2V_0$ 调整的方式是 $0.2V_0$ 和 $1.5V_{\mathrm{f,max}}$ 取小，软件中增加了两者取大作为一种更安全的调整方式。α、β 分别为地震作用调整前楼层剪力框架分配系数和框架各层剪力最大值放大系数。对于钢筋混凝土结构或钢-混凝土混合结构，α、β 的默认值为 0.2 和 1.5；对于钢结构，α、β 的默认值为 0.25 和 1.8。

（9）梁端弯矩调幅

1）梁端负弯矩调幅系数：在竖向荷载作用下，钢筋混凝土框架梁设计允许考虑混凝土的塑性变形内力重分布，适当减小支座负弯矩，相应增大跨中正弯矩。梁端负弯矩调幅系数可在 0.8~1.0 取值，钢梁不允许进行调幅。

2）调幅方法：提供"通过主次梁支座进行调幅"和"通过负弯矩判断调幅梁支座"两种方式。

（10）梁活荷载内力放大系数　该参数用于考虑活荷载不利布置对梁内力的影响。将活荷作用下的梁内力（包括弯矩、剪力、轴力）进行放大，然后与其他荷载工况进行组合。一般工程建议取值 1.1~1.2。如果已经考虑了活荷载不利布置，则应取 1。

（11）梁扭矩折减系数　对于现浇楼板结构，当采用刚性楼板假定时，可以考虑楼板对梁的抗扭作用而对梁的扭矩进行折减。折减系数可在 0.4~1.0 取值。若考虑楼板的弹性变形，梁的扭矩不应折减。

（12）转换结构构件（三、四级）水平地震效应放大系数　按《抗规》3.4.4-2-1 条要求，转换结构构件的水平地震作用计算内力应乘 1.25~2.0 的放大系数；按照《高规》10.2.4 条要求，特一级、一级、二级的转换结构构件的水平地震作用计算内力应分别乘增大系数 1.9、1.6 和 1.3。此处填写大于 1.0 时，三、四级转换结构构件的地震内力乘此放大系数。

（13）装配式结构中的现浇部分地震内力放大　该参数只对装配式结构起作用，如果结构楼层中既有预制又有现浇抗侧力构件时，程序对现浇部分的地震剪力和弯矩乘此处指定的地震内力放大系数。

2.7.7 设计信息

分为"基本信息"和"钢构件设计"两个页面。"基本信息"页面如图 2-53 所示。

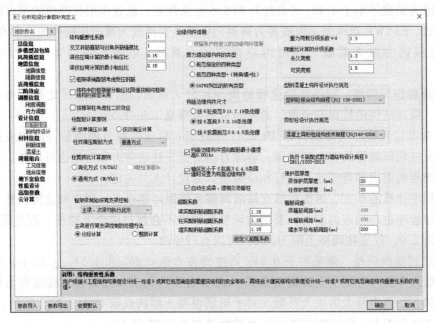

图 2-53 "基本信息"页面

（1）结构重要性系数　根据 GB 50153—2008《工程结构可靠性设计统一标准》或其他规范确定房屋建筑结构的安全等级，再结合 GB 50068—2018《建筑结构可靠性设计统一标准》或其他规范决定结构重要性系数的取值。

（2）梁按压弯计算的最小轴压比　梁承受的轴力一般较小，默认按照受弯构件计算。实际工程中某些梁可能承受较大的轴力，此时应按照压弯构件进行计算。该值用来控制梁按照压弯构件计算的临界轴压比，默认值为 0.15。如填入 0，则表示梁全部按受弯构件计算。

（3）梁按拉弯计算的最小轴拉比　指定用来控制梁按拉弯计算的临界轴拉比，默认值为 0.15。

（4）框架梁端配筋考虑受压钢筋　《混规》第 5.4.3 条规定：非地震作用下，调幅框架梁的梁端受压区高度 $x \leqslant 0.35h_0$。勾选"框架梁端配筋考虑受压钢筋"选项后，程序对于非地震作用下进行该项校核，如果不满足要求，程序自动增加受压钢筋以满足受压区高度要求。

（5）结构中的框架部分轴压比按照纯框架结构的规定采用　根据《高规》8.1.3 条，框架-剪力墙结构，底层框架部分承受的地震倾覆力矩的比值在一定范围内时，框架部分的轴压比需要按框架结构的规定采用。勾选此选项后，程序将一律按纯框架结构的规定控制结构中框架柱的轴压比，除了轴压比，其余设计仍遵循框剪结构的规定。

（6）按排架柱考虑柱二阶效应　勾选此选项时，程序将按照《混规》B.0.4 条的方法计算柱轴压力二阶效应，此时柱计算长度系数仍默认采用底层 1.0/上层 1.25。对于排架结构柱，用户应注意自行修改其长度系数。不勾选时，程序将按照《混规》第 6.2.4 条的规定考虑柱轴压力二阶效应。

（7）柱配筋计算原则

1）按单偏压计算：程序按单偏压计算公式分别计算柱两个方向的配筋。

2）按双偏压计算：程序按双偏压计算公式计算柱两个方向的配筋和角筋。对于用户指定的"角柱"，程序将强制采用"双偏压"进行配筋计算。

（8）柱双偏压配筋方式

1）普通方式：根据计算结果配筋。

2）迭代优化：选择此项后，对于按双偏压计算的柱，在得到配筋面积后，会继续进行迭代优化。通过二分法逐步减少钢筋面积，并在每一次迭代中对所有组合校核承载力是否满足，直到找到最小全截面配筋面积的配筋方案。

3）等比例放大：程序会先进行单偏压配筋设计，然后对单偏压的结果进行等比例放大去验算双偏压设计，以此来保证配筋方式和工程设计习惯的一致性。

（9）柱剪跨比计算原则　柱剪跨比计算可选择简化算法公式或通用算法公式。

（10）框架梁弯矩按简支梁控制　《高规》第 5.2.3-4 条规定：框架梁跨中截面正弯矩设计值不应小于竖向荷载作用下按简支梁计算的跨中弯矩设计值的 50%。程序提供了"主梁、次梁均执行此条""仅主梁执行此条"和"主梁、次梁均不执行此条"三种设计选择。

（11）边缘构件信息　可根据设计要求调整剪力墙边缘构件的类型、构造边缘构件尺寸及设计规范、标准等信息。

（12）型钢混凝土构件设计执行规范　可选择按照"《型钢混凝土组合结构技术规程（JGJ 138—2001)》"或"《组合结构设计规范（JGJ 138—2016)》"进行设计。

（13）异形柱设计执行规范　可选择按照"《混凝土异形柱结构技术规程（JGJ 147—2017)》"或"《混凝土异形柱结构技术规程（JGJ 147—2006)》"进行设计。

（14）执行《装配式剪力墙结构设计规程》DB 11/1003—2013　勾选此项后，计算底部加强区连接承载力增大系数时采用该规范。

（15）保护层厚度　根据《混规》第 8.2.1 条规定：不再以纵向受力钢筋的外缘，而以最外层钢筋（包括箍筋、构造筋、分布筋等）的外缘计算混凝土保护层厚度，用户应注意按新的要求填写保护层厚度。

（16）箍筋间距　梁、柱箍筋间距强制为 100mm，不允许修改。对于其他情况，可对配筋结果进行折算。

2.7.8　材料信息

1. 钢筋信息

"钢筋信息"页面可对钢筋级别进行指定，并不能修改钢筋强度，钢筋级别和强度设计值的对应关系需要在 PMCAD 中指定。

2. 混凝土信息

"混凝土信息"页面可定义强度等级大于 C80 的混凝土的设计指标，程序按照现行《混规》给出的承载力计算公式进行设计，对轴压比、剪压比等设计指标也按照设计人员自定义的强度参数进行计算，可以作为高强混凝土结构设计的一个参考。增加了按现行《混规》承载力计算时需要的等效矩形应力系数 α_1、等效矩形受压区高度系数 β_1 及混凝土强度影响系数 β_c，默认值按 C80 取值。

2.7.9　荷载组合

1. 工况信息

"工况信息"页面如图 2-54 所示。PMCAD 建模程序增加了消防车、屋面活荷载、屋面积灰荷载及雪荷载四种工况，新版 SATWE 对工况和组合相关交互方式进行了相应修改，提供了全新的界面。

"工况信息"页可集中对各工况进行分项系数、组合值系数等参数修改，按照永久荷载、可变荷载及地震作用三类进行交互，其中新增工况依据《荷规》第 5 章相关条文采用相应的默认值。各分项系数、组合值系数等会影响"组合信息"页面中程序默认的荷载组合。

计算地震作用时，程序默认按照《抗规》第 5.1.3 条对每个工况设置相应的重力荷载代表值系数，设计人员可在此页查看及修改。旧版 SATWE "地震信息"页的"重力荷载代表值的活载组合值系数"也移到此页，对所有可变荷载进行集中管理，以方便用户查改。此项参数影响结构的质量计算及地震作用。

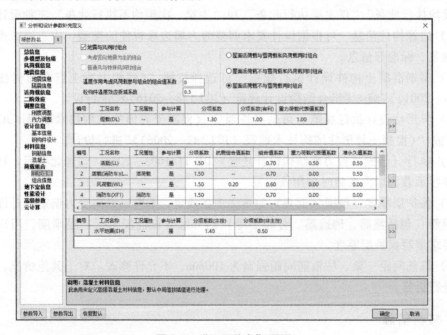

图 2-54　"工况信息"页面

2. 组合信息

"组合信息"页面如图 2-55 所示。

"组合信息"页可查看程序采用的默认组合，也可采用自定义组合。可方便地导入或导出文本格式的组合信息。其中新增工况的组合方式默认采用《荷规》的相关规定，通常不需要用户干预。"工况信息"页相关系数的修改会即时体现在默认组合中，可随时查看。

图 2-55　"组合信息"页面

2.7.10　地下室信息

"地下室信息"页面如图 2-56 所示。

图 2-56　"地下室信息"页面

（1）室外地面到结构最底部的距离　该参数同时控制回填土约束和风荷载计算，填 0 表示默认，程序取地下一层顶板到结构最底部的距离。对于回填土约束，H 为正值时，程序按照 H 值计算约束刚度；H 为负值时，计算方式同填 0 一致。风荷载计算时，程序将风压高度变化系数的起算零点取为室外地面，即取起算零点的 Z 坐标为 ($Z_{min}+H$)，Z_{min} 表示结构最底部的 Z 坐标。H 填负值时，通常用于主体结构顶部附属结构的独立计算。

（2）回填土信息

1）X、Y 向土层水平抗力系数的比例系数。该参数可以参照 JGJ 94—2008《建筑桩基技术规范》表 5.7.5 的灌注桩项来取值。m 的取值一般为 2.5~100，少数情况下的中密、密实的砂砾、碎石类土取值可达 100~300。

2）X、Y 向地面处回填土刚度折减系数。用来调整室外地面回填土刚度。程序默认计算结构底部的回填土刚度 K（$K=1000mH$），并通过折减系数 r 来调整地面处回填土刚度为 rK。回填土刚度的分布允许为矩形（$r=1$）、梯形（$0<r<1$）或三角形（$r=0$）。

（3）地下室外墙侧土压力参数

1）室外地坪、地下水位标高。以结构±0.0 标高为准，高则填正值，低则填负值。

2）回填土天然容重、回填土饱和容重和回填土侧压力系数。用来计算地下室外围墙侧土压力。

3）室外地面附加荷载。应考虑地面恒荷载和活荷载。活荷载应包括地面上可能的临时荷载。对于室外地面附加荷载分布不均的情况，取最大的附加荷载计算，程序按侧压力系数转化为侧土压力。

（4）面外设计方法　程序提供两种地下室外墙设计方法，一种为"SATWE 传统方法"，另一种为"有限元方法"。

（5）水土侧压计算　水土侧压计算程序提供两种选择，即"水土分算"和"水土合算"。选择"水土合算"时，增加土压力+地面活荷载（室外地面附加荷载）；选择"水土分算"时，增加土压力+水压力+地面活荷载（室外地面附加荷载）。勾选"考虑对整体结构的影响"后，程序自动增加一个土压力工况，分析外墙荷载作用下结构的内力，设计阶段对于结构中的每个构件，均增加一类恒荷载、活荷载和土压力同时作用的组合，以保证整体结构具有足够的抵抗推力的承载力。

（6）竖向配筋方式　程序提供三种竖向配筋方式，默认按照纯弯计算非对称配筋。当地下室层数很少，也可以选择压弯计算对称配筋。当墙的轴压比较大时，可以选择压弯计算和纯弯计算的较大值进行非对称配筋。

2.8　模型补充定义

2.8.1　特殊构件补充定义

"特殊构件补充定义"子菜单如图 2-57 所示。

图 2-57　"特殊构件补充定义"子菜单

该子菜单可补充定义特殊柱、特殊梁、特殊支撑、弹性楼板单元、材料强度和抗震等级等信息。补充定义的信息将用于 SATWE 计算分析和配筋设计。程序已自动对所有属性赋予初值，如无须改动，则可直接略过本菜单，进行下一步操作。用户也可利用本菜单查看程序初值。

程序以颜色区分数值类信息的默认值和用户指定值：默认值以暗灰色显示，用户指定值以亮白色显示。默认值一般由 "分析与设计参数补充定义" 中相关参数或 PMCAD 建模中的参数确定（下文各菜单项将包含详细说明）。随着模型数据或相关参数的改变，默认值也会联动改变；用户指定的数据的优先级最高，不会被程序强制改变。

特殊构件定义信息保存在 PMCAD 模型数据中，构件属性不会随模型修改而丢失，即任何构件进行了平移、复制、拼装、改变截面等操作，只要其唯一 id 号不改变，特殊属性信息都会保留。

1. 基本操作

单击 "设计模型补充（标准层）" 菜单上任意一个按钮后，程序在屏幕绘出结构首层平面简图，并在左侧提供分级菜单。选择相应菜单，然后选取具体构件，可以修改该构件的属性或参数。例如：选择 "连梁"，然后单击某根梁，则被选中梁的属性在 "连梁" 和非连梁间切换。切换标准层则应通过右侧的 "上层" "下层" 按钮或者楼层下拉框来进行。如果需要同时对多个标准层进行编辑，需在左侧对话框中勾选 "层间编辑" 复选框以打开层间编辑开关，可以单击 "楼层选择" 按钮，在弹出的 "标准层选择" 对话框中选取需要编辑的标准层，软件会以当前层为基准，同时对所选标准层进行编辑。对于已经定义的特殊构件属性，可以通过右下角工具条按钮来切换是否进行文字显示。

2. 特殊梁

特殊梁包括不调幅梁、连梁、转换梁、转换壳元、铰接梁、滑动支座梁、门式钢梁、托柱钢梁、耗能梁、塑型耗能构件、组合梁、单缝连梁、多缝连梁，交叉斜筋和对角暗撑等。各种特殊梁的含义及定义方法如下：

（1）不调幅梁　"不调幅梁" 是指在配筋计算时不作弯矩调幅的梁，程序对全楼所有梁自动进行判断，首先把各层梁以轴线关系为依据连接起来，形成连续梁。然后，以墙或柱为支座，把两端都有支座的梁作为普通梁，以暗青色显示，在配筋计算时，对其支座弯矩及跨中弯矩进行调幅计算，把两端都没有支座或仅有一端有支座的梁（包括次梁、悬臂梁等）隐含定义为不调幅梁，以亮青色显示。用户可按自己的意愿进行修改定义，如想要把普通梁定义为不调幅梁，可单击该梁，则该梁的颜色变为亮青色，表明该梁已被定义为不调幅梁。反之，若想把隐含的不调幅梁改为普通梁或想把定义错的不调幅梁改为普通梁，也只需单击该梁，则该梁的颜色变为暗青色，此时该梁即被改为普通梁。

（2）连梁　"连梁" 是指与剪力墙相连，允许开裂，可作刚度折减的梁。程序对全楼所有梁自动进行判断，把两端都与剪力墙相连，且至少在一端与剪力墙轴线的夹角不大于 30° 的梁隐含定义为连梁，以亮黄色显示，"连梁" 的修改方法与 "不调幅梁" 一样。

（3）转换梁　"转换梁" 包括 "部分框支剪力墙结构" 的托墙转换梁（框支梁）和其他转换层结构类型中的转换梁（如筒体结构的托柱转换梁等），程序不做默认判断，需用户指定，以亮白色显示。

（4）转换壳元　与转换梁互斥，转换壳元后续按转换墙属性设计。程序不做默认判断，需用户指定。

（5）铰接梁　铰接梁没有隐含定义，需用户指定。单击需定义的梁，则该梁在靠近光标的一端出现一红色小圆点，表示梁的该端为铰接，若一根梁的两端都为铰接，需在这根梁上靠近其两端各单击一次，则该梁的两端都会出现一个红色小圆点。

（6）滑动支座梁　滑动支座梁没有隐含定义，需用户指定。单击需定义的梁，则该梁在靠近光标的一端出现一白色小圆点，表示梁的该端为滑动支座。

（7）门式钢梁　门式钢梁没有隐含定义，需用户指定。单击需定义的梁，则在梁上标识 MSGL 字符，表示该梁为门式钢梁。

（8）托柱钢梁　托柱钢梁没有隐含定义，需用户指定，非钢梁不允许定义该属性。对于指定托柱钢梁属性的梁，程序按《高钢规》第 7.1.6 条进行内力调整，以区别于混凝土转换梁的调整。

（9）耗能梁　耗能梁没有隐含定义，需用户指定。单击需定义的梁，则在梁上标识 HNL 字符，表示该梁为耗能梁。

（10）塑性耗能构件　将钢结构的全部构件分为塑性耗能构件和弹性构件两部分。对于钢框架结构，程序自动将框架梁判断为塑性耗能构件。对于钢框架支撑结构，程序自动将支撑判断为塑性耗能构件，框架梁则不判断为塑性耗能构件。设计人员需根据工程实际情况和构件受力状态确认每个构件是否为塑性耗能构件。

（11）组合梁　组合梁无隐含定义，需用户指定。单击"组合梁"可进入下级菜单，首次进入此项菜单时，程序提示是否从 PMCAD 数据自动生成组合梁定义信息，用户单击"确定"按钮后，程序自动判断组合梁，并在所有组合梁上标识 ZHL，表示该梁为组合梁。用户可以通过右侧菜单查看或修改组合梁参数。

（12）单缝连梁、多缝连梁　通常的双连梁仅设置单道缝，可以通过"单缝连梁"来指定。程序提供"多缝连梁"功能将双连梁概念一般化，可在梁内设置 1~2 道缝。

（13）交叉斜筋、对角暗撑　指定按"交叉斜筋"或"对角暗撑"方式进行抗剪配筋的框架梁。

（14）刚度系数　连梁的刚度系数默认值取"连梁刚度折减系数"，不与中梁刚度放大系数连乘。

（15）扭矩折减　扭矩折减系数的默认值为"梁扭矩折减系数"，但对于弧梁和不与楼板相连的梁，不进行扭矩折减，默认值为 1。

（16）调幅系数　调幅系数的默认值为"梁端负弯矩调幅系数"。只有调幅梁才允许修改调幅系数。

（17）附加弯矩调整　《高规》第 5.2.4 条规定：在竖向荷载作用下，由于竖向构件变形导致框架梁端产生的附加弯矩可适当调幅，弯矩增大或减小的幅度不宜超过 30%。弯矩调整系数的默认值为"框架梁附加弯矩调整系数"，用户可对单个框架梁的调整系数进行修改。

（18）抗震等级　梁抗震等级默认值为"地震信息"页"框架抗震等级"。实际工程中可能出现梁抗震措施和抗震构造措施抗震等级不同的情况，程序允许分别指定二者的抗震等级。

（19）材料强度　特殊构件定义里修改材料强度的功能与 PMCAD 中的功能一致，两处对同一数据进行操作，因此在任一处修改均可。

（20）自动生成　程序提供了一些自动生成特殊梁属性的功能，包括自动生成本层或全楼混凝土次梁或钢次梁铰接、自动生成转换梁。

3. 特殊柱

特殊柱包括上端铰接柱、下端铰接柱、两端铰接柱、角柱、转换柱、门式钢柱、水平转换柱、隔震支座柱。这些特殊柱的定义方法如下：

（1）上端铰接柱、下端铰接柱和两端铰接柱　SATWE 软件中对柱考虑了有铰接约束的情况，用户单击需定义为铰接柱的柱，则该柱会变成相应颜色，其中上端铰接柱为亮白色，下端铰接柱为暗白色，两端铰接柱为亮青色。若想恢复为普通柱，只需在该柱上再单击一次，柱颜色变为暗黄色，表明该柱已被定义为普通柱了。

（2）角柱　角柱没有隐含定义，需用户依次单击需定义成角柱的柱，则该柱标识 JZ，表示该柱已被定义成角柱。若想把定义错的角柱改为普通柱，只需单击该柱，JZ 标识消失，表明该柱已被定义为普通柱了。

（3）转换柱　转换柱由用户自己定义。定义方法与"角柱"相同，转换柱标识为 ZHZ。

（4）门式钢柱　门式钢柱由用户自己定义。定义方法与"角柱"相同，门式钢柱标识为 MSGZ。

（5）水平转换柱　水平转换柱由用户自己定义。定义方法与"角柱"相同，水平转换柱标识为 SPZHZ。

（6）隔震支座柱　隔震支座柱由用户自行定义，需要先添加需要的隔震支座类型。

4. 特殊支撑

（1）两端固接、上端铰接、下端铰接、两端铰接　四种支撑的定义方法与"铰接梁"相同，铰接支撑的颜色为亮紫色，并在铰接端显示一红色小圆点。

（2）支撑分类　根据新的规范条文，不再需要指定。自动搜索确定支撑的属性（"人/V 撑""单斜/交叉撑"或"偏心支撑"），默认值为"单斜/交叉撑"。

（3）水平转换支撑　水平转换支撑的含义和定义方法与"水平转换柱"类似，以亮白色显示。

（4）单拉杆　只有钢支撑才允许指定为单拉杆。

（5）隔震支座支撑　与隔震支座柱类似。

5. 特殊墙

（1）临空墙　当有人防层时此命令才可用。

（2）地下室外墙　程序自动搜索地下室外墙，并以白色标识。

（3）转换墙　以黄色显示，并标有"转换墙"字样。在需要指定的墙上单击一次完成定义。

（4）外包/内置钢板墙　普通墙、普通连梁不能满足设计要求时，可考虑钢板墙和钢板连梁，钢板墙和钢板连梁的设计结果表达方式与普通墙相同。

（5）设缝墙梁　当某层连梁上方连接上一层剪力墙因部分开洞形成的墙体时，会形成高跨比很大的高连梁，此时可以在该层使用"设缝墙梁"功能，将该片连梁分割成两片高度较小的连梁。

（6）交叉斜筋、对角暗撑　洞口上方的墙梁按"交叉斜筋"或"对角暗撑"方式进行抗剪配筋。

（7）墙梁刚度折减　可单独指定剪力墙洞口上方连梁的刚度折减系数，默认值为"调整信息"页"连梁刚度折减系数"。

（8）竖配筋率　默认值为"参数定义"→"配筋信息"→"钢筋信息"页中的墙竖向分布筋配筋率，可以在此处指定单片墙的竖向分布筋配筋率。如某边缘构件纵筋计算值过大，可以在这里增加所在墙段的竖向分布筋配筋率。

（9）水平最小配筋率　默认值为"参数定义"→"配筋信息"→"钢筋信息"中的墙最小水平分布筋配筋率，可以在此处指定单片墙的最小水平分布筋配筋率，这个功能的用意在于对构造的加强。

（10）临空墙荷载　单独指定临空墙的等效静荷载，默认值为：6 级及以上时为 110kN/m^2，其余为 210kN/m^2。

6. 弹性楼板

弹性楼板是以房间为单元进行定义的，一个房间为一个弹性楼板单元。定义时，只需在某个房间内单击，则在该房间的形心处出现一个内带数字的小圆，圆内的数字为板厚（单位 cm），表示该房间已被定义为弹性楼板，将在内力分析时考虑房间楼板的弹性变形影响。修改时，仅需在该房间内再次单击，则小圆消失，说明该房间的楼板已不是弹性楼板单元。在平面简图上，小圆内为 0 表示该房间无楼板或板厚为零，（洞口面积大于房间面积一半时，则认为该房间没有楼板）。

弹性楼板单元分三种，分别为"弹性楼板 6""弹性楼板 3"和"弹性膜"。选择"弹性楼板 6"，则程序真实地计算楼板平面内和平面外的刚度；选择"弹性楼板 3"，则假定楼板平面内无限刚，程序仅真实地计算楼板平面外刚度；选择"弹性膜"，则程序真实地计算楼板平面内刚度，楼板平面外刚度不考虑（取为零）。

7. 特殊节点

可指定节点的附加质量。附加质量是指不包含在恒荷载、活荷载中，但规范中规定的地震作用计算应考虑的质量，比如吊车桥架的质量、自承重墙的质量等。

8. 支座位移

可以在指定工况下编辑支座节点的六个位移分量。程序还提供了"读基础沉降结果"功能，可以读取基础沉降计算结果作为当前工况的支座位移。

9. 空间斜杆

以空间视图的方式显示结构模型，用于 PMCAD 建模中以斜杆形式输入的构件的补充定义。各项菜单的具体含义及操作方式可参考"特殊梁""特殊柱"或"特殊支撑"。

10. 特殊属性

（1）抗震等级/材料强度　功能与特殊梁/特殊柱等菜单下的抗震等级/材料强度功能相同，在特殊梁、特殊柱等菜单下只能修改梁或柱等单类构件的值，而在此处可查看/修改所有构件的抗震等级/材料强度值。

（2）人防构件　只有定义人防层之后，指定的人防构件才能生效。选择梁/柱/支撑/墙之后在模型上单击相应的构件即可完成定义，并以"人防"字样标记，再次单击则取消定义。

（3）重要性系数　参考 DBJ 15—92—2013《高层建筑混凝土结构技术规程》。

（4）竖向地震构件　指定为"竖向地震构件"的构件才会在配筋设计时考虑竖向地震作用效应及组合，默认所有构件均为竖向地震构件。

（5）受剪承载力统计　指定柱、支撑、墙、空间斜杆是否参与楼层受剪承载力的统计。该功能会影响楼层受剪承载力的比值，进而影响对结构竖向不规则性的判断，需根据实际情况使用。

2.8.2　荷载补充定义

1. 活荷折减

SATWE 除了可以在"参数定义"→"活荷信息"中设置活荷载折减和消防车荷载折减，还可以在该菜单内针对构件实现活荷载和消防车荷载的单独折减，从而使定义更加方便灵活。程序默认的活荷载折减系数是根据"活荷信息"页"楼面活荷载折减方式"确定的。活荷载折减方式分为传统方式和按荷载属性确定构件折减系数的方式。

2. 温度荷载定义

通过单击"特殊荷载"→"温度荷载"来设置。通过指定结构节点的温度差来定义结构温度荷载，温度荷载记录在文件 SATWE_TEM.PM 中。若想取消定义，可简单地将该文件删除。除了第 0 层，各层平面均为楼面。第 0 层对应首层地面。

若在 PMCAD 中对某一标准层的平面布置进行过修改，需相应修改该标准层对应各层的温度荷载。所有平面布置未被改动的构件，程序会自动保留其温度荷载。但当结构层数发生变化时，应对各层温度荷载重新进行定义。

"温度荷载定义"对话框如图 2-58 所示。温差指结构某部位的当前温度值与该部位处于自然状态（无温度应力）时的温度值的差值。升温为正，降温为负，单位是℃。如果结构统一升高或降低一个温度值，可以单击"全楼同温"，将结构所有节点赋予当前温差。

图 2-58　"温度荷载
定义"对话框

3. 特殊风荷载定义

对于平、立面变化比较复杂，或者对风荷载有特殊要求的结构或某些部位，如空旷结构、体育场馆、工业厂房、轻钢屋面、有大悬挑结构的广告牌、候车站、收费站等，普通风荷载的计算方式可能不能满足要求，此时，可采用"特殊风荷载定义"菜单中的"自动生成"功能，以更精细的方式自动生成风荷载，还可在此基础上进行修改。

4. 抗火设计

用户可根据 GB 51249—2017《建筑钢结构防火技术规范》进行构件级别的参数定义。防火设计补充定义分为抗火设计定义和防火材料定义。抗火设计定义是按单构件定义耐火等级、耐火极限、耐火材料和钢材类型。防火材料定义是按单构件定义耐火材料属性。

2.8.3　施工次序补充定义

复杂高层建筑结构及房屋高度大于 150m 的其他高层建筑结构，应考虑施工过程的影响。软件支持构件施工次序定义，从而满足部分复杂工程的需要。勾选"总信息"→"采用自定义施工次序"之后，可使用该菜单进行构件施工次序补充定义。

施工次序补充定义有"构件次序"和"楼层次序"两种方式。"构件次序定义"对话框如图 2-59 所示。可以同时对梁、柱、支撑、墙、板中的一种或几种构件同时定义安装次序和拆卸次序。也可以在"施工次序定义"对话框中选择构件类型并填入安装和拆卸次序号，然后在模型中选择相应的构件即可完成定义。当用户需要指定该层所有某种类型构件的施工次序，如全部梁，只需勾选梁并填入施工次序号，框选全部模型，没有被勾选的构件类型施工次序不会被改变。

"楼层次序"会显示"总信息"默认的结构楼层施工次序，即逐层施工。当用户需要进行楼层施工次序修改时，在相应"层号"的"次序号"上双击，填入正确的施工次序号即可。这两处是相互关联的，在一处进行了修改，另外一处也对应变化，从而更加方便用户进行施工次序定义。

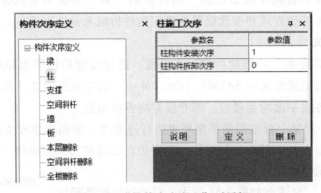

图 2-59 "构件次序定义"对话框

2.8.4 多塔结构补充定义

通过这项菜单可补充定义结构的多塔信息。对于一个非多塔结构，可跳过此项菜单，直接执行"生成 SATWE 数据文件"菜单，程序隐含规定该工程为非多塔结构。对于多塔结构，一旦执行过本项菜单，补充输入和多塔结构信息将被存放在硬盘当前目录名为 SAT_TOW. PM 和 SAT_TOW_PARA. PM 两个文件中，以后再启动 SATWE 的前处理文件时，程序会自动读入以前定义的多塔结构信息。多塔结构补充定义菜单有多塔定义、自动生成、多塔检查和多塔删除、遮挡平面、层塔属性等功能选项。

1. 多塔定义

通过这项菜单可定义多塔信息，单击这项菜单后，程序要求用户在提示区输入定义多塔的起始层号、终止层号和塔数，然后程序要求用户以闭合折线围区的方法依次指定各塔的范围。建议把最高的塔命名为一号塔，次之为二号塔，依此类推。依次指定完各塔的范围后，程序再次让用户确认多塔定义是否正确，若正确可按〈Enter〉键，否则可按〈Esc〉键，再重新定义多塔。对于一个复杂工程，立面可能变化较大，可多次反复执行"多塔定义"菜单，来完成整个结构的多塔定义工作。

2. 自动生成

用户可以选择由程序对各层平面自动划分多塔，对于多数多塔模型，多塔的自动生成功能都可以进行正确的划分，从而提高了用户操作的效率。但对于个别较复杂的楼层不能对多塔自动划分，程序对这样的楼层将给出提示，用户按照人工定义多塔的方式补充输入即可。

3. 多塔检查

进行多塔定义时，要特别注意以下三条原则，否则会造成后面的计算出错：任意一个节点必须位于某一围区内；每个节点只能位于一个围区内；每个围区内至少应有一个节点。也就是说任意一个节点必须且只能属于一个塔，且不能存在空塔。为此，程序增加了"多塔检查"的功能，单击此项菜单，程序会对上述三种情况进行检查并给出提示。

4. 多塔删除、全部删除

多塔删除会删除多塔平面定义数据及立面参数信息（不包括遮挡信息），全部删除会删除多塔平面、遮挡平面及立面参数信息。

5. 遮挡平面

通过这项菜单可指定设缝多塔结构的背风面，从而在风荷载计算中自动考虑背风面的影响。遮挡定义方式与多塔定义方式基本相同，需要首先指定起始和终止层号及遮挡面总数，然后用闭合折线围区的方法依次指定各遮挡面的范围，每个塔可以同时有几个遮挡面，但是一个节点只能属于一个遮挡面。

定义遮挡面时不需要分方向指定，只需将该塔的所有遮挡边界以围区方式指定，也可以两个塔同时指定遮挡边界。

6. 层塔属性

"层塔属性定义"菜单如图 2-60 所示。通过这项菜单可显示多塔结构各塔的关联简图，还可显示或修改各塔的有关参数，包括各层各塔的层高、梁、柱、墙和楼板的混凝土强度等级、钢构件的牌号和梁柱保护层厚度等。用户均可在程序默认值基础上修改，也可单击层塔属性删除（程序将删除用户自定义的数据，恢复默认值）。

各项参数的默认值如下：底部加强区，程序自动判断的底部加强区范围；约束边缘构件层，底部加强区及上一层；加强层及相邻层；过渡层，参数"设计信息"页指定的过渡层；加强层，参数"调整信息"页指定的加强层；薄弱层，参数"调整信息"页指定的薄弱层。

2.8.5 模型简图查看

SATWE 软件提供平面简图、空间简图、恒荷载简图和活荷载简图的查看与导出功能，可用于生成设计计算书。

模型修改包括"属性修改""风荷载修改"和"二道防线调整"三个选项。"属性修改"用来进行计算长度系数、梁柱刚域、短肢墙、非短肢墙、双肢墙、刚度折减系数的指定。"风荷载修改"用来查看并修改程序自动导算出的水平风荷载。进行模型修改时，需注意以下几点：

1）程序在生成数据过程中自动计算柱长度系数及梁面外计算长度（支撑长度系数默认为 1.0），以及梁、柱刚域长度，用户可查看或修改。

图 2-60　"层塔属性定义"菜单

2）短肢墙和非短肢墙没有默认值，在后续分析和设计过程中才会进行自动判断。用户在这里指定的短肢墙和非短肢墙是优先级最高的。若用户不认同程序自动判断的某些短肢墙，可以在这里取消其短肢墙的属性，程序不会对其进行短肢墙的相关设计。

3）《高规》第7.2.4条规定：抗震设计的双肢剪力墙，其墙肢不宜出现小偏心受拉；当任一墙肢为偏心受拉时，另一墙肢的弯矩设计值及剪力设计值应乘以增大系数1.25倍。程序的做法是当任一墙肢为偏心受拉时，对双肢剪力墙两肢的弯矩设计值及剪力设计值均放大1.25倍。另外，程序不会对用户指定的双肢墙做合理性判断，用户需要保证指定的双肢墙的合理性。

4）连梁刚度折减系数以前处理设计模型中定义的值为默认值。如果在"参数定义"→"包络信息"中选择了"少墙框架结构自动包络设计"，则相应少墙框架子模型墙柱刚度折减系数默认值按参数定义中的"墙柱刚度折减系数"取值；其他情况下构件刚度折减系数默认值为1.0。

5）自定义的信息在下次执行"生成数据"时仍将保留，除非模型发生改变。如需恢复程序默认值，只需在左侧或下拉菜单中执行相应删除操作。

2.9 计算与结果查看

2.9.1 数据生成与计算

"计算"菜单如图2-61所示。这项菜单是SATWE前处理的核心菜单，其功能是综合PMCAD生成的建模数据和前述几项菜单输入的补充信息，将其转换成空间结构有限元分析所需的数据格式。所有工程都必须执行本项菜单，正确生成数据并通过数据检查后，方可进行下一步计算分析。用户可以单步执行或连续执行全部操作。

SATWE前处理生成数据的过程是将结构模型转化为计算模型的过程，是对PMCAD建立的结构进行空间整体分析的一个承上启下的关键环节，模型转化主要完成以下几项工作：

1）根据PMCAD结构模型和SATWE计算参数，生成每个构件上与计算相关的属性、参数及楼板类型等信息。

2）生成实质上的三维计算模型数据。根据PMCAD模型中的已有数据确定所有构件的空间位置，生成一套新的三维模型数据。该过程会将按层输入的模型进行上下关联，构件之间通过空间节点相连，从而得以建立完备的三维计算模型信息。

图2-61 "计算"菜单

3）将各类荷载加载到三维计算模型上。

4）根据力学计算的要求，对模型进行合理简化和容错处理，使模型既能适应有限元计算的需求，又能确保简化后的计算模型能够反映实际结构的力学特性。

5）在空间模型上对剪力墙和弹性板进行单元剖分，为有限元计算准备数据。

此外，采用SATWE进行数据前处理时尚应注意以下几点：

（1）按结构原型输入　尽量按结构原型输入，不要把基于薄壁柱理论的软件对结构所做的简化带到这来，该是什么构件，就按什么构件输入。如符合梁的简化条件，就按梁输入；符合柱或异型柱条件的，就按柱或异型柱输入；符合剪力墙条件的，就按（带洞）剪力墙输入；没有楼板的房间，要将其板厚改成 0。

（2）轴网输入　为适应 SATWE 数据结构和理论模型的特点，建议用户在使用 PMCAD 输入高层结构数据时，注意如下事项：尽可能发挥"分层独立轴网"的特点，将各标准层不必要的网格线和节点删掉；充分发挥柱、梁墙布置可带有任意偏心的特点，尽可能避免近距离的节点。

（3）板-柱结构的输入　在采用 SATWE 软件进行板-柱结构分析时，由于 SATWE 具有考虑楼板弹性变形的功能，可用弹性楼板单元较真实地模拟楼板的刚度和变形。对于板-柱结构，在 PMCAD 交互式输入中，需布置截面尺寸为 100mm×100mm 的矩形截面虚梁，这里布置虚梁的目的有两点，一是 SATWE 在接 PMCAD 前处理过程中能够自动读到楼板的外边界信息；二是辅助弹性楼板单元的划分。

（4）厚板转换层结构的输入　SATWE 对转换层厚板采用"平面内无限刚，平面外有限刚"的假定，用中厚板弯曲单元模拟其平面外刚度和变形。在 PMCAD 的交互式输入中，和板-柱结构的输入要求一样，也要布置 100mm×100mm 的虚梁。虚梁布置要充分利用本层柱网和上层柱、墙节点（网格）。此外，层高的输入有所改变，将厚板的板厚均分给与其相邻两层的层高，即取与厚板相邻两层的层高分别为其净空加上厚板的一半厚度。

（5）错层结构的输入　对于框架错层结构，在 PMCAD 数据输入中，可通过给定梁两端节点高，来实现错层梁或斜梁的布置，SATWE 前处理菜单会自动处理梁柱在不同高度的相交问题。对于剪力墙错层结构，在 PMCAD 数据输入中，结构层的划分原则是"以楼板为界"，如图 2-62 所示，底盘错层部分（图中画虚线的部分）被人为地分开，这样，底盘虽然只有两层，但要按三层输入。涉及错层因素的构件只有柱和墙，判断柱和墙是否错层的原则是：既不和梁相连，又不和楼板相连。所以，在错层结构的数据输入中，一定要注意，错层部分不可布置楼板。

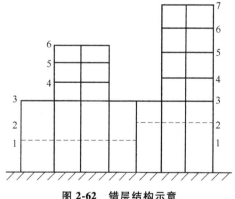

图 2-62　错层结构示意

由于在 SATWE 的数据结构中，多塔结构允许同一层的各塔有其独立的层高，所以可按非错层结构输入，只是在"多塔、错层定义"时要给各塔赋予不同的层高。这样，数据输入效率和计算效率都很高。

2.9.2　分析结果查看与输出

SATWE 后处理的"结果"菜单如图 2-63 所示。

图 2-63　"结果"菜单

1. 图形结果查看

（1）"分析结果"子菜单　可用于查看振型、位移、内力、弹性挠度及楼层指标。

1）振型：用于查看结构的三维振型图及其动画。设计人员可以观察各振型下结构的变形形态、判断结构的薄弱方向，以及确认结构计算模型是否存在明显的错误。

2）位移：用于查看不同荷载工况作用下结构的空间变形情况。

3）内力：用于查看不同荷载工况下各类构件的内力，包括设计模型内力、分析模型内力、设计模型内力云图和分析模型内力云图四部分内容。

4）弹性挠度：用于查看梁在各个工况下的垂直位移，以"绝对挠度""相对挠度""跨度与挠度之比"三种形式显示梁的变形情况。"绝对挠度"是指梁的真实竖向变形，"相对挠度"是指梁相对于其支座节点的挠度。

5）楼层指标：用于查看地震作用和风荷载作用下的楼层位移、层间位移角、侧向荷载、楼层剪力和楼层弯矩的简图，以及地震、风荷载和规定水平力作用下的位移比简图，从宏观上了解结构的抗扭特性。

（2）"设计结果"子菜单　可用于查看结构的配筋、内力等计算与设计结果。

1）轴压比：用于查看轴压比及梁柱节点核心区两个方向的配箍值。

2）配筋：用于查看构件的配筋验算结果，主要包括混凝土构件配筋及钢构件验算、剪力墙边缘构件及转换墙配筋等选项。

3）边缘构件：用于查看边缘构件的简图。

4）内力及配筋包络图：用于查看梁各截面设计内力及配筋包络图。

5）柱墙截面设计控制内力：用于查看柱、墙的截面设计控制内力简图。

6）构件信息：用于在 2D 或 3D 模式下查看任一或若干楼层各构件的某项列表信息。

7）竖向指标：用于查看指定楼层范围内竖向构件在立面的指标统计，比较竖向构件指标在立面的变化规律。

2. 文本结果查看

SATWE 提供了多种设计结果的文本查看功能，相应的列表如图 2-64 所示。

3. 生成结构计算书

计算书中将计算结果分类组织，依次是设计依据、计算软件信息、主模型设计索引（需进行包络设计）、结构模型概况、工况和组合、质量信息、荷载信息、立面规则性、抗震分析及调整、变形验算、舒适度验算、抗倾覆和稳定验算、时程分析计算结果（需进行时程分析计算）、超筋超限信息、结构分析及设计结果简图共 16 类数据。为了清晰地描述结果，计算书中使用表格、折线图、饼图、柱状图或者它们的组合进行表达，用户可以灵活勾选。

单击"结果"→"计算书"→"生成计算书"，在弹出的对话框中可对计算书的各项参数进行设置。

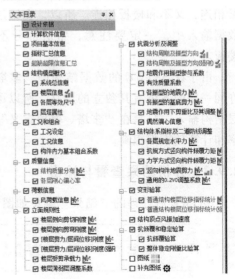

图 2-64　"文本查看"对话框

2.10　操作实例

2.10.1　设计资料

图 2-65 所示为某钢筋混凝土框架剪力墙结构的标准层结构平面布置，结构层高 3.3m，共 16 层。1～10 层柱尺寸为 800mm×800mm，11～16 层柱尺寸为 600mm×600mm；各层梁尺寸为 300mm×500mm，剪力墙厚度为 200mm，楼板厚度均为 140mm。边梁与柱外侧对齐，其余梁与柱居中对齐。混凝土强度等级采用 C30，梁、板、柱、墙钢筋强度等级为 HRB400。基本风压为 0.4kN/m²，风载体型系数取 1.3，地面粗糙度类别为 B 类；结构安全等级为二级，抗震设防烈度为 7 度，框架的抗震等级为三级，剪力墙的抗震等级为二级；楼梯参与整体结构计算，考虑隔墙影响，结构自振周期的折减系数取 0.85。

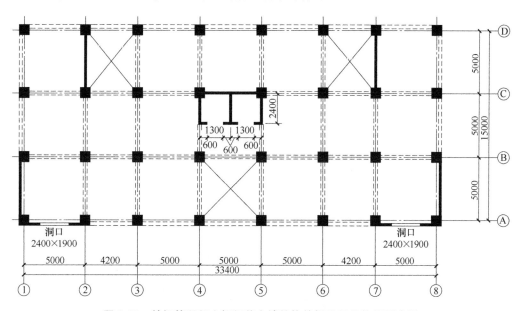

图 2-65　某钢筋混凝土框架剪力墙结构的标准层结构平面布置

2.10.2　轴网输入

打开 PKPM，"结构"页面选择"SATWE 核心的集成设计"模块，单击"新建/打开"按钮，弹出"选择工作目录"对话框，完成设置后单击"确定"按钮。双击"项目预览图"图标进入集成设计系统操作主界面。

在"轴网"菜单选择"正交轴网"，在弹出的对话框中输入结构的开间和进深，如图 2-66 所示，单击"确定"按钮。然后选择"轴线命名"，在"请用光标选择轴线（〈Tab〉成批输入）"提示下，按〈Tab〉键选择成批输入。在"移光标单击起始轴线"提示下单击左侧第一根轴线作为起始轴线；在"移光标单击终止轴线"提示下单击右侧第一根轴线作为终止轴线。此时程序会自动将两轴线间的所有轴线选中，并提示"移光标去掉不标的轴线（〈Esc〉没有）"，由于没有不标的轴线，直接按〈Esc〉键。接下来在"输入起始轴线名"提示下输入"1",则程序自动将其他轴线命名为"2、3、4、5、6、7、8"。同理可输入水平轴线名称"A、B、C、D",轴线命名结果如图 2-67 所示。此外,为布置电梯井位置的剪力墙及洞口,在"轴网"菜单选择"两点直线",输入局部附加轴线。

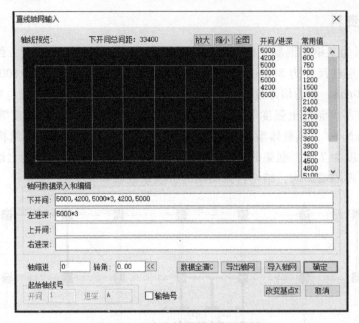

图 2-66 "直线轴网输入"对话框

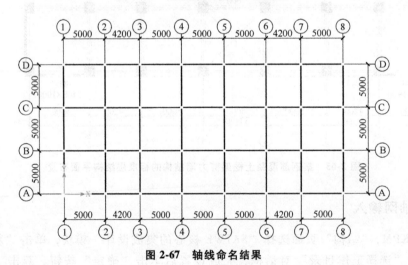

图 2-67 轴线命名结果

2.10.3 构件布置

(1) 柱布置 单击"构件"菜单中的"柱"命令,弹出"柱布置"集成面板,单击"增加"按钮,弹出图 2-68 所示"截面参数"对话框,按结构平面图输入柱参数(800mm×800mm),然后单击"确定"按钮。在柱截面列表中选中已定义的柱截面,本例中布置参数取系统默认值,即柱子相对轴网节点的偏心距均为 0。单击轴网节点布置框架柱,或采用按轴线布置、按窗口布置及按围栏布置等快捷操作方式布置框架柱。

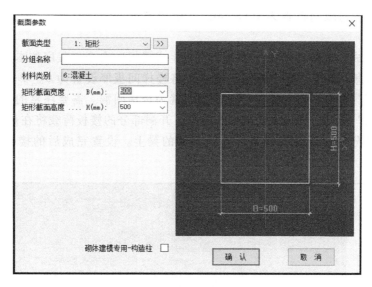

图 2-68　柱"截面参数"对话框

（2）墙布置　选择"构件"菜单中的"墙"命令，弹出"墙布置"集成面板，单击"增加"按钮，弹出图 2-69 所示"墙截面信息"对话框，按结构平面图输入墙厚度（200mm），然后单击"确定"按钮。

在墙截面列表中选中已定义的墙截面，本例中布置参数取系统默认值，即墙相对轴网节点的偏心距先设置为0。单击要布置墙的轴网，完成墙体布置。单击"偏心对齐"→"墙与柱齐"，使墙与框架柱的外侧对齐。

单击"构件"菜单中的"墙洞"命令，弹出"墙洞布置"集成面板，单击"增加"按钮，在弹出的"洞口尺寸"对话框内，按平面图所示尺寸增加外墙窗洞口及电梯井洞口。选择定义的墙洞布置在平面图的对应位置上。

（3）梁布置　选择"构件"菜单中的"梁"命令，弹出"梁布置"集成面板，单击"增加"按钮，在弹出的"截面参数"对话框内，按结构平面图输入梁参数（300mm×500mm），然后单击"确定"按钮。

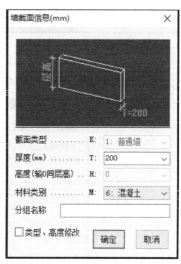

图 2-69　"墙截面信息"对话框

在梁截面列表中选中已定义的梁截面，单击需要布置框架梁的轴线段，或采用按轴线布置、按窗口布置及按围栏布置等快捷操作方式。在梁布置参数中，"偏轴距离"是指梁截面形心偏移轴线的距离，进行梁布置时梁将向光标标靶中心所在侧偏移，本例中边梁的偏轴距离为±250mm，中梁的偏轴距离为0。此外，梁布置时也可暂不设置偏轴距离，后续通过"偏心对齐"中的"梁与柱齐"等功能实现梁的偏心对齐。

至此，标准层的柱、墙、梁构件布置结束，单击"构件"菜单中的"显示截面"命令，可检查构件布置结果。

（4）本层信息　选择"本层信息"，板厚设置为 140mm，板、柱、梁、混凝土强度等级均设置为 C30，主筋级别设置为 HRB400，本层层高设置为 3300mm，单击"确定"按钮完成。

（5）楼板生成 选择"楼板"菜单下的"生成楼板"命令，程序按本层信息中的板厚初步生成楼板信息。单击"修改板厚"按钮，将楼梯间板厚设置为 0。单击"楼板"菜单中的"全房间洞"命令，将电梯井位置楼板设置为全房间洞。需要注意的是，楼梯间不可采用"楼板开洞"选项。因为采用楼板开洞后，开洞部分的楼板荷载将在荷载传导时扣除，而事实上楼梯部分的荷载最终是要传导到相邻的梁上。设置完成后的楼板布置如图 2-70 所示。

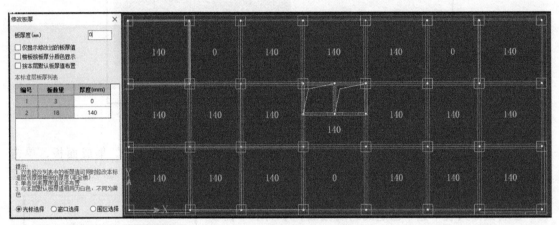

图 2-70 生成楼板及板厚修改

（6）楼梯布置 单击"楼板"菜单下的"楼梯"→"布置"命令，按平面图所示位置布置三跑转角楼梯，楼梯具体参数分别如图 2-71 和图 2-72 所示。

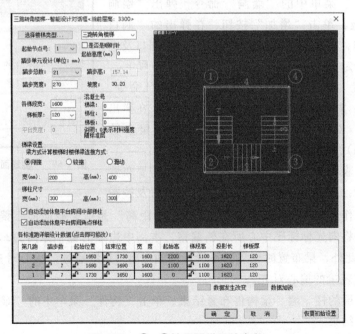

图 2-71 Ⓐ~Ⓑ轴间楼梯设计参数

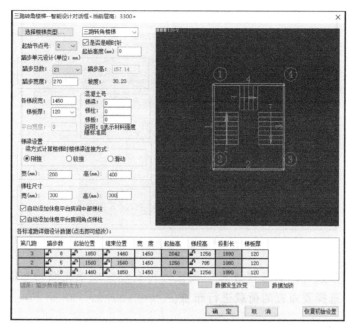

图 2-72 ⓒ~ⓓ轴间楼梯设计参数

2.10.4 荷载输入

（1）楼面荷载设置 楼层布置完毕后，进行荷载输入。单击"恒活设置"按钮，弹出图 2-73 所示对话框，将恒荷载及活荷载标准值均设置为 2.5kN/m²，并勾选"自动计算现浇楼板自重"等选项。选择"恒载"及"活载"子菜单下的"板"功能，对恒、活荷载与上述设置不同的房间进行修改，修改完成的楼面荷载设置结果如图 2-74 所示。

（2）梁间荷载设置 单击"恒载"子菜单下的"梁"按钮，弹出"梁：恒载布置"对话框，继续单击

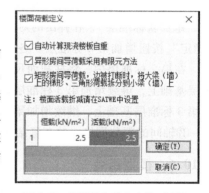

图 2-73 "楼面荷载定义"对话框

"增加"按钮，弹出图 2-75 所示"添加：梁荷载"对话框，勾选"填充墙计算器"，根据建

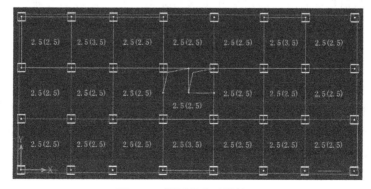

图 2-74 楼面荷载设置结果

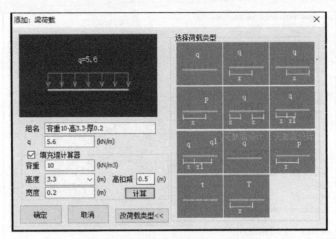

图 2-75 "添加：梁荷载"对话框

筑方案填写填充墙参数后，单击"计算"按钮即可自动完成填充墙均布线荷载计算。在梁间荷载类型表中，选择要布置的荷载进行布置。

2.10.5 楼层管理

利用层编辑功能在此结构标准层基础上快速生成其他楼层。在右侧楼层选择快捷栏中单击"添加新标准层"，在弹出的对话框中"新增标准层方式"选择"全部复制"，然后单击"确定"按钮增加第 2 标准层。各标准层可以从 PMCAD 的下拉列表框中随时切换。

在第 2 标准层中，将柱截面尺寸修改为 600mm×600mm，其他参数保持不变。在第 2 标准层基础上，继续增加第 3 标准层作为屋面层，按前述方法完成楼板生成及荷载输入操作。在第 3 标准层基础上，继续增加第 4 标准层作为机房层。第 4 标准层内，仅保留④~⑤轴至Ⓐ~Ⓑ轴间的部分网格，并布置结构构件与荷载。至此完成标准层平面建模工作。

2.10.6 模型组装

（1）设计参数定义　单击"楼层"菜单下的"设计参数"按钮，在弹出的对话框中，按实际条件依次修改"总信息""材料信息""地震信息""风荷载信息"和"钢筋信息"。其中，"总信息"页面的"结构体系"设置为框剪结构，"与基础相连构件最大底标高"设置为 -2.0m；材料信息页面的"墙水平分布钢筋级别"和"墙竖向分布钢筋级别"设置为HRB400；地震信息页面的"砼框架抗震等级"设置为三级，"剪力墙抗震等级"设置为二级；"计算振型个数"设置为 18，"周期折减系数"设置为 0.85；风荷载信息页面的"修正后的基本风压"设置为 0.4kN/m²，"地面粗糙度类别"设置为 B；其他参数取默认值，单击"确定"按钮完成参数设置。

（2）楼层组装　选择楼层组装功能。本建筑为 16 层，2~10 层是第 1 结构标准层，11~15 层为第 2 结构标准层，16 层为第 3 结构标准层，机房层为第 4 结构标准层，层高均为3300mm；1 层设为第 5 结构标准层，层高为 5300mm（基础顶面至楼面）。

1）"复制层数"选 1，"标准层"选 1，层高指定 5300mm，单击"添加"按钮完成第 1层组装。

2）"复制层数"选 9，"标准层"选 1，层高指定 3300mm，单击"添加"按钮完成第 2~10 层组装。

3）"复制层数"选 5，"标准层"选 2，层高指定 3300mm，单击"添加"按钮完成第 11~15 层组装。

4）"复制层数"选 1，"标准层"选 3，层高指定 3300mm，单击"添加"按钮完成第 16 层组装。

5）"复制层数"下选 1，在"标准层"下选 4，层高指定 3300mm，单击"添加"按钮完成机房层组装。

（3）全楼模型　单击"动态模型"或"整楼模型"按钮，显示全楼的三维结构模型。至此，整个结构的建模工作全部完成。单击"主菜单"→"保存"，然后按"退出"→"存盘退出"，单击"确定"按钮后软件自动根据设置情况进行导荷计算。

2.10.7　前处理与计算

（1）参数补充定义　"前处理及计算"菜单中单击"参数定义"命令，按以下步骤进行参数设置，未修改参数取程序默认值：

1）"总信息"页面，"恒活载计算信息"选择"模拟施工加载 3"，"整体计算考虑楼梯刚度"勾选"考虑"。

2）"地震信息"页面，"特征分析参数"勾选"程序自动确定振型数"，并将质量参与系数之和（%）设置为"95"。

3）"设计信息"页面，"柱剪跨比计算原则"选择"通用方式"。

4）"工况信息"页面，勾选"屋面活荷载不与雪荷载同时组合"。

（2）模型补充定义　本例的框架剪力墙结构中，需对角柱进行定义，具体可采用以下两种方法之一：

1）"前处理及计算"菜单中单击"特殊柱"，在左侧的"特殊构件定义"面板中选择"角柱"，并勾选"层间编辑"，在弹出的对话框内选择"所有标准层"，单击"确定"按钮，然后在平面图中单击任一标准层的角柱，即可完成全楼的角柱定义。

2）"特殊构件定义"面板中单击"自动生成"→"全楼角柱"命令，即可快速完成角柱定义。

（3）生成数据与计算　单击"生成数据+全部计算"命令，完成结构内力分析与配筋计算工作。

2.10.8　结果查看

（1）图形结果查看

1）振型：在"结果"菜单单击"振型"命令，分别选择前三阶振型进行查看，结构前两阶振型应以平动为主。

2）楼层指标：单击"楼层指标"命令，可对地震及风荷载作用下的楼层位移、层间位移角、楼层剪力和刚度比等参数进行查看。

3）轴压比：单击"轴压比"命令，查看各层框架柱与剪力墙轴压比。

4）配筋：单击"配筋"命令，可查看各层墙梁柱配筋图。若存在超筋构件，其参数将以红色字体显示。

5）组合内力：单击"组合内力"→"底层墙柱"命令，可对底层墙柱构件的组合内力进行查看，为基础设计提供参考。

（2）文本结果查看　单击"文本查看"命令，屏幕左侧将弹出"文本目录"停靠对话框，可对各项文本设计结果进行查看。

2.11　本章练习

1. 简要叙述 PKPM 结构平面建模的一般操作流程。

2. 简述 SATWE 结构内力分析与计算的一般步骤。

3. PMCAD 结构平面建模中，有哪四种构件布置方式？

4. SATWE 前处理包括哪几项主要内容？

5. 某 6 层框架结构，各层层高均为 3m，结构布置如图 2-76 和图 2-77 所示，全楼三维模型如图 2-78 所示。请使用 PMCAD 输入结构模型，并用 SATWE 模块完成结构内力分析与计算。主要参数：矩形柱截面尺寸 500mm×500mm，梁矩形截面尺寸 300mm×500mm，现浇板厚 120mm；梁板柱混凝土强度等级 C30；楼面恒、活荷载分别为 $4.0kN/m^2$、$2.5kN/m^2$，屋面恒活荷载分别为 $6kN/m^2$、$2kN/m^2$，1~5 层边梁上均布线荷载为 6kN/m，顶层为 2kN/m。

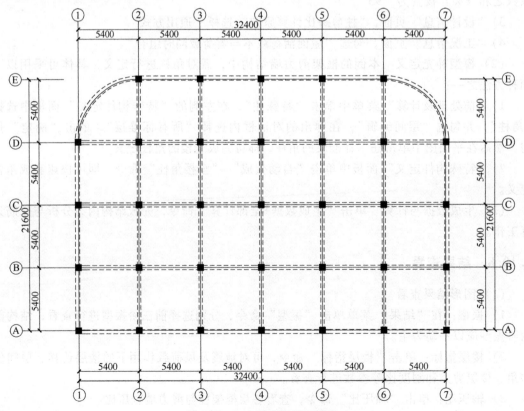

图 2-76　1~3 层结构平面布置

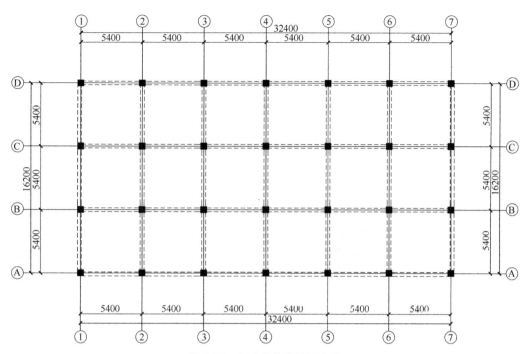

图 2-77　4~6 层结构平面布置

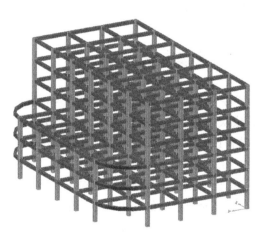

图 2-78　全楼三维模型

本章介绍：

结构建模是装配式结构方案设计、施工图设计与深化设计的前提条件。PKPM-PC 软件中支持多种建模方式，既可与传统的 PKPM 结构设计模块进行接力，又可利用菜单选项进行建模操作，还支持识读 CAD 图纸进行建模。为此，本章将围绕 PKPM-PC 软件的上述三种常用建模方法，以如何导入 PM 模型，如何识别 CAD 图纸，以及菜单建模的基本操作为重点，展开介绍。

学习要点：

- 掌握 PM 模型导入的基本操作。
- 掌握"结构建模"菜单的主要功能选项与菜单建模的基本操作。
- 了解识别 CAD 建模的基本操作。

3.1 装配式混凝土结构建模方法

PKPM-PC 软件提供了"导入 PM""识别 CAD 建模"和菜单建模等多种结构建模方法：

1）当已在 PKPM 结构模块中建立了结构模型时，可采用"导入 PM"的功能快速建模。

2）当有 DWG 格式的结构设计图纸时，可通过"识别 CAD 建模"的功能快速建模。

3）当没有以上资料时，可利用 PKPM-PC"结构建模"选项卡的相应菜单项完成建模操作，或利用"打开 PM"功能，在传统的 PKPM 结构设计环境中完成建模操作。利用菜单建模时，与传统的 PKPM 结构平面建模类似，包括轴网输入、构件布置等基本步骤。

在上述三种建模方法中，"导入 PM"和"识别 CAD 建模"相对较为便捷，工程设计中应用较多。在平面建模操作后，需要进行楼层定义与组装，完成整体模型参数的设置与模型三维拼装。此外，完成建模后一般需执行精度检查和模型检查，为后续装配式结构设计和深化设计做准备。

3.2 导入 PM 建模

PKPM-PC 可以快捷地实现与 PKPM 结构之间的模型数据共享。如图 3-1 所示，PM 模型导入与导出等功能位于"结构建模"选项卡→"PM 模型"子菜单。使用此功能前，需要事先利用 PKPM 结构设计模块完成结构平面建模操作。有关 PKPM 结构设计模块的相关基础知识见第 2 章。

1. 导入 PM

单击"导入 PM"按钮，首先会弹出图 3-2 所示对话框，提示用户使用导入 PM 功能后，当前模型将被清除；单击"确认"按钮后，弹出图 3-3 所示的对话框，选择 JWS 文件并单击"打开"按钮，即可将 PKPM 的结构模型导入 PKPM-PC 模块。成功导入 PM 模型后，操作界面会弹出"PM 数据导入完成"提示框。

图 3-1　"PM 模型"子菜单

图 3-2　导入 PM 提示框

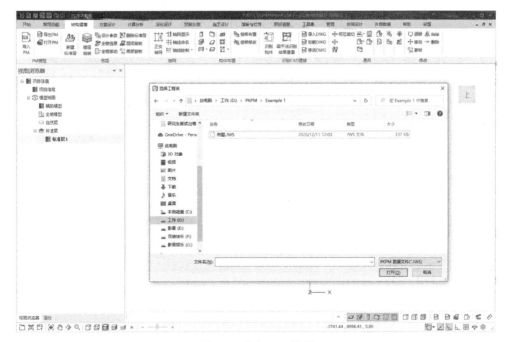

图 3-3　导入 PM 模型

2. 导出 PM

单击"导出 PM"按钮，弹出图 3-4 所示的"导出 PM 设置"对话框，可以对导出内容及参数进行设置；设置完成后，单击"确定"按钮即可将 PKPM-PC 的模型导出成 PM 模型。

3. 打开 PM

单击"打开 PM"按钮，可启动 PKPM-PC 内置的 PKPM 模块（图 3-5），用户可在熟悉的 PM 平面建模界面中完成模型创建，之后导入至 PKPM-PC 继续进行后续的装配式设计。

图 3-4 "导出 PM 设置" 对话框

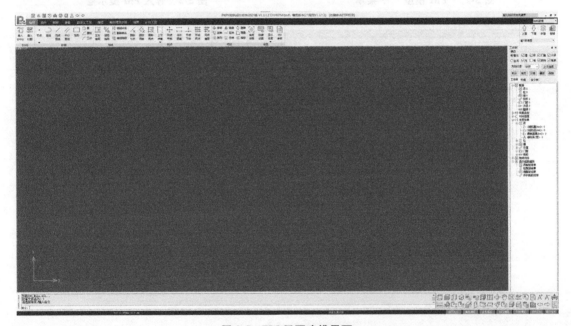

图 3-5 PM 平面建模界面

3.3 CAD 模型识别

如图 3-6 所示，PKPM-PC 中 CAD 图样识别相关功能位于"结构建模"选项卡→"识别 CAD 建模"子菜单。

1. 导入 CAD 模型

使用该功能可载入 DWG 格式的图纸文件，用于识别图层创建模型。导入 CAD 模型的具体操作如下：

1）选择一个自然层或者标准层，单击"导入 DWG"按钮，弹出图 3-7 所示的对话框，选择需要导入的图纸，

图 3-6 "识别 CAD 建模"子菜单

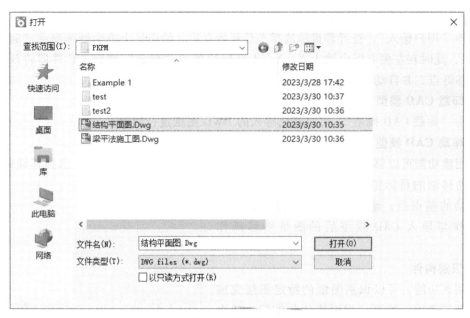

图 3-7　图纸选择

单击 "打开" 按钮。

2）载入图纸后，按照绘图区左上提示语操作，在图纸中单击，确定一点作为图纸平移的起始点（图 3-8）。软件提供 "手动平移" 和 "用户输入" 两种定位方式。

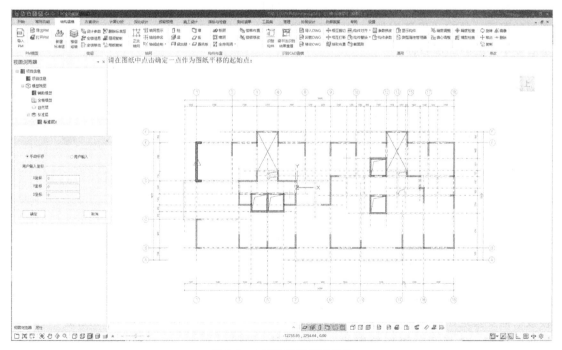

图 3-8　DWG 图纸平移定位

选择 "手动平移" 时，按屏幕提示选择平移起始点后，绘图区上方会继续提示 "起始点选择完成，请再次单击确定一点作为图纸平移的终点"，此时，用户可以在绘图区任意点选要移动的目标位置完成图纸的平移。

选择"用户输入",按屏幕提示选择平移起始点后,绘图区上方会继续提示"起始点选择完成",此时在左侧方框内输入 X、Y、Z 坐标后单击"确定"按钮,软件即将该坐标点作为平移终点,并自动完成平移操作。

2. 卸载 CAD 模型

单击"卸载 CAD 模型",可以将已导入的 DWG 图纸进行删除。

3. 移动 CAD 模型

使用该功能可以移动已导入的图纸。单击"移动 CAD 模型"按钮,选择移动的基点,再次单击移动的目标位置,完成移动;也可以在选择移动的基点后,输入目标点坐标完成移动。具体操作与导入 CAD 模型后的图纸平移操作相同。

4. 识别构件

使用该功能,可以识别图纸的特定图层完成相应构件的建模。单击"识别构件"按钮,弹出图 3-9 所示的"识别构件"对话框。

(1)识别结构构件 如图 3-10 所示,单击"识别构件"中的构件类别按钮,在绘图区通过单击任意该类型构件的轮廓线,软件将自动识别该轮廓线的所在图层,在图面上高亮显示所有同图层的图元,并在"识别构件"对话框的构件类别后显示相应的图层名称。

(2)识别"梁平法" 如图 3-11 所示,"识别构件"对话框内,单击"梁平法"按钮,在绘图区单击图纸中的梁原位标注、梁标注引线和梁集中标注图层,完成梁平法图纸的识别。需注意,勾选"刷新梁高"时才会以平法标注的截面读取梁高数据,梁宽数据根据图纸实际绘制的梁宽识别。如图 3-12 所示,梁平法识别检查结果会在建模完成后弹出,或单击"梁平法识别结果查看"按钮后弹出。双击检查结果,软件会自动跳转到问题梁位置,方便用户修改。

(3)自动生成楼板 在图 3-9 中勾选"自动生成楼板"后,软件会根据生成的模型自动生成楼板。需要指定图纸中的预制板时,单击"预制楼板"按钮,选择预制楼板轮廓线,右键确认。需注意,预制楼板模型生成的前提是必须有结构楼板。

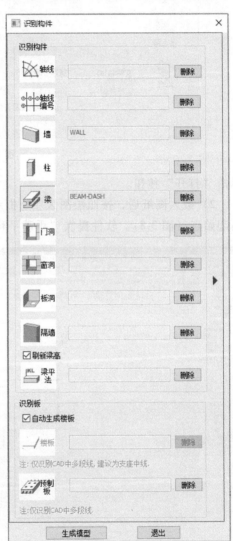

图 3-9 "识别构件"对话框

(4)生成模型 依次设置好各类型构件所在图层后,单击"识别构件"对话框内的"生成模型"按钮,完成建模。

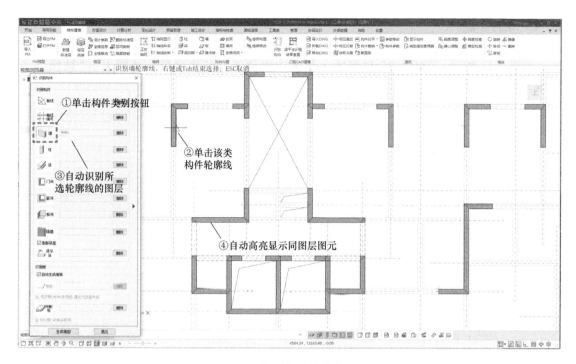

图 3-10　识别构件的基本操作

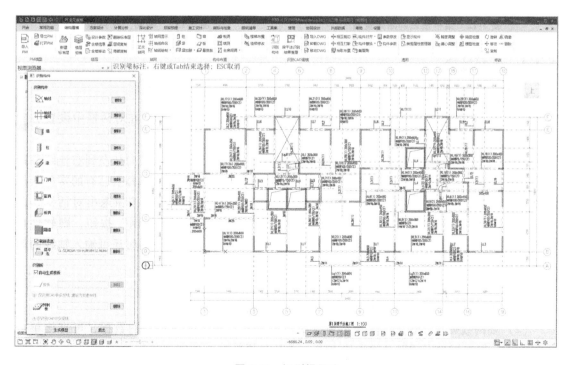

图 3-11　识别梁平法

3.4 轴网输入

如图 3-13 所示，PKPM-PC 轴网输入相关功能位于"结构建模"选项卡→"轴网"子菜单。

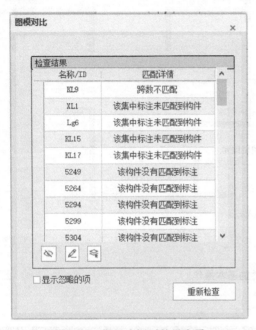

图 3-12 梁平法识别结果查看

图 3-13 "轴网"子菜单

3.4.1 绘制轴线

1. 正交（直线）轴网

单击"正交轴网"命令，弹出图 3-14 所示"绘制轴网"对话框，在对话框中设置各参数，快速生成直线轴网。

正交轴网是通过定义开间和进深形成正交网格，定义开间是输入横向从左到右连续各跨跨度，定义进深是输入竖向从下到上各跨跨度，跨度数据可用光标从屏幕上已有的常见数据中挑选，也可以用键盘输入。输完开间和进深后，单击"拖拽绘制"按钮退出对话框，此时移动光标可将形成的轴网布置在平面上任意位置；若单击"原点绘制"按钮，则软件自动将轴网绘制左下侧交点绘制在坐标原点位置并退出对话框。布置轴网时还可输入轴线的倾斜角度。

"绘制轴网"对话框内，各项含义如下：

（1）预览窗口　可动态显示用户输入的轴网缩略图。

（2）轴网数据录入和编辑　预览窗口的右边显示当前开间或进深的数据，可直接单击选择输入。如果用户习惯键盘输入的方式，可以在预览窗下的四个编辑框中直接输入数据。在输入数据的时候支持使用"*"乘号重复上一个相同的数据，乘号后输入重复次数。

（3）转角　用于设置轴网的旋转角度。

（4）自动排轴号　勾选时，可在此选项左侧给轴线命名，输入横向和竖向起始的轴线号即可。

（5）改变基点　可在轴网四个角端点间切换基点，以改变布置轴网时的基点。

2. 轴线绘制

单击"轴线绘制"按钮，弹出图3-15所示对话框，设置绘制参数并用单击选择轴线起点与终点后，可绘制单根直线轴线或弧形轴线。

图3-14　"绘制轴网"对话框

图3-15　"单根轴线绘制"对话框

3. 绘制辅助线

单击"轴线绘制"按钮右侧的小三角，即可显示"绘制辅助线"按钮。通过该功能可绘制三维辅助线，辅助构件定位建模。

3.4.2　轴线显示与命名

1. 轴网显示

单击此菜单显示轴网，再次单击则隐藏轴网。

2. 轴线命名

单击此菜单选择单根轴线，弹出对话框，如图3-16所示，在对话框中填入轴线轴号、分轴号、分区号。

图3-16　"轴线命名"对话框

3.5　构件布置

如图3-17所示，PKPM-PC构件布置相关功能位于"结构建模"选项卡→"构件布置"子菜单。

3.5.1 柱布置

单击"柱"按钮，屏幕左侧弹出图 3-18 所示"柱布置"对话框，并同时在绘图区域上方弹出图 3-19 所示的柱"绘制方式"对话框。

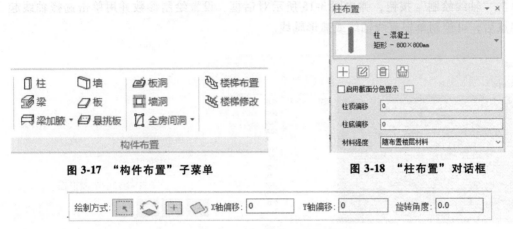

图 3-17 "构件布置"子菜单

图 3-18 "柱布置"对话框

图 3-19 柱"绘制方式"对话框

1. 截面列表

截面列表位于柱布置对话框上侧，列表中默认显示当前选中的柱材料、截面形式及尺寸显示。单击右侧小三角可查看已定义的所有截面，并可单击选择切换。

2. 柱截面管理

1）添加截面：定义一个新的截面类型，在对话框中输入截面的相关参数。

2）修改当前截面：修改已经定义过的构件截面形状类型，已经布置于各层的这种构件的尺寸也会自动改变。

单击"添加截面"或"修改当前截面"按钮，将弹出图 3-20 所示的柱"截面参数"对

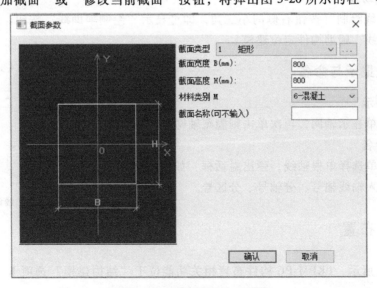

图 3-20 柱"截面参数"对话框

话框。用户需要定义柱的截面类型、截面尺寸、材料类别及截面名称（可不输入），以完成截面添加或修改。需注意，PKPM-PC软件中，截面类型仅支持系统截面库。

定义或修改截面参数时，如需修改截面类型，可在图3-20所示的"截面类型"下拉框内选择，或单击右侧"…"按钮，在弹出的对话框（图3-21）内选择需要的截面类型即可。

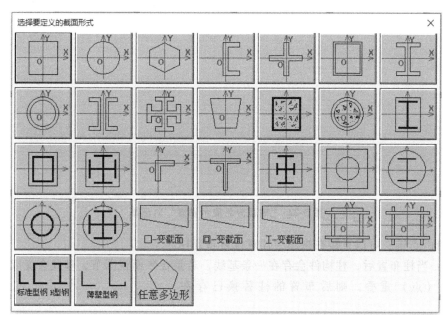

图3-21 "选择要定义的截面形式"对话框

3）删除当前截面：删除已经定义过的构件截面定义，已经布置于各层的这种构件也将自动删除。

4）清理未使用的截面：自动清除已定义但在整个工程中未使用的截面类型。

3. 柱截面分色显示

勾选"应用截面分色显示"后，绘图区域中不同类型的柱截面将按颜色加以区分。单击该选项右侧的"…"按钮，弹出图3-22所示"截面分色显示设置"对话框，可以对截面颜色进行设置。

4. 柱布置选项

（1）柱顶/底偏移 设置截面布置时的柱顶及柱底标高偏移量，默认取值为0，设置为负数时代表相对于节点下移（柱底标高低于层底、柱顶标高低于层顶），设置为正数时代表相对于节点上移（柱底标高高于层底、柱顶标高高于层顶）。

（2）材料强度 材料强度默认与布置楼层材料一致，可在下拉框内按需要进行修改。

（3）绘制方式 如图3-19所示，软件提供"点带窗选""轴选"和"自由点选"三种布置方式。

1）点带窗选：通过两点拖拽的方式进行窗选，在窗选范围内的网格线交点上将会自动布置柱构件。

2）轴选：当一条网格线上存在多个交点时，选中该网格线即可快速实现多个网格线交点上柱的布置。

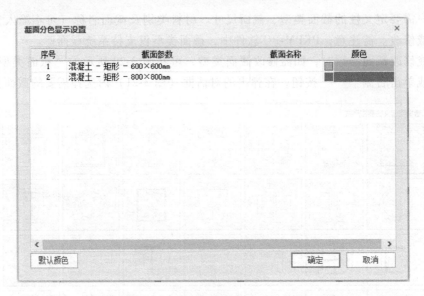

图 3-22 "截面分色显示设置"对话框

3）自由点选：可以直接在视图中任意位置布置柱。

注意：当柱布置后，柱构件会存在一条基线，若是在平面视图下，基线会变成基点，若存在基线（点）重叠，则后布置的柱替换已存在的柱。

（4）X/Y 轴偏移　设置柱相对于 X/Y 轴方向的偏心，单位为 mm，向上和向右偏移为正，向下和向左偏移为负。

（5）旋转角度　定义柱截面的旋转角度。柱宽边方向与 X 轴的夹角称为转角，逆时针为正。

3.5.2　梁布置

单击"梁"按钮，屏幕左侧弹出图 3-23 所示"梁布置"对话框，并同时在绘图区域上方弹出图 3-24 所示的梁"绘制方式"对话框。

图 3-23 "梁布置"对话框

图 3-24 梁"绘制方式"对话框

1. 梁截面管理

在梁布置中，截面列表、截面管理、截面分色显示等内容与柱布置相同，本节不再重复介绍。在截面定义时，梁的截面类型与柱有一定差异，具体如图 3-25 所示。

2. 梁布置选项

（1）梁顶偏移　定义梁构件在竖向的偏心，即降或抬升梁。梁顶标高指梁两端相对于本层顶的高差。其中"梁顶偏移 1"和"梁顶偏移 2"分别代表梁左端和右端的竖向偏移量。偏移量高于层顶时为正，反之为负。梁顶偏移右侧的锁按钮，当为 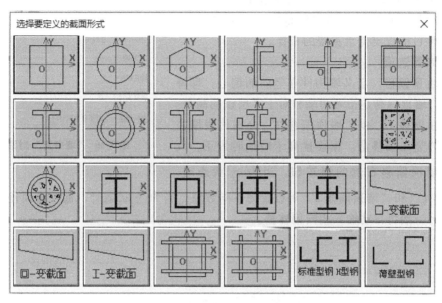状态时，"梁顶偏移 1"和"梁顶偏移 2"可设置为不同数值；当为 🔒状态时，输入梁任意一端偏移量后，另一端将自动输入相同偏移量。

图 3-25　梁"选择要定义的截面形式"对话框

（2）绕轴旋转　可输入角度值，控制梁构件绕中心轴旋转的角度。正方向遵守 1 端到 2 端右手法则。

（3）基线偏移　定义梁构件平面内的偏心，该偏心指沿梁长方向的梁中心线到网格线的距离。沿梁宽方向，向左（向上）偏心为正，反之为负。

（4）绘制方式　如图 3-24 所示，软件提供"点带窗选""轴选""两点单次""两点连续""三点弧"和"圆心-半径弧"六种布置方式。

1）点带窗选：通过两点拖拽的方式进行窗选，在窗选范围内的网格线交点上将会自动布置梁构件。

2）轴选：在所选轴线上快速实现多个网格线梁的布置。

3）两点单次：在图面上任意拾取两个点，进行梁的布置。

4）两点连续：在图面上连续拾取梁端点，进行连续梁的布置。

5）三点弧：在图面上选择三点形成的弧线，进行梁的布置。

6）圆心-半径弧：在图面上指定圆心和半径，按圆环线进行梁的布置。

需要注意，梁构件布置之后会生成基线，当梁基线发生重合时，后布置的梁将会替换已布置的梁；梁搭接依据模型连接情况判断，即模型中只要发生部分连接，即可判断搭接情况及支座位置（后续构件拆分依据支座位置进行）。

3.5.3　墙布置

单击"墙"按钮，屏幕左侧弹出图 3-26 所示"墙布置"对话框，并同时在绘图区域上方弹出图 3-27 所示的墙"绘制方式"对话框。

1. 墙截面管理

在墙布置中，截面列表、截面管理、截面分色显示等内容与柱布置相同。单击"添加截面"按钮后，弹出图 3-28 所示的对话框。输入墙截面的厚度参数，单击"确定"按钮后返回到"墙布置"对话框。PKPM-PC 软件目前仅支持承重墙的布置。

2. 墙布置选项

（1）墙顶偏移　定义墙构件在竖向的偏心，即降或抬升墙。墙顶标高是指墙两端相对于本层顶的高差。其中"墙顶偏移 1"和"墙顶偏移 2"分别代表墙左端和右端的竖向偏移量。偏移量高于层顶时为正，反

图 3-26　"墙布置"对话框

之为负。墙顶偏移右侧的锁按钮，当为  状态时，"墙顶偏移 1"和"墙顶偏移 2"可设置为不同数值；当为 状态时，输入墙顶任意一端偏移量后，另一端将自动输入相同偏移量。

图 3-27　墙"绘制方式"对话框

（2）墙底偏移　墙底相对于本标准层层底的高度。墙底高于层底时为正，低于层底为负。

（3）绘制方式　墙构件的绘制方式与梁构件相同。类似于梁构件，墙构件布置之后也会生成基线，当墙基线发生重合时，后布置的墙将会替换已布置的墙。

3.5.4　板布置

单击"板"按钮，屏幕左侧弹出图 3-29 所示"板布置"对话框，并同时在绘图区域上方弹出图 3-30 所示的板"绘制方式"对话框。

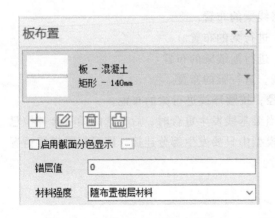

图 3-29　"板布置"对话框

图 3-28　"新建墙截面"对话框

图 3-30　板"绘制方式"对话框

1. 板截面管理

在板布置中，截面列表、截面管理、截面分色显示等内容与柱布置相同。单击"添加截面"按钮后，弹出图 3-31 所示的对话框。输入板截面的厚度参数，单击"确定"按钮后会返回到"板布置"对话框。

2. 板布置选项

（1）错层值　板顶相对于默认生成位置处的高差，向下为正，向上为负。

（2）绘制方式　如图 3-30 所示，软件提供"拾取布置""框选布置""标高布置""多边形绘制"和"矩形绘制"五种布置方式。

图 3-31　"新建板截面"对话框

1）拾取布置：在图面上任意拾取点，根据拾取的点自动组成一个封闭区域，进行板的布置。

2）框选布置：基于现有墙体或者梁构件围成的封闭区域的方式来批量进行板布置，通过两点的方式进行框选，在框选范围内的墙体和梁构件将会作为形成封闭区域的构件，自动计算出封闭区域，根据输入的板厚值及错层值，在每个封闭区域会自动布置板构件。

3）标高布置：在当前层全部视图范围，根据墙体和梁构件自动计算出封闭区域，在每个封闭区域自动布置板构件。标高布板的生成规则同框选布置。

4）多边形绘制：在图面上任意拾取点形成由多条线段围合而成的封闭区域，软件自动在用户绘制的封闭区域内绘制板构件。

5）矩形绘制：在图面上拾取矩形区域的两个角点，形成封闭矩形区域，软件自动在矩形范围内绘制板构件。

需注意，通过修改错层值，可以在同一封闭区域生成多个不同标高的板。

3.5.5　悬挑板布置

单击"悬挑板"按钮，屏幕左侧弹出图 3-32 所示"悬挑板布置"对话框，并同时在绘图区域上方弹出图 3-33 所示的板"绘制方式"对话框。

图 3-32　"悬挑板布置"对话框

图 3-33　悬挑板"绘制方式"对话框

1. 悬挑板截面管理

在悬挑板布置中，截面列表、截面管理、截面分色显示等内容与柱布置相同。单击

"添加截面"按钮后,弹出图 3-34 所示的对话框。输入悬挑长度、宽度和厚度参数,单击"确定"按钮后会返回到"悬挑板布置"对话框。

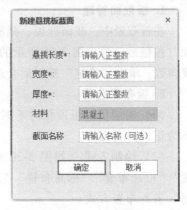

图 3-34 "新建悬挑板截面"对话框

2. 悬挑板布置选项

(1)错层值 悬挑板顶相对于默认生成位置处的高差,向下为正,向上为负。输入 0 时,表示悬挑板顶标高与相邻楼层板顶同标高。

(2)绘制方式 悬挑板布置只提供了"自由绘制"方式,即通过光标选择位置进行悬挑板的布置。悬挑板的放置位置,软件提供了"全长布置""自由布置""中点绘制"和"垛距绘制"四种方式。

1)全长布置:悬挑板沿选中网格线的全长范围进行布置。按此方式进行布置时,软件将自动根据所选网格线长度修改悬挑板宽度,并生成相应截面,增加在截面列表中。

2)自由布置:悬挑板在选中网格线上的任意位置进行布置。

3)中点绘制:悬挑板沿选中的网格线中点居中布置。

4)垛距绘制:根据输入的悬挑板与网格线端点的距离进行悬挑板布置。垛距仅能输入正值。

3.5.6 板洞布置

单击"板洞"按钮,屏幕左侧弹出如图 3-35 所示"板洞布置"对话框,并同时在绘图区域上方弹出图 3-36 所示的板洞"绘制"对话框。

图 3-35 "板洞布置"对话框

图 3-36 板洞"绘制"对话框

1. 板洞截面管理

在板洞布置中,截面列表、截面管理、截面分色显示等内容与柱布置相同。单击"添加截面"按钮后,弹出图 3-37 所示的"洞口截面定义"对话框。输入洞口截面的类型、长度、宽度参数,单击"确定"按钮后会返回到"板洞布置"对话框。目前 PKPM-PC 板洞截面形状仅支持矩形和圆形。

2. 板洞布置选项

板洞布置时，相对于板的定位基点为板的角点。洞口的定位基点为洞口对应位置的角点。

（1）沿轴偏心 洞口角点距离板定位基点沿 X 方向的偏移值。偏移值只能输入正值。

（2）偏轴偏心 洞口角点距离板定位基点沿 Y 方向的偏移值。偏移值只能输入正值。

（3）轴转角 定义洞口截面的旋转角度，"轴转角"指洞口宽度方向与 X 轴的夹角，逆时针为正。

图 3-37 "洞口截面定义"对话框

（4）绘制方式 板洞采用点选方式进行布置，在"板洞布置"对话框选择要布置的板洞截面，并输入布置参数后，在图面上单击要布置板洞的楼板即可完成板洞布置。同一块楼板范围内，可布置多个板洞。

此外，如图 3-36 所示，软件提供了板洞自由绘制、矩形绘制和圆形绘制功能，通过这些功能，可不预先定义板洞截面与布置参数，直接在要布置板洞的位置绘制板洞。

1）自由绘制：在图面上任意楼板位置，通过点选绘制线段，形成封闭区域后，软件自动将该区域生成为板洞。

2）矩形绘制：通过在图面上直接点选两点，确定一矩形封闭区域，软件自动将该区域生成为板洞；生成的板洞截面将自动添加至"板洞布置"对话框的截面列表中。

3）圆形绘制：通过在图面上直接点选圆心并指定半径，确定一圆形封闭区域，软件自动将该区域生成为板洞；生成的板洞截面将自动添加至"板洞布置"对话框的截面列表中。

3.5.7 墙洞布置

单击"墙洞"按钮，屏幕左侧弹出图 3-38 所示"墙洞布置"对话框，并同时在绘图区域上方弹出图 3-39 所示的墙洞"绘制"对话框。

图 3-38 "墙洞布置"对话框

图 3-39 墙洞"绘制"对话框

1. 墙洞截面管理

在墙洞布置中，截面列表、截面管理、截面分色显示等内容与柱布置相同。单击"添加墙洞"按钮后，与板洞相同，弹出图 3-37 所示的"洞口截面定义"对话框。输入洞口截面的类型、长度、宽度参数，单击"确定"按钮后会返回到"墙洞布置"对话框。目前PKPM-PC 墙洞截面形状仅支持矩形和圆形。

2. 墙洞布置选项

（1）底部标高　确定洞口底面离墙体底面的标高值，仅可输入正值。

（2）绘制方式　软件提供了"自由布置""中点布置"和"垛宽定距布置"三种墙洞布置方式。自由布置是指墙洞在选中墙体上沿墙体长度方向的任意位置进行布置；中点布置是指墙洞沿墙体长度方向居中布置；垛宽定距布置是指根据输入的墙洞边缘与网格线的距离进行墙洞布置。垛距仅能输入正值。

3.5.8　全房间洞布置

单击"全房间洞"按钮，屏幕左侧弹出图 3-40 所示的"全房间洞布置"对话框。其中"板厚"和"错层值"不可修改。板洞布置提供了"框选布置"和"拾取板布置"两种布置方式。框选布置是基于现有墙体或者梁构件围成的封闭区域来批量进行全房间洞布置，用户通过两点的方式进行框选，在框选范围内的墙体和梁构件将会作为形成封闭区域的构件，自动计算出封闭区域，并形成全房间洞。拾取板布置是在已布置板的区域利用光标选取布置。

如图 3-41 所示，布置全房间洞的封闭区域，在平面视图会以灰色显示（三维视图以透明色显示），以和板做区分。若需删除已布置的全房间洞，可单击构件布置子菜单内的"移除全房间洞"按钮，然后通过在图面上选择已布置的全房间洞进行删除。

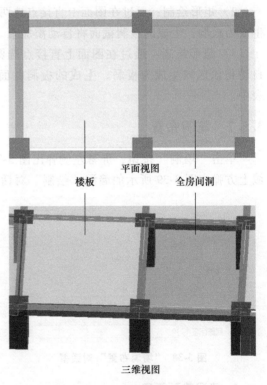

平面视图

楼板　　全房间洞

三维视图

图 3-40　"全房间洞布置"对话框　　　　图 3-41　全房间洞与楼板区分

3.5.9　楼梯布置

单击"楼梯布置"按钮，按屏幕提示选择要布置楼梯的房间。需要注意，PKPM-PC 中仅支持在全房间洞、无楼板位置的闭合房间布置楼梯。选择房间后，弹出图 3-42 所示对话框。软件提供了"标准模式"和"画板模式"两种楼梯布置方法。

1. 标准模式布置楼梯

单击"标准模式"按钮，弹出图 3-43 所示对话框。标准模式下的楼梯布置与传统的 PKPM 结构软件类似，用户可选择所布置楼梯的类型并设置具体参数。PKPM-PC 中支持的预制楼梯形式有双跑楼梯和剪刀楼梯两种，取消勾选"预制楼梯"，可布置单跑楼梯、双跑楼梯、双分中起楼梯、双分边起楼梯、交叉楼梯、三跑平行和四跑平行等形式的现浇楼梯。

图 3-42　"楼梯绘制模式选择"对话框

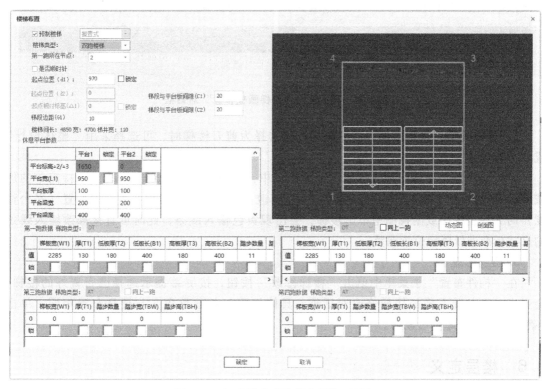

图 3-43　标准模式"楼梯布置"对话框

2. 画板模式布置楼梯

单击"画板模式"按钮，弹出图 3-44 所示对话框。画板模式目前支持双跑楼梯、剪刀楼梯，其中剪刀楼梯支持分段设计。"楼梯画板布置"对话框可按功能不同分为参数设置区域、正视图修改区域和俯视图修改区域。

（1）基本参数

1）顺时针旋转：根据项目情况，选择楼梯旋转方向。

2）第一跑所在节点：根据楼梯俯视图中房间角点位置所示 1、2、3、4 选取第一跑位置。

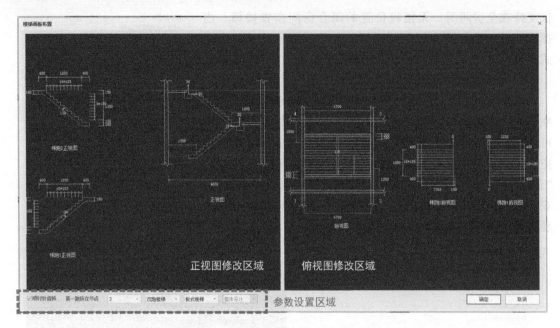

图 3-44　画板模式"楼梯画板布置"对话框

3）楼梯类型：双跑楼梯、剪刀楼梯，当选择为剪刀楼梯时，可选择采用"整体设计"或"分段设计"方式。

（2）正视图与俯视图修改区域　在此区域中，绿色标注可以双击修改（支持简单的加减乘除算式）；蓝色标注作为显示参考，不可修改。当需要修改楼梯在房间中位置（平台宽度）时，在正视图或俯视图中单击楼梯，会出现黄色输入线条，此时可直接修改输入线条的尺寸标准进行楼梯位置调整。

3. 楼梯修改

在"构件布置"子菜单中单击"楼梯修改"按钮，按屏幕提示选择已布置好的楼梯，会弹出对应布置方式的楼梯修改对话框，具体界面与各参数含义与楼梯布置相同，单击"确定"按钮后即修改成功。

3.6　楼层定义

如图 3-45 所示，PKPM-PC 楼层定义相关功能位于"结构建模"选项卡→"楼层"子菜单。

3.6.1　新建标准层

标准层建模作为最常见的结构建模方式，具有快速高效的优点，用户可以在标准层上完成构件布置。用户可通过"楼层"子菜单上的"新建标准层"按钮增加标准层，目前软件提供两种创建方式：

1）直接创建空白标准层，如图 3-46 所示。

图 3-45　"楼层"子菜单

2）参照已有标准层完成标准层创建，如图 3-47 所示。

图 3-46　创建空白标准层

图 3-47　参照已有标准层完成标准层创建

3.6.2　楼层编辑

1. 删标准层

单击"楼层"子菜单上的"删除标准层"按钮，弹出图 3-48 所示对话框可以选择已有标准层进行删除。选择要删除的标准层时，按住〈Ctrl〉键可进行标准层多选。

2. 全楼移动

单击"楼层"子菜单上的"全楼移动"按钮，弹出图 3-49 所示对话框，输入终点坐标，或通过鼠标选择终点坐标，单击"确定"按钮后即可完成全楼模型移动。需注意，模型移动的基点为全局坐标原点（0，0）。

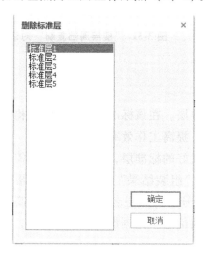

图 3-48　"删除标准层"对话框

图 3-49　"全楼移动"对话框

3. 层间复制

软件支持标准层到标准层的复制和自然层到自然层的复制。单击"楼层"子菜单上的"层间复制"按钮，弹出图 3-50 所示对话框。在对话框左侧可选择要复制的构件类型，包括墙、梁、板、柱、斜杆、悬挑板、板洞、墙洞、楼梯、隔墙、二维图元。对话框右侧可以选择源楼层和目标楼层，用户可以双击增加或减少标准层，单击"确定"按钮完成复制。需注意，墙洞、板洞的复制依赖于墙构件和板构件，如对于带墙洞的墙，若仅复制墙洞，则复制不会成功。

4. 局部复制

与层间复制类似，软件支持选中构件的标准层到标准层的局部复制和自然层到自然层的局部复制。单击"楼层"子菜单上的"局部复制"按钮，弹出图 3-51 所示对话框。局部复制功能支持的构件类型和层间复制相同。源楼层读取当前楼层不可切换，双击增加或减少标准层来选择目标楼层，单击"确定"按钮完成复制。

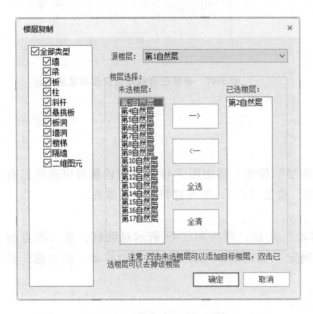

图 3-50 "楼层复制"对话框

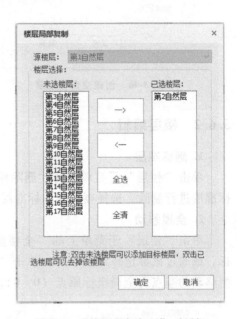

图 3-51 "楼层局部复制"对话框

3.6.3 楼层组装

结构建模时，一般会将多个自然层关联至同一标准层。在该标准层进行的结构构件增减操作，会自动同步至所有相关自然层，减少重复操作，提高工作效率。

楼层组装过程中，会自动获取当前工程中已经定义好的标准层，用户根据设计需要，通过增加、修改、删除、全删等按钮的操作，在右侧的"组装结果"列表框中形成楼层组装列表信息，如图 3-52 所示。楼层组装结果中包含了序号、自然层名、标准层、层高、层底标高及楼层信息说明，这些列表信息最终形成楼层组装信息。根据设定的相应信息，软件可自动实现楼层组装。

在"楼层组装"对话框内，勾选"清空自然层数据后重新组装"，则在进行楼层组装时，会把对应自然层内容清空，全部按照标准层内容进行重新组装；若取消勾选，则在进行楼层组装时，不会改变已有自然层内容，仅组装楼层组装中调整的内容。

其他功能选项的含义如下：

1）复制层数：需要增加的楼层数。

2）标准层：需要增加的楼层对应的标准层。

3）层高：需要增加楼层的层高。

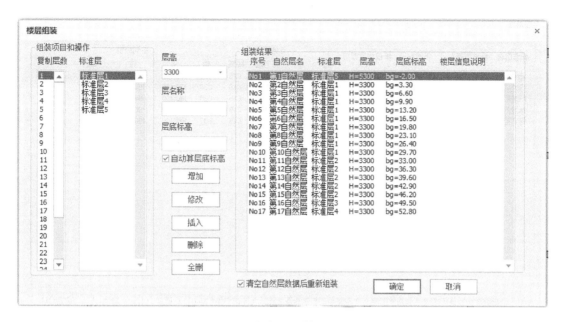

图 3-52 "楼层组装"对话框

4）层名称：需要增加楼层的名称，以便在软件生成的计算书等结果文件中标识出这个楼层。

5）层底标高：指定或修改层底标高时使用。

6）自动计算底标高：选中此项时，新增加的楼层会根据其上一层（此处所说的上一层，是指"组装结果"列表中鼠标选中的那一层，可在使用过程中选取不同的楼层作为新加楼层的基准层）的标高加上一层层高获得一个默认的底标高数值。

7）增加：根据参数设置在组装结果框楼层列表后面添加若干楼层。

8）修改：根据当前对话框内设置的"标准层""层高""层名""层底标高"修改当前在"组装结果"列表框中选中呈高亮状态的楼层。

9）插入：根据参数设置在"组装结果"列表框中选中楼层前插入指定数量的楼层。

10）删除：删除当前选中的标准层。

11）全删：清空当前布置的所有楼层。

3.6.4 全楼信息

单击"楼层"子菜单上的"全楼信息"按钮，会弹出图 3-53 所示的"全楼信息"对话框。该对话框内会列出所有已建标准层，在标准层信息表中包含了标准层名、标准层高、板厚、板保护层厚度、混凝土强度等级、主筋级别。其中，标准层名根据标准层号从小到大排列；标准层高为新建该标准层时输入的层高，且不支持修改。其余表中各项信息均支持修改操作。项目浏览器中当前视口为某一标准层时，标准层信息表中该层输入框底色会变为白色，其余标准层底色为粉红色。当项目浏览器为全楼模型视口时，所有标准层输入框底色均为白色。注意：当输入值为特殊字符或 0 时，底色会变为红色予以提示。单击"恢复默认"按钮，标准层信息表中的所有输入值均会变为默认值。

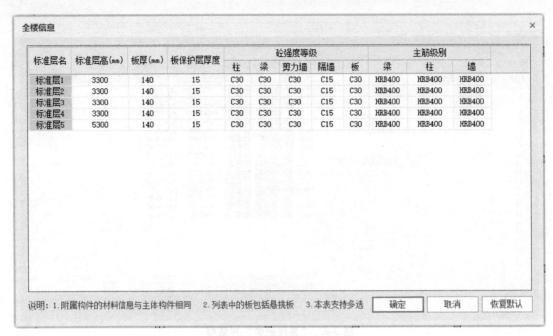

图 3-53 "全楼信息"对话框

3.6.5 设计参数

单击"楼层"子菜单上的"设计参数"按钮,在弹出的对话框内可依次设置总信息、构件信息、地震信息、风荷载信息与钢筋信息的基本参数。"设计参数"对话框中的各类设计参数,会自动存储到 JWS 文件中,对后续各种结构计算模块均起控制作用。

1. 总信息

"总信息"设置如图 3-54 所示,各项参数的基本含义与设置方法如下:

图 3-54 "设计参数"对话框"总信息"选项卡

（1）结构体系　框架结构、框剪结构、框筒结构、筒中筒结构、剪力墙结构、砌体结构、底框结构、配筋砌体、板柱剪力墙、异型柱框架、异型柱框剪、部分框支剪力墙结构、单层钢结构厂房、多层钢结构厂房、钢框架结构。

（2）结构主材　钢筋混凝土、钢和混凝土、钢结构、砌体。

（3）结构重要性系数　可选择 1.1、1.0、0.9。根据 GB 50010—2010《混凝土结构设计规范》（以下简称《混规》）第 3.2.3 条确定。

（4）地下室层数　进行 TAT、SATWE 计算时，对地震力作用、风力作用、地下人防等因素有影响。软件结合地下室层数和层底标高判断楼层是否为地下室，如此处设置为 4，则层底标高最低的 4 层判断为地下室。

（5）与基础相连构件的最大底标高　该标高是软件自动生成接基础支座信息的控制参数。当在"楼层组装"对话框中选中了左下角"生成与基础相连的墙柱支座信息"，并单击"确定"按钮退出该对话框时，软件会自动根据此参数将各标准层上底标高低于此参数的构件所在的节点设置为支座。

（6）梁钢筋的砼保护层厚度　根据新版《混规》第 8.2.1 条确定，默认值为 20mm。

（7）柱钢筋的砼保护层厚度　根据新版《混规》第 8.2.1 条确定，默认值为 20mm。

（8）框架梁端负弯矩调幅系数　根据 JGJ 3—2010《高层建筑混凝土结构技术规程》（以下简称《高规》）第 5.2.3 条确定。在竖向荷载作用下，可考虑框架梁端塑性变形内力重分布对梁端负弯矩乘以调幅系数进行调幅。负弯矩调幅系数取值范围是 0.7~1.0，工程一般取 0.85。

（9）考虑结构使用年限的活荷载调整系数　根据《高规》第 5.6.1 条确定，默认值为 1.0。

2. 构件信息

"构件信息"设置如图 3-55 所示，各项参数的基本含义与设置方法如下：

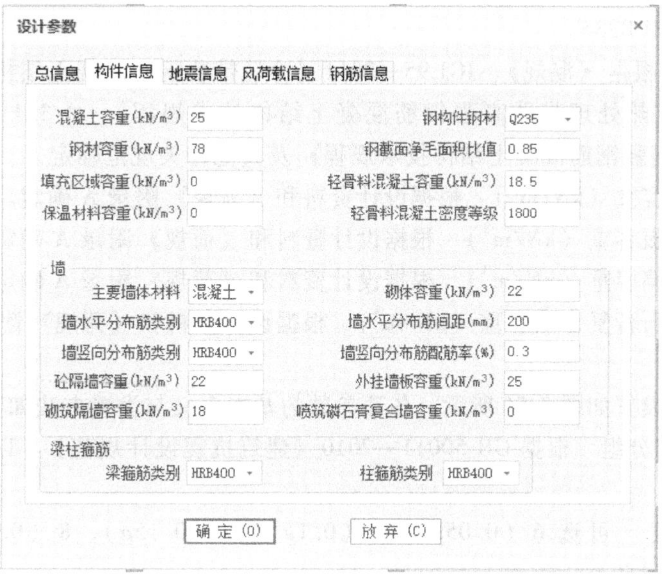

图 3-55　"设计参数"对话框"构件信息"选项卡

（1）混凝土容重（kN/m³）　根据 GB 50009—2012《建筑结构荷载规范》（以下简称《荷规》）附录 A 确定。一般情况下，钢筋混凝土结构的容重为 25kN/m³，若采用轻骨料混凝土或要考虑构件表面装修层重时，混凝土容重可填入适当值。

（2）钢材容重（kN/m³）　根据《荷规》附录 A 确定。一般情况下，钢材容重为 78kN/m³，若要考虑钢构件表面装修层重时，钢材的容重可填入适当值。

（3）填充区域容重（kN/m³）　根据设计资料和《荷规》附录 A 确定。

（4）保温材料容重（kN/m³）　根据设计资料和《荷规》附录 A 确定。

（5）钢构件钢材　可选择 Q235、Q345、Q390、Q420。根据 GB 50017—2017《钢结构设计标准》（以下简称《钢标》）及其他相关规范确定。

（6）钢截面净毛面积比值　钢构件截面净面积与毛面积的比值，默认值为 0.85。

（7）轻骨料混凝土容重（kN/m³）　根据《荷规》附录 A 确定。

（8）轻骨料混凝土密度等级　默认值 1800。

（9）主要墙体材料　可选混凝土、烧结砖、蒸压砖、砼砌块。

（10）砌体容重（kg/m³）　根据《荷规》附录 A 确定。

（11）墙、梁柱配筋信息

1）墙水平分布筋类别：可选 HPB300、HRB335、HRB400、HRB500、CRB550、CRB600、HTRB600、T63、HPB235。

2）墙竖向分布筋类别：可选 HPB300、HRB335、HRB400、HRB500、CRB550、CRB600、HTRB600、T63、HPB235。

3）墙水平分布筋间距（mm）：可取值 100~400。

4）墙竖向分布筋配筋率（%）：可取值 0.15~1.2。

5）梁箍筋级别：可选 HPB300、HRB335、HRB400、HRB500、CRB550、CRB600、HTRB600、T63、HPB235。

6）柱箍筋级别：可选 HPB300、HRB335、HRB400、HRB500、CRB550、CRB600、HTRB600、T63、HPB235。

以上钢筋类别根据《混规》、JGJ 95—2011《冷轧带肋钢筋混凝土结构技术规程》、DGJ 32/TJ 203—2016《热处理带肋高强钢筋混凝土结构技术规程》、Q/321182 KBC001—2016《T63 热处理带肋高强钢筋混凝土结构技术规程》及其他相关规范确定。

（12）砼隔墙容重（kN/m³）　根据设计资料和《荷规》附录 A 确定。

（13）外挂墙板容重（kN/m³）　根据设计资料和《荷规》附录 A 确定。

（14）砌体隔墙容重（kN/m³）　根据设计资料和《荷规》附录 A 确定。

（15）喷筑磷石膏复合墙容重（kN/m³）　根据设计资料和《荷规》附录 A 确定。

3. 地震信息

"地震信息"设置如图 3-56 所示，各项参数的基本含义与设置方法如下：

（1）设计地震分组　根据 GB 50011—2010《建筑抗震设计规范》（以下简称《抗规》）附录 A 确定。

（2）地震烈度　可选 6（0.05g）、7（0.1g）、7（0.15g）、8（0.2g）、8（0.3g）、9（0.4g）、0（不设防）。

（3）场地类别　可选 I0 一类、I1 一类、Ⅱ 二类、Ⅲ 三类、Ⅳ 四类、Ⅴ 上海专用。根据

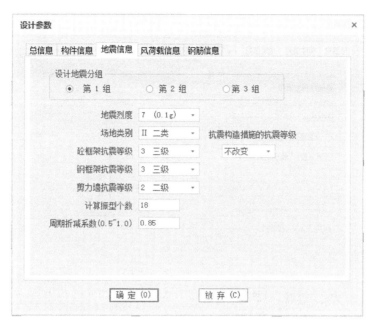

图 3-56 "设计参数"对话框"地震信息"选项卡

《抗规》第 4.1.6 条和第 5.1.4 条调整。

（4）砼框架抗震等级 可选 0 特一级、1 一级、2 二级、3 三级、4 四级、5 非抗震。根据《抗规》表 6.1.2 确定。

（5）剪力墙抗震等级 可选 0 特一级、1 一级、2 二级、3 三级、4 四级、5 非抗震。

（6）钢框架抗震等级 可选 0 特一级、1 一级、2 二级、3 三级、4 四级、5 非抗震。

（7）抗震构造措施的抗震等级 可选提高二级、提高一级、不改变、降低一级、降低二级。根据《高规》第 3.9.7 条调整。

（8）计算振型个数 根据《抗规》第 5.2.2 条说明确定，振型数应至少取 3，软件中宜将振型数设置为 3 的倍数；当考虑扭转耦联计算时，振型数不应小于 9；对于多塔结构振型数应大于 12。需注意，此处指定的振型数不能超过结构固有振型的总数。

（9）周期折减系数（0.5~1.0） 周期折减是为了充分考虑框架结构和框架-剪力墙结构的填充墙刚度对计算周期的影响。对于框架结构，若填充墙较多，周期折减系数可取 0.6~0.7，填充墙较少时可取 0.7~0.8；对于框架-剪力墙结构，可取 0.8~0.9，纯剪力墙结构的周期可不折减。

4. 风荷载信息

"风荷载信息"设置如图 3-57 所示，各项参数的基本含义与设置方法如下：

（1）修正后的基本风压（kN/m²） 软件只考虑了《荷规》第 7.1.1-1 条的基本风压，地形条件的修正系数 η 没考虑。

（2）地面粗糙度类别 可以分为 A、B、C、D 四类，分类标准根据《荷规》第 7.2.1 条确定。

（3）沿高度体型分段数 现代多、高层结构立面变化比较大，不同的区段内的体型系数可能不一样，对话框内限定体型系数最多可分三段取值。

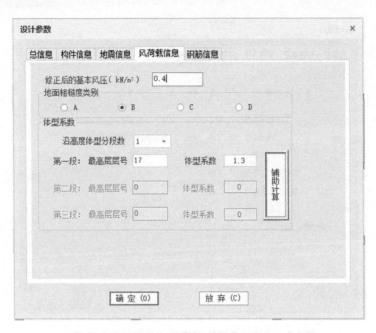

图 3-57 "设计参数"对话框"风荷载信息"选项卡

（4）各段最高层层高　根据实际情况填写。若体型系数只分一段或两段时，则仅需填写前一段或两段的信息，其余信息可不填。

（5）各段体型系数　根据《荷规》第 7.3.1 条确定。用户可以单击"辅助计算"按钮，弹出图 3-58 所示对话框，根据对话框中的提示确定具体的风荷载系数。

5. 钢筋信息

"钢筋信息"设置如图 3-59 所示。钢筋强度设计值根据《混规》第 4.2.3 条确定。如果用户自行调整了此选项卡中的钢筋强度设计值，后续计算模块将采用修改过的钢筋强度设计值进行计算。

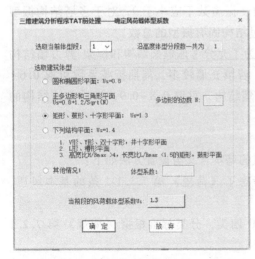

图 3-58 "三维建筑分析程序 TAT 前处理——确定风荷载体型系数"对话框

图 3-59 "设计参数"对话框"钢筋信息"选项卡

3.7　通用建模操作

如图 3-60 所示，PKPM-PC 中通用建模操作相关功能位于"结构建模"选项卡→"通用"子菜单。

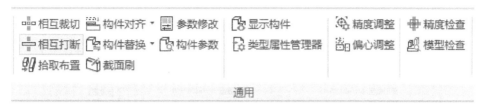

图 3-60　"通用"子菜单

3.7.1　裁切与打断

1. 相互裁切

该功能主要用于将构件打断为多个构件，单击"通用"子菜单上的"相互裁切"按钮，命令栏提示"选择被打断的构件"，可在模型中单击、框选及〈Ctrl+单击〉选择被打断构件，右击确认，命令栏继续提示"选择打断所用构件"，可重复上述操作选择打断所用构件，右击确定后，软件将"被打断构件"在与"打断所用构件"交点处断开，并自动生成相应节点。

2. 相互打断

该功能主要用于构件打断为多个构件，单击"通用"子菜单上的"相互打断"按钮，命令栏继续提示"选择要相互打断的墙和梁或柱"，可在模型中单击、框选及〈Ctrl+单击〉选择构件，右击确定后，软件执行打断命令，所有选择的构件在交点处打断，并自动添加节点。

3.7.2　构件对齐与替换

（1）拾取布置　拾取截面用于取得已有构件的截面信息、偏轴信息用于布置新的构件，目前 PKPM-PC 的"拾取布置"功能已支持梁、柱、墙、板及洞口等类型。以柱的拾取布置为例，单击"通用"子菜单上的"拾取布置"按钮，选择目标柱截面上任一点，此时柱的截面信息和偏心信息即被拾取，进而选择构件布置方式，并将新柱逐个或批量布置在目标位置。

（2）截面刷　可以取得已有构件的截面信息用来调整其他同类构件。"截面刷"功能与"拾取布置"功能的区别在于，"截面刷"功能仅会调取选中构件的截面参数，因此只会调整其他构件的截面参数，不会修改其他构件属性。

（3）构件对齐　包含"基线对齐""梁板对齐"和"通用对齐"三个功能。基线对齐可以将梁或墙的布置基线在平面视图下对齐。梁板对齐可以将板顶面与所选梁顶面在 Z 向标高进行对齐。通用对齐可以实现在某一楼层中，梁、墙、柱构件沿某个选中边界的对齐。

（4）构件替换　构件替换主要包括"柱替换""梁替换""斜杆替换""墙替换""墙洞替换"功能。以柱替换为例，在"通用"子菜单上的"构件替换"下拉菜单内单击"柱替换"按钮，弹出图3-61所示的对话框，左侧选择"原截面"，右边选择"替换后的截面"，"替换范围"选择要替换的标准层，单击"确定"按钮即可完成替换。其他类型构件的替换操作与柱替换相同。

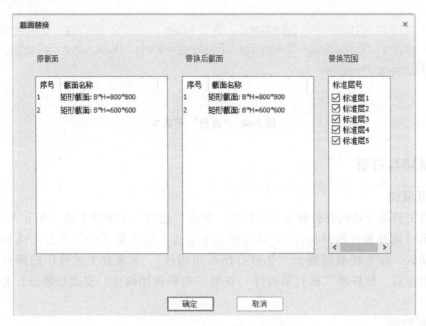

图 3-61　柱"截面替换"对话框

3.7.3　构件参数修改

（1）参数修改　单击"通用"子菜单上的"参数修改"按钮，弹出图 3-62 所示对话框。使用参数修改功能，可以批量进行构件的参数修改，目前软件支持墙、梁、板、柱、墙洞、斜杆、悬挑板的批量参数修改。以墙构件为例，修改参数包括：截面参数（墙厚、同时调整梁墙宽度）、材料参数（混凝土强度等级、钢号）、布置参数（基线偏移、墙底偏移、墙顶偏移 1、墙顶偏移 2）。单击"恢复默认"按钮时，参数修改对话框中所有被修改过的数据会全部恢复到系统默认状态。单击"拾取"按钮时，软件提示选择构件，当用户选中某个墙构件后，显示该墙的属性参数，用户可直接按照此参数勾选修改项进行墙修改，也可以修改相应参数后再进行墙修改。

（2）显示构件　单击"通用"子菜单上的"显示构件"按钮，弹出图 3-63 所示的对话框。该功能用于控制需要显示的构件类别，可选择显示或隐藏装配式模型（如叠合板）、结构模型（如梁、柱、墙）和设计模型（如节点、墙、梁）。

（3）构件参数　单击"通用"子菜单上的"构件参数"按钮，弹出图 3-64 所示的对话框。该功能用于查看构件的截面信息。图中以柱的属性查看为例，图面上每根柱旁从上到下依次显示了以下信息：柱的截面尺寸、材料（混凝土强度等级）、截面编号，以及 X 轴偏心、Y 轴偏心、柱底标高、旋转角度。

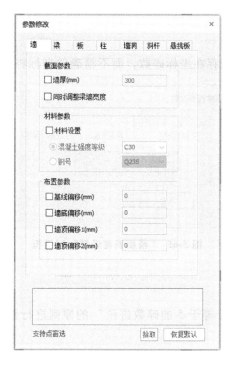

图 3-62 "参数修改"对话框

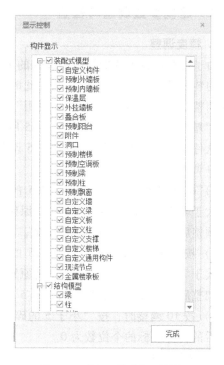

图 3-63 "显示控制"对话框

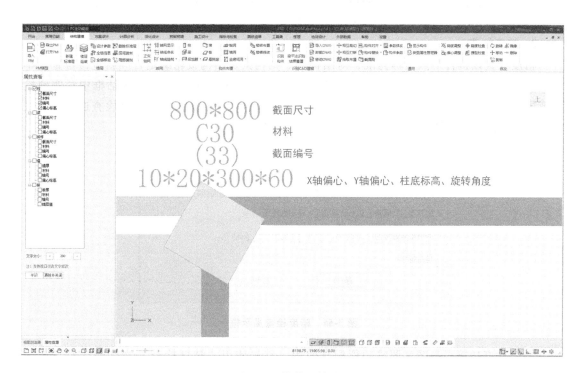

图 3-64 构件属性查看

3.7.4　建模参数调整与检查

1. 精度调整

由于传统建模方式的局限，导入的 PM 模型可能存在坐标碎数，而不精确的坐标将对精细化的装配式设计产生不利影响，此时可使用精度调整功能抹除碎数。单击"通用"子菜单上的"精度调整"按钮，弹出图 3-65 所示对话框。软件提供了"按 1 调整""按 5 调整"和"按 10 调整"三种方式。

图 3-65　"精度调整设置"对话框

1）按 1 调整时，按"小于 0.5 的碎数舍去，大于等于 0.5 的碎数进至 1"的原则进行调整，调整后的构件坐标将不存在小数。

2）按 5 调整时，按"小于 2.5 的碎数舍去，大于等于 2.5 的碎数进至 5"的原则进行调整，调整后的构件坐标的个位数将是 5 的倍数。

3）按 10 调整时，按"小于 5 的碎数舍去，大于等于 5 的碎数进位"的原则进行调整，调整后的构件坐标的个位数为 0。

2. 偏心调整

在复杂的框架结构中，梁柱节点处经常需要进行构件偏心调整，使之形成闭合区域，用于楼板布置并且便于后续的结构分析。通过"偏心调整"功能，用户可快速对全楼模型进行偏心调整，使构件节点相交并形成闭合区域。

3. 精度检查

精度检查以构件节点坐标为准，对结构墙、结构梁及结构板轮廓是否倾斜进行检查。单击"通用"子菜单上的"精度检查"按钮，弹出图 3-66 所示对话框。在对话框中对倾斜检查范围进行设置，如果节点坐标偏差值超出检查最大值范围，仍将提示精度检查通过，建议合理设置倾斜检查范围最大值。

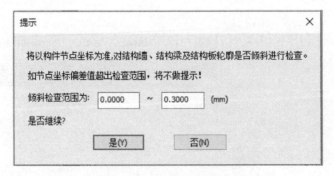

图 3-66　精度检查提示框

精度检查功能可与精度调整功能配合使用。首先使用"精度检查"功能对模型做出检查，如存在精度问题，再使用"精度调整"功能进行处理。

此外，若在建模时采用了识别 CAD 建模功能，由于 CAD 图纸精度问题，会导致构件长度有碎数、模型房间不闭合等问题，影响后面构件拆分，建议在识图建模后应用此功能进行模型调整。

4. 模型检查

单击"通用"子菜单上的"模型检查"按钮，弹出图 3-67 所示对话框。模型检查功能可以检查出模型中的异常项，如梁悬挑、柱悬空、墙悬空等，避免在结构计算时出现错误。

图 3-67　"设置检查项目"对话框

3.8　操作实例

3.8.1　设计资料

某 4 层现浇钢筋混凝土框架结构，底层及标准层建筑平面图分别如图 3-68 和图 3-69 所示。各层层高均为 3.3m，室内外高差 0.6m，底层柱底标高 −1.5m。50 年一遇基本风压值为 $0.50kN/m^2$，地面粗糙度类别为 B 类，风载体型系数取 1.3。抗震设防烈度为 7 度，设计地震基本加速度为 $0.1g$，场地类别为 Ⅱ 类，设计地震分组第一组，框架抗震等级为三级。

梁、柱、板、楼梯等构件的纵向受力钢筋及箍筋均采用 HRB400 级钢筋，混凝土强度等级为 C30，环境类别为一类。框架柱、梁与次梁均采用矩形截面；截面尺寸分别为 500mm×500mm、300mm×600mm 和 200×500mm；楼板厚度为 130mm。主要荷载取值如下：

1）楼屋面恒荷载：楼面装修荷载 $1.5kN/m^2$，屋面构造层荷载取 $4.0kN/m^2$，顶棚装修荷载 $0.5kN/m^2$。

2）楼屋面活荷载：楼面活荷载 $2.0kN/m^2$，不上人屋面活荷载 $0.5kN/m^2$，雪荷载 $0.45kN/m^2$。

3）隔墙荷载：外维护墙自重为 $3.5kN/m^2$，内隔墙自重为 $3.0kN/m^2$。女儿墙高度 900mm，自重取 $2.5kN/m^2$。

分别采用"导入 PM""识别 CAD 建模"和"菜单建模"三种方式，在 PKPM-PC 中完成结构建模操作。

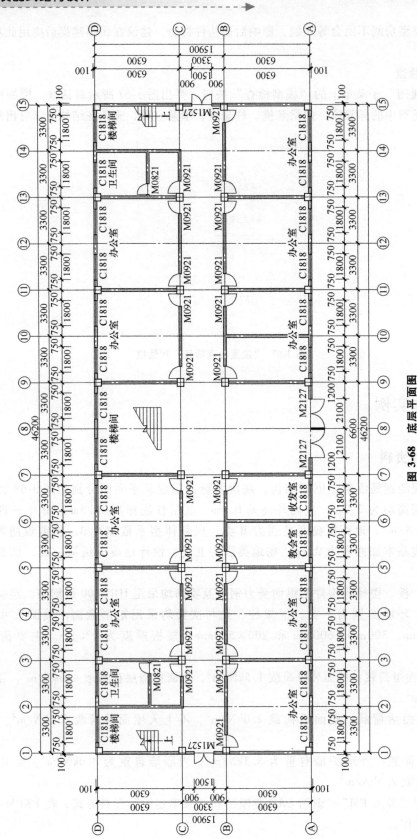

图 3-68 底层平面图

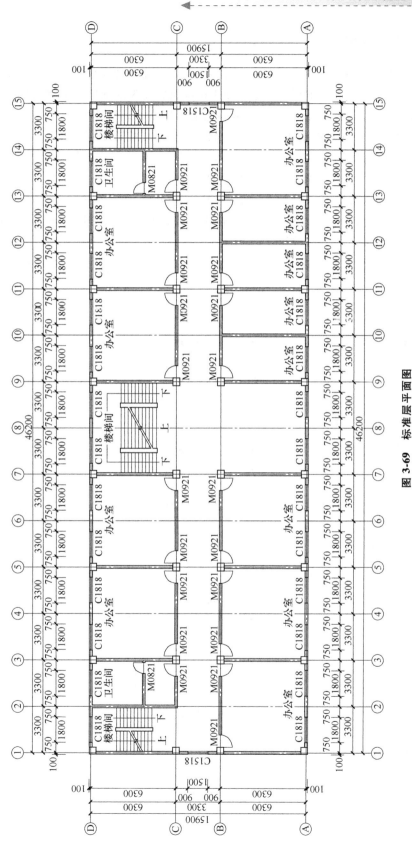

图 3-69　标准层平面图

3.8.2 导入 PM 建模

根据设计条件，结构建模需分为 3 个标准层：建筑 1 层为第 1 标准层，建筑 2～3 层为第 2 标准层，建筑 4 层为第 3 标准层。其中，第 1 标准层层高为基础顶面至楼面高度（4.8m），楼梯起始高度位于±0.000，其余构件与荷载布置情况与第 1 标准层相同。

打开 PKPM 结构设计软件或在 PKPM-PC 软件中选择"打开 PM"功能，参考第 2.10 节介绍的内容，按照轴网建立、构件布置、荷载输入等步骤建立各标准层模型，并进行全楼参数定义与模型组装。各层结构建模结果如图 3-70～图 3-73 所示。

采用 PKPM 结构软件完成建模后，在 PKPM-PC 软件的结构建模选项卡单击"导入PM"，选择结构模型的 JWS 文件并打开，待操作界面显示"PM 数据导入完成"提示框，即成功导入了结构 PM 模型（图 3-74）。

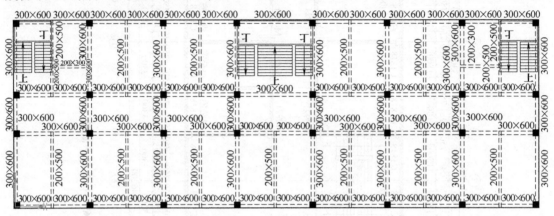

图 3-70 1～3 层构件布置

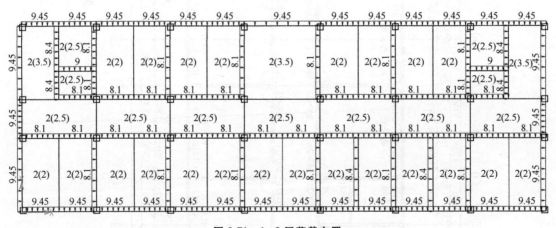

图 3-71 1～3 层荷载布置

3.8.3 识别 CAD 建模

1）打开 PKPM-PC 软件，在标准层 1 中，切换至"结构建模"选项卡单击"导入DWG"按钮，在弹出的图纸选择对话框内选择需要导入的 1 层结构平面图（DWG 格式文件），单击"打开"按钮。

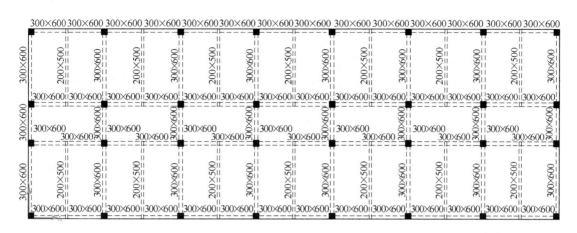

图 3-72 4 层构件布置

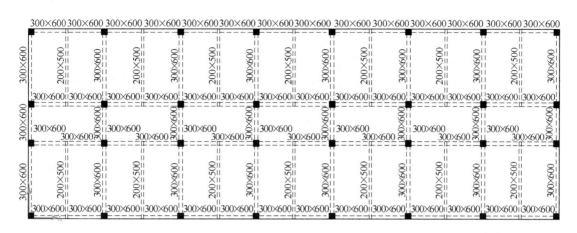

图 3-73 4 层荷载布置

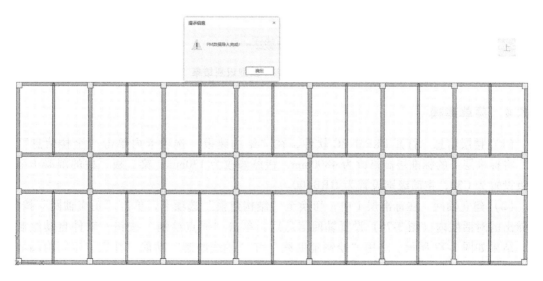

图 3-74 PM 模型导入结果

2）载入图纸后，按照绘图区左上提示操作，在图纸中单击确定一点作为图纸平移的起始点，将模型基点平移至坐标原点，以便后续各标准层模型平面位置对齐。

3）单击"识别构件"按钮，依次识别轴线、轴线编号、柱、梁、梁平法所在图层，并勾选"自动生成楼板"。依次设置好各类型构件所在图层后，单击"识别构件"对话框内的"生成模型"按钮，完成本层模型识别。

4）如图 3-75 所示，本层模型识别完成后，模型会与 CAD 底图重叠在一起。此时单击"卸载 DWG"按钮，可删除导入的 CAD 底图。

5）利用 PKPM-PC 软件的"结构建模"选项卡，完善标准层 1 的其他细节，如楼板厚度、楼梯布置、设计参数定义、全楼信息修改（材料强度、层高）等。

6）"结构建模"选项卡内单击"新建标准层"按钮，重复以上 1~5 步，完成第 2~3 标准层的建模操作。

7）"结构建模"选项卡内单击"楼层组装"按钮，设置标准层与自然层对应列表后，单击"确定"按钮完成建模操作。

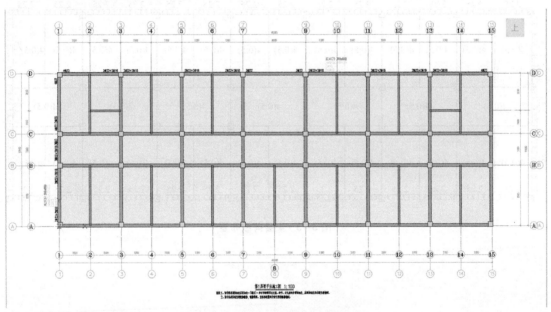

图 3-75　标准层 1 模型识别结果

3.8.4　菜单建模

（1）楼层信息　打开 PKPM-PC 软件，在"结构建模"选项卡内单击"全楼信息"按钮，将标准层 1 的标准层高修改为 4800mm，板厚修改为 130mm，梁、板、柱的混凝土强度等级设置为 C30，主筋级别设置为 HRB400。

（2）建立轴网　在标准层 1 中，切换至"结构建模"选项卡，单击"正交轴网"按钮，在弹出的对话框内（图 3-76）设置轴网信息后，单击"原点绘制"按钮，软件自动绘制轴网，结果如图 3-77 所示。利用"绘制辅助线"和"轴线绘制"功能，补充卫生间内隔墙位置局部轴线。如图 3-78 所示，单击选择该补充轴线，在左侧方框内取消勾选"√"，即可隐去该轴号。

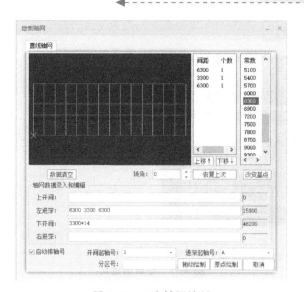

图 3-76　正交轴网绘制

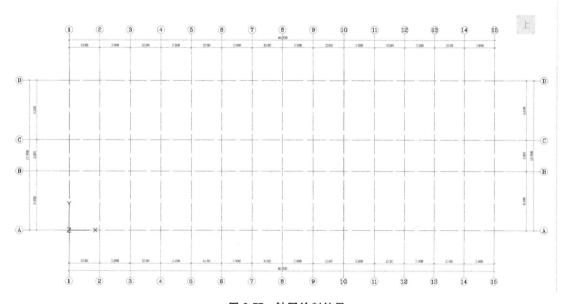

图 3-77　轴网绘制结果

（3）构件布置

1）柱布置。单击"构件布置"菜单中的"柱"按钮，在弹出的"柱布置"对话框内单击"添加截面"按钮，弹出图 3-79 所示"截面参数"对话框，输入

图 3-78　取消显示补充轴线的轴号

柱截面参数（500mm×500mm），然后单击"确定"按钮。在柱截面列表中选中已定义的柱截面，任选一种绘制方式完成柱布置。布置柱时，即可按建筑平面图设置好各框架柱的 X 轴偏移和 Y 轴偏移，也可在布置完成后利用"结构建模"→"构件对齐"功能按钮完成构件偏轴操作。框架柱布置结果如图 3-80 所示。

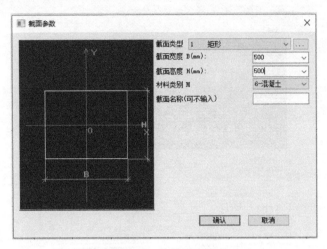

图 3-79 柱截面定义

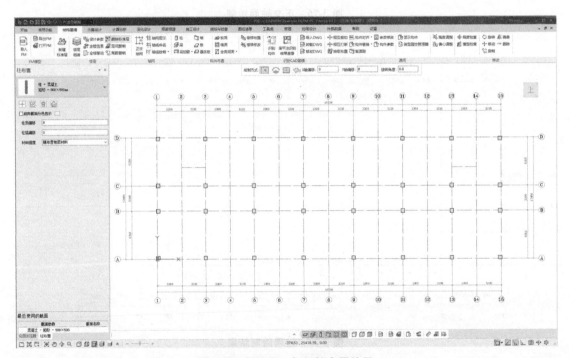

图 3-80 标准层 1 框架柱布置结果

2）梁布置。单击"构件布置"菜单中的"梁"按钮，在弹出的"梁布置"对话框内单击"添加截面"按钮，在弹出的"截面参数"对话框内输入梁截面参数，然后单击"确定"按钮。根据设计条件并参考图 3-70，本例中需添加 300mm×600mm、200mm×500mm 和 200mm×300mm 三种尺寸的梁截面。

在梁截面列表中选中已定义的梁截面，任选一种绘制方式完成梁布置。布置梁时，即可按建筑平面图设置好各梁的基线偏移（边梁为 50mm，其余梁为 0），也可在布置完成后利用"结构建模"→"构件对齐"功能按钮完成边梁与柱外侧对齐的操作。梁布置结果如图 3-81 所示。

3）板布置。单击"构件布置"菜单中的"板"按钮，在弹出的"板布置"对话框内单击"添加截面"按钮，在弹出的"新建板截面"对话框内输入板厚，然后单击"确定"按钮。本例中，各房间的板厚为 130mm，楼梯间板厚需设置为 0，因此需定义两种板截面。

在板截面列表中选已定义的板截面，任选一种绘制方式完成板布置。本例中，各房间板厚均为 130mm，建议先采用"框选布置"方式将所有房间板厚设置为 130mm，然后采用"拾取布置"方式，将三个楼梯间位置的板厚修改为 0。板布置结果如图 3-82 所示。

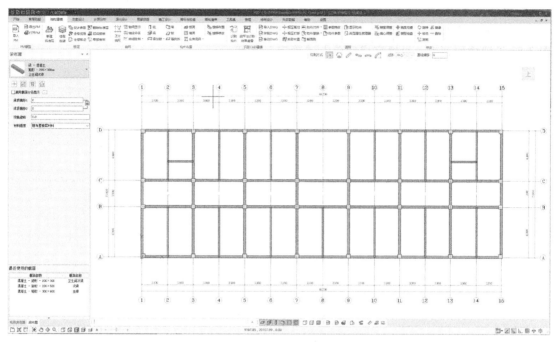

图 3-81　标准层 1 梁布置结果

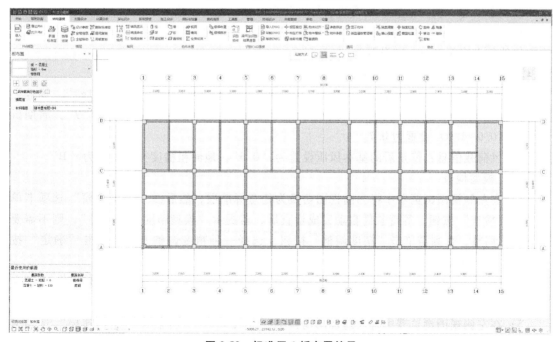

图 3-82　标准层 1 板布置结果

4）楼梯布置。单击"构件布置"菜单中的"楼梯布置"按钮，单击要布置楼梯的房间，并选择"标准模式"楼梯绘制，在弹出的"楼梯布置"对话框内按建筑图设置楼梯间各项参数，完成各楼梯布置工作。

（4）其他标准层 "结构建模"选项卡单击"新建标准层"，在弹出的对话框内设置标准层名、参考及层高，添加第二标准层，并在标准层 1 的基础上修改完成标准层 2 和标准层 3 的建模操作。

（5）楼层组装 "结构建模"选项卡单击"楼层组装"按钮，在弹出的对话框内按图 3-83 设置楼层列表，设置完成后单击"确定"按钮。

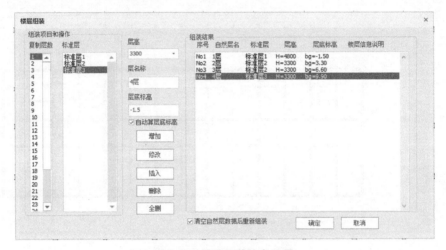

图 3-83　楼层组装信息设置

（6）设计参数定义 "结构建模"选项卡单击"设计参数"，在弹出的对话框内按设计条件修改总信息、构件信息、地震信息与风荷载信息。主要参数如下：

1）总信息：结构体系设置为"框架结构"，结构主材设置为"钢筋混凝土"，与基础相连构件的最大底标高（m）设置为"-1.5"。

2）构件信息：梁柱箍筋类别均设置为"HRB400"。

3）地震信息：设计地震分组设置为"第 1 组"，地震烈度设置为"7（0.1g）"，场地类别设置为"Ⅱ类"，砼框架抗震等级设置为"3 三级"，计算振型个数设置为"9"，周期折减系数（0.5~1.0）设置为 0.7。

4）风荷载信息：修正后的基本风压设置为"0.5"，地面粗糙度类别设置为"B"。

（7）模型检查

1）在左侧视图浏览器中将当前视图切换为任意标准层，然后在"结构建模"选项卡单击"精度检查"按钮，等待软件自动完成检查后，若提示"模型精度检查通过"，则不需要进行精度调整，否则需单击"精度调整"按钮，选择一种精度调整方式后单击"确定"按钮，软件自动完整精度调整操作。

2）在左侧视图浏览器中将当前视图切换为"全楼模型"，然后在"结构建模"选项卡单击"偏心调整"按钮，软件自动完整偏心调整操作。

3）在左侧视图浏览器中将当前视图切换为"全楼模型"，然后在"结构建模"选项卡单击"模型检查"按钮，查看结构模型是否存在问题。

至此，菜单建模操作全部完成，最终完成的结构模型如图 3-84 所示。

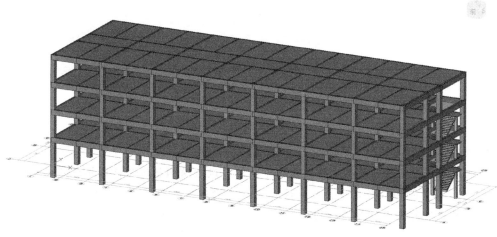

图 3-84　全楼结构模型

3.9　本章练习

1. 简述 PKPM-PC 软件中采用"导入 PM"建模的基本操作。

2. 简述 PKPM-PC 软件中与第 2 章介绍的 PKPM 结构设计软件中构件布置的操作界面与布置方式的异同。

3. PKPM-PC 软件建模完成后，为何要进行精度调整与偏心调整？

装配式结构方案设计 | 第4章

本章介绍:

　装配式结构方案设计是确定结构装配率指标、进行结构整体分析计算与完成结构深化设计的前提。PKPM-PC 软件中，方案设计应在结构建模之后进行。装配式混凝土结构的方案设计可分为前处理、围护结构补充建模、预制构件属性指定与拆分设计三个主要步骤。其中，前处理环节主要是对结构建模结果进行细化调整，以满足预制构件拆分设计的需求；围护结构补充建模可用于补充定义在结构建模环节未考虑的隔墙与附属构件（如阳台板、空调板、飘窗等）等，以便在装配式结构设计或装配率计算时考虑围护结构；而通过前处理与围护结构补充建模后，在软件中指定预制构件属性，便可对各种不同类型的构件分别进行拆分设计。本章即围绕上述 PKPM-PC 软件中装配式混凝土结构方案设计的主要步骤展开介绍。

　学习要点:

- 掌握 PKPM-PC 软件进行装配式结构方案设计的主要步骤。
- 了解方案设计阶段围护结构补充建模的方法。
- 掌握预制楼板、预制剪力墙与预制梁柱的拆分设计方法。
- 了解预制部品与围护结构的拆分设计方法。

4.1　前处理

　PKPM-PC 软件的"方案设计"选项卡如图 4-1 所示，其中，"前处理"子菜单主要包括墙合并、梁合并、墙梁合并、悬挑板合并、相互裁切和相互打断这 6 个功能选项。其中相互裁切和相互打断的功能与 3.7.1 节介绍的内容相同。

图 4-1　"方案设计"选项卡

1. 墙合并

　PM 结构建模时，为满足计算要求常将模型沿洞口打断形成短墙。在进行装配式构件拆分时，部分短墙需要合并成为整段墙肢。此时，可执行"墙合并"命令并选择需要合并的墙体，右击空白处后软件将自动进行合并处理。墙合并前后的效果如图 4-2 所示。墙合并仅允许合并节点连接处墙截面完全相同且完全相接的墙体。

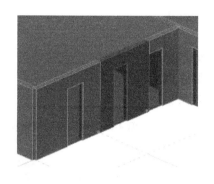
a) 墙合并前

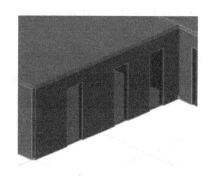
b) 墙合并后

图 4-2　墙合并效果

此外，软件提供了强制合并功能。该功能位于"墙合并"命令的下拉框内。执行该命令时，将忽略横纵墙处设置打断节点的默认规则进行合并操作，并可以用于水平投影方向墙体完全相接但高度不同的墙体合并。如图 4-3 所示，合并后墙体尺寸以位于左下角的墙体尺寸为准。若墙有发生移动、旋转等操作导致各段墙体位置发生变化，仍按移动、旋转操作前的墙体位置关系控制。

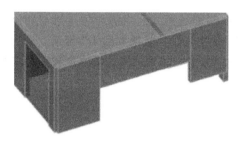
a) 墙强制合并前

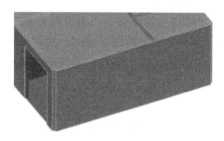
b) 墙强制合并后

图 4-3　墙强制合并效果

2. 梁合并

如图 4-4 所示，执行"梁合并"命令，选择需要合并的梁可将多段同一直线上截面相同且完全相接的梁合并为一段。此外，执行"梁合并"命令时，将弹出图 4-5 所示的对话框，若勾选"只合并主梁"，软件将只合并两端搭接在结构墙柱上的主梁；若不

a) 梁合并前

b) 梁合并后

图 4-4　梁合并效果

勾选"只合并主梁",软件将选择到的符合合并条件的次梁也进行合并处理。

此外,执行"梁合并"命令时,被柱打断的多段梁不会进行合并,若需要合并,需执行"强制合并"命令。梁强制合并功能位于"梁合并"命令的下拉框内,强制合并效果如图 4-5 所示。

图 4-5 "梁合并"对话框

a) 梁强制合并前　　　　　　　　　　　　　　　b) 梁强制合并后

图 4-6 梁强制合并效果

3. 墙梁合并

PM 结构建模时,门洞有时会建成两端短墙肢+中间梁的形式。当需要将连梁与两侧墙体作为一个预制构件考虑时,可以使用"墙梁合并"命令,合并效果如图 4-7 所示。进行墙梁合并需满足以下条件:墙与梁的轴线在同一条直线上且节点相接;墙与梁宽度相同且梁顶与墙顶面无高差;梁的跨高比不大于 5。

此外,当需要将跨高比大于 5 的梁与两侧支撑墙合并时,可执行"强制合并"命令。强制合并(墙梁)命令位于"墙梁合并"下拉框中。

4. 悬挑板合并

如图 4-8 所示,悬挑板合并可将厚度和悬挑长度均相同且完全相接的悬挑板合并为一个构件。

a) 墙梁合并前　　　　　　　　　　　b) 墙梁合并后

图 4-7 墙梁合并效果

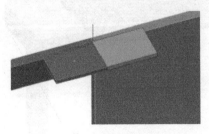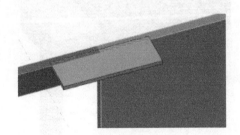

a) 悬挑板合并前　　　　　　　　　　　b) 悬挑板合并后

图 4-8 悬挑板合并效果

4.2　补充围护结构

4.2.1　梁带隔墙

1. 梁带隔墙布置

"梁带隔墙"功能用于识别梁并在梁底部生成隔墙，并使隔墙和梁作为整体参与预制构件深化设计。单击"梁带隔墙"按钮，弹出图4-9所示对话框，进行参数设置后，在模型中单击或者框选梁进行梁带隔墙建模。梁带隔墙创建完成后，隔墙与梁合并为一个构件，作为一个整体进行装配式设计。单击已布置梁带隔墙或外挂墙板的梁，当前参数的梁带隔墙会覆盖已有的梁带隔墙或外挂墙板。使用梁带隔墙功能时，需注意一根梁对应一片隔墙，隔墙长度默认与梁相等。

"梁带隔墙"对话框内，主要参数含义如下：

（1）墙参数　墙参数包括墙厚度及墙厚度方向定位参数。墙厚度提供两种设置方式，分别是"与梁同厚"和"指定墙厚"。"与梁同厚"时，将直接读取梁厚度作为墙板厚度；"指定墙厚"时将按照用户输入的尺寸作为墙板厚度。

墙厚度方向定位提供了"沿梁中线对齐""与梁内侧对齐""与梁外侧对齐"和"梁中线偏心"四种模式。梁的内外侧按照梁局部坐标系（图4-10）确定，梁红色箭头正方向为外侧，红色箭头反方向为内侧。当选择"梁中线偏心"

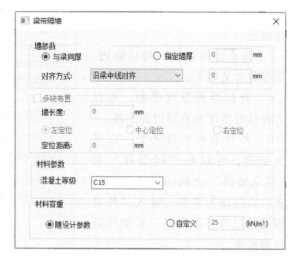

图 4-9　"梁带隔墙"对话框

时，可以通过偏心值控制墙与梁的偏心，偏心值为正数时向红色箭头正方向偏移。

（2）多块布置　"多块布置"包括隔墙长度、定位方式、定位距离等参数。梁带隔墙默认补充的隔墙按照梁长度自动生成，此处参数默认灰显，不可设置，对梁带隔墙不生效。

（3）材料参数　控制梁带隔墙的混凝土强度等级。

（4）材料容重　控制混凝土材料的容重。

2. 梁带隔墙删除

单击"梁带隔墙"右侧下拉框，单击"删除隔墙"按钮，弹出图4-11所示对话框，可控制删除生效的构件。单击或框选拟删除的梁带隔墙或外挂墙板，可将补充的隔墙或挂板部分删除，梁不会被删除。

4.2.2　外挂墙板

1. 外挂墙板布置

"外挂墙板"功能用于识别梁并在梁侧面生成挂板墙。当外围护墙作为预制构件考虑时，

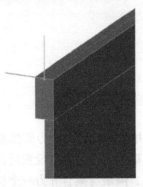

图 4-10　梁带隔墙局部坐标系

图 4-11　删除梁带隔墙

用该功能进行挂板墙布置。单击"外挂墙板"按钮，弹出图 4-12 所示对话框，设置参数之后选择需要布置外挂板的梁生成外挂板。单击已布置梁带隔墙或外挂墙板的梁，当前参数的外挂墙板会覆盖已有的梁带隔墙或外挂墙板。

"补充点连接挂板"对话框内，主要参数含义如下：

1）外挂墙板厚度参数。可以输入外挂板厚度和到梁边的距离。

2）外挂墙板高度参数。以层顶为基准，可以在"同层高"和"自定义墙高"之间切换控制墙底位置。以层顶为基准，输入"外挂墙板超过层顶标高距离"控制外挂板顶面高度。

3）外挂墙板长度参数。通过"同梁跨"和"自定义墙长"控制长度，当选择"自定义墙长"时，可以输入左侧和右侧延伸长度控制墙长，延伸长度以梁起止点为基准，输入正值为墙长伸长，输入负数为墙长缩短。

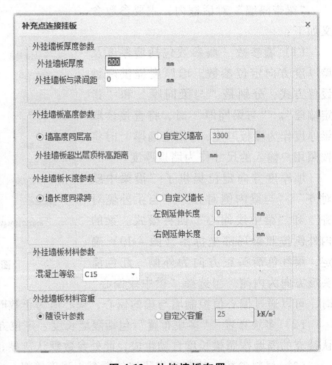

图 4-12　外挂墙板布置

4）外挂墙板材料参数。控制外挂板混凝土强度等级。

5）外挂墙板材料容重。控制外挂墙板混凝土材料的容重。

2. 外挂墙板调整

软件默认挂板布置在梁的 Y 轴正方向一侧。当需要进行外挂布置梁侧调整时，单击"外挂墙板"右侧下拉框，单击"挂板方向调整"按钮，选择外挂墙板进行外挂板布置的梁侧的调整。

3. 外挂墙板删除

功能及使用方法与"删除梁带隔墙"类似。目前软件外挂墙板仅支持点连接挂板的布置，因此删除点连接挂板即删除外挂墙板。

4.2.3　隔墙建模

1. 隔墙布置

隔墙如需单独预制或参与装配式"围护墙和内隔墙"项计算时，使用该功能建立混凝土隔墙、砌体墙、ALC 轻质隔墙等不同类型的梁下或板下隔墙。单击"隔墙建模"按钮，界面左侧弹出图 4-13 所示的对话框，区域①为隔墙截面管理，区域②为隔墙布置参数，区域③为隔墙布置方式。

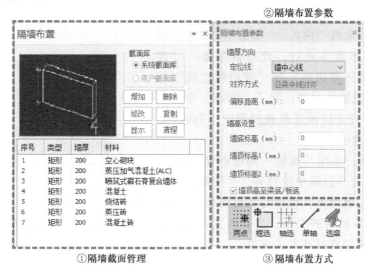

图 4-13　"隔墙布置"对话框

（1）隔墙截面管理

1）增加。单击"增加"按钮，弹出图 4-14 所示对话框，设置隔墙厚度及材料类别后，单击"确定"按钮，可生成一个隔墙截面参数，排列在区域①的截面列表中。其中，厚度支持在下拉框中选择也可进行正整数输入；材料类别支持混凝土，烧结砖、蒸压砖、空心砌块、混凝土砖等砌体墙材料类型，以及蒸压加气混凝土（ALC）等轻质隔墙材料。

2）删除。单击"删除"按钮，可删除当前在下侧列表中选中的隔墙截面。如果已经用此截面在模型中绘制了隔墙，则会弹出提示"使用该截面定义的构件将被删除，是否继续执行？"，单击"是"按钮，将删除该截面及模型中已经创建的隔墙。

图 4-14　"隔墙截面定义"对话框

3）修改。单击"修改"按钮，弹出"隔墙截面定义"对话框，参数为当前在下侧列表中选中的隔墙截面厚度及材料类别信息，修改截面信息，单击"确定"按钮，此截面修改成功。如果已经用此截面在模型中绘制了隔墙，已建的所有对应隔墙的截面对应修改。

4）复制。单击"复制"按钮，弹出"隔墙截面定义"对话框，参数为当前在下侧列表中选中的隔墙截面厚度及材料类别信息，修改截面信息，单击"确定"按钮，在截面列表中成功增加一条截面信息。

5）显示。单击"显示"按钮，当前选择的截面对应布置的隔墙会亮显。

6）清理。单击"清理"按钮，弹出提示"未使用截面将被删除，是否继续?"，单击"是"按钮，删除未进行过模型创建的截面信息。

（2）隔墙布置参数　可输入墙厚方向和墙高设置的参数。墙厚方向包括定位线、对齐方式、偏移距离；墙高设置包括墙底标高、墙顶标高 1、墙顶标高 2，并可选择是否用"墙顶高至梁底/板底"控制隔墙定位和尺寸信息。主要参数含义说明如下：

1）隔墙的局部坐标系。X 轴为墙长方向，1 端节点指向 2 端节点为正向；Y 轴为墙厚方向；Z 轴为墙高方向。当偏轴距离为 0 时，局部坐标系原点位于 1 端节点，墙厚中心处（图 4-15）。

2）定位线。采用"两点""框选""轴选"和"单轴"等隔墙布置方式时，此参数生效，可选"墙中心线""墙外侧边线"或"墙内侧边线"与选择的两点连线或轴线对齐；除了"两点"布置模式，其他布置模式支持预览布置过程中〈Tab〉键快捷切换定位线选项。

3）对齐方式。采用"选梁"隔墙布置方式时，此参数生效，可选"沿梁中线对齐""沿梁外边线对齐""沿梁内边线对齐"使梁与布置隔墙的中线、外边线或内边线保持对齐关系；支持预览布置过程中〈Tab〉键快捷切换对齐方式选项。

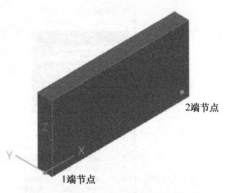

图 4-15　隔墙端点及局部坐标系示意

4）偏移距离。不同对齐方式下，梁对齐线或轴线与墙对齐线的距离，可输入正整数、0 或负整数。需注意"偏移距离"与"属性栏"中"偏轴距离"的区别（"偏轴距离"为墙厚度中心沿 Y 轴与局部坐标系原点的距离）。

5）墙高设置。可输入正整数、0 或负整数。"墙底标高"为层高方向，墙底距本层层底标高的距离。"墙顶标高 1"为 1 端节点墙顶部距本层层顶标高的距离；"墙顶标高 2"为 2 端节点墙顶部距离本层层顶标高的距离。当勾选"墙顶至梁底/板底"时，"墙顶标高 1""墙顶标高 2"参数灰显不可输入，软件自动识别墙顶部梁及板的底部标高，反算墙顶标高值。

（3）隔墙布置方式　提供两点、框选、轴选、单轴、选梁五种隔墙布置方式。

1）两点布置方式为在画布区域先后拾取两点作为隔墙 1 端节点和 2 端节点，进行隔墙创建。

2）框选布置方式为沿框选到的轴线段进行隔墙创建。

3）轴选布置方式为沿选择的整根轴线段进行隔墙创建。

4）单轴布置方式为点选单根轴线进行隔墙创建。

5）选梁布置方式为点选或框选梁进行隔墙创建。

2. 隔墙调整

（1）调整高度　"调整高度"功能位于"隔墙建模"右侧下拉框内。使用"隔墙建模"功能或"识图建模"功能布置的板下或梁下隔墙若需要墙顶与楼板底面或梁底面设置齐平，可使用该命令自动调整墙顶标高至楼板底面或梁底面。

（2）隔墙转角调整　"隔墙转角调整"功能位于"隔墙建模"右侧下拉框内，用于调整转角处隔墙的避让方式。单击"隔墙转角调整"按钮，弹出图 4-16 所示对话框。利用该对话框的功能按钮，可选择手动选择形成转角的隔墙，或自动搜索选中楼层的隔墙转角进行调整。隔墙转角调整效果如图 4-17 所示。

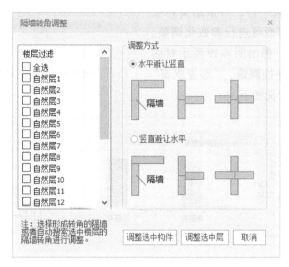

图 4-16　"隔墙转角调整"对话框

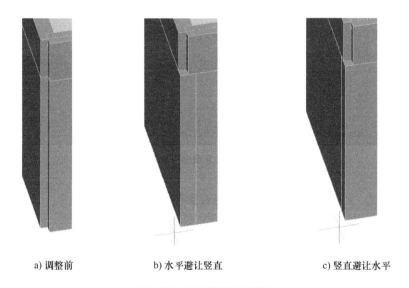

a) 调整前　　　　　　　　b) 水平避让竖直　　　　　　　c) 竖直避让水平

图 4-17　隔墙转角调整效果

3. 隔墙平面显示

单击"隔墙平面显示"按钮，可在模型俯视平面图中将隔墙截面置顶于梁板显示，再次单击"隔墙平面显示"按钮，可关闭此显示状态。

4. 指定隔墙

单击"指定隔墙"按钮，弹出图 4-18 所示对话框，使用该功能可以调整墙体的"承重"与"非承重"属性及材料容重。

4.2.4 飘窗建模

1. 飘窗布置

外挂飘（凸）窗需预制时，用该功能进行布置。飘窗类型有 4 类共 9 种，可根据实际项目进行选择，同时每种类型可进行参数化调整。单击"飘窗建模"按钮，弹出图 4-19 所示对话框，设置参数后，创建外挂飘窗。"布置飘窗"对话框内各主要参数的含义如下：

图 4-18 "修改墙类型"对话框

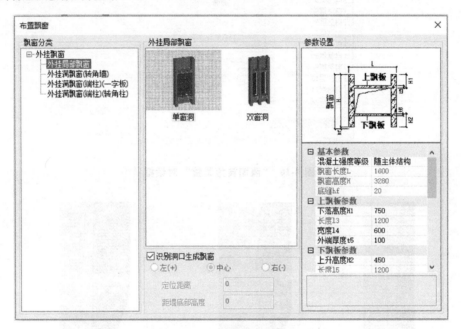

图 4-19 "布置飘窗"对话框

（1）飘窗分类　PKPM-PC 软件支持的飘窗类型如下：

1）外挂局部飘窗：单窗洞、双窗洞。

2）外挂满飘窗（转角墙）：单窗洞、双窗洞。

3）外挂满飘窗（端柱）（一字板）：一字板+一字板、一字板+转角墙、一字板+转角柱。

4）外挂满飘窗（端柱）（转角柱）：转角柱+转角墙、转角柱+转角柱。

通过单击选择拟建飘窗类型，选中后右侧的"参数设置"选项组将适配变化，各类飘窗如图 4-20 所示。

（2）飘窗布置方式（识别洞口生成飘窗）　勾选"识别洞口生成飘窗"后，左、中、右定位方式，定位距离和距墙底高度参数不生效。此时，选取剪力墙或者隔墙上的洞口，软件将适配已有洞口尺寸，进行飘窗布置。当不勾选"识别洞口生成飘窗"时，左、中、右定位方式，定位距离和距墙底高度参数可进行设置。此时，选取拟布置飘窗的剪力墙、隔墙

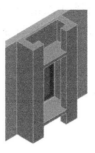

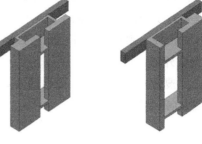

a) 外挂局部飘窗

b) 外挂满飘窗(转角墙)

c) 外挂满飘窗(端柱)(一字板)　d) 外挂满飘窗(端柱)(转角柱)

图 4-20　飘窗类型

或梁，软件将根据"布置飘窗"对话框右侧的"参数设置"选项组中设置的洞口相关参数生成飘窗。

（3）参数设置　参数设置分为"图示"和"参数"两部分，切换到不同参数，图示随参数选择而变化。

1）外挂局部飘窗包括基本参数、上飘板参数、下飘板参数、左侧板参数、中侧板参数（对于双窗洞）、右侧板参数、背板参数等飘窗外形信息参数设置。

2）外挂满飘窗（转角墙）包括基本参数、上飘板参数、下飘板参数、左侧板参数、中侧板参数（对于双窗洞）、右侧板参数、背板参数等飘窗外形信息参数设置。

3）外挂满飘窗（端柱）（一字板）包括基本参数、上飘板参数、下飘板参数、一字板参数、转角柱参数、左侧耳参数、右侧耳参数、背板参数等飘窗外形信息参数设置。

4）外挂满飘窗（端柱）（转角柱）包括基本参数、上飘板参数、下飘板参数、转角柱参数、左侧耳参数、右侧耳参数、背板参数等飘窗外形信息参数设置。

2. 飘窗删除

单击"飘窗建模"右侧下拉框中的"删除飘窗"按钮，进入删除飘窗状态，单击或框选飘窗，即可完成飘窗删除操作。之后可使用〈Esc〉键或者在空白处右击退出飘窗删除。

4.3　预制属性指定

"预制属性指定"子菜单位于"方案设计"选项卡内，包含"指定预制属性""删除预制属性""搜索外墙"和"外墙方向"四个命令。

1. 指定预制属性

单击"预制属性指定"按钮，弹出图 4-21 所示对话框。勾选需要指定预制属性的构件类型，选择（点选/框选）模型中的结构专业构件，则既勾选了构件类型且属于选集中的结构构件将被指定预制属性。只有被指定预制属性的结构构件，才允许执行拆分操作从而生成对应的预制构件。需注意，预制剪力内墙和预制剪力外墙为互斥关系，两者只能选择一种。预制阳台板和预制空调板的选择对象都是悬挑板，也为互斥关系。

2. 删除预制属性

删除预制属性为预制属性指定的逆操作。单击"删除预制属性"按钮，弹出图 4-22 所示对话框。勾选需要删除预制属性的构件类型，选择（点选/框选）模型中的结构专业构件，则既勾选了构件类型且属于选集中的结构构件的预制属性将被删除。若结构构件已经被拆分出预制构件，则预制构件也将同时被删除。

3. 搜索外墙

单击"搜索外墙"按钮，弹出图 4-23 所示对话框，包含"搜索并设置为外墙"和"仅调整吊装方向"两个选项。

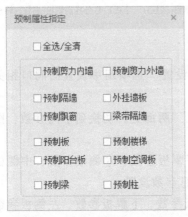

图 4-21 "预制属性指定"对话框

图 4-22 "删除预制属性"对话框

（1）搜索并设置为外墙　自动搜索本层范围的包络整个模型的墙体（剪力墙和梁带隔墙），根据构件类型将搜索到的墙体设置为预制剪力外墙/预制梁带隔墙。预制剪力外墙/预制梁带隔墙的"外墙方向"远离模型侧。

（2）仅调整吊装方向　自动调整已经指定了预制属性的墙体"外墙方向"，外部方向指向背离模型的一侧。此选项对无预制属性的墙体不生效。

4. 外墙方向

"外墙方向"为指定了预制属性的剪力外墙/梁带隔墙外部的方向。对剪力墙和梁带隔墙进行

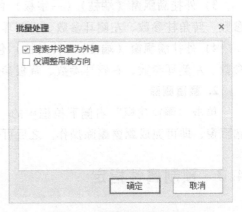

图 4-23 "批量处理"对话框

预制属性指定后，可使用"外墙方向"命令调整墙体自身的内外关系。当此类墙拆分为带保温和外叶板的预制构件时，保温层和外叶板位于"外墙方向"侧。

4.4 预制楼板

4.4.1 楼板拆分

单击"方案设计"选项卡中的"楼板拆分设计"按钮，弹出"板拆分"对话框。软件

提供了钢筋桁架叠合板、全预制板和钢筋桁架楼承板拆分设计三个页面，如图 4-24～图 4-26 所示。

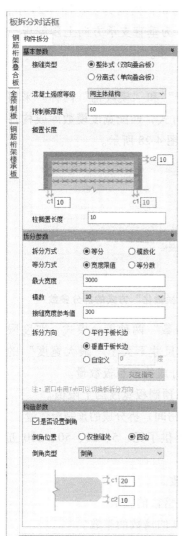

图 4-24 钢筋桁架叠合板拆分设计

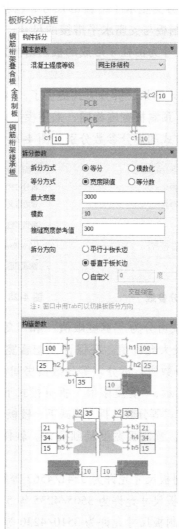

图 4-25 全预制板拆分设计

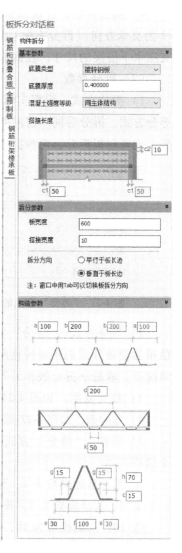

图 4-26 钢筋桁架楼承板拆分设计

1. 钢筋桁架叠合板

（1）基本参数

1）接缝类型。接缝类型分"整体式（双向叠合板）"和"分离式（单向叠合板）"两类。长宽比不大于 3 的楼板，当采用分离式接缝时，该楼板下部钢筋按照单向板计算，上部钢筋取单向计算和双向计算的包络值。双向叠合板在叠合板间接缝处和非支承方向支座处均采用钢筋伸出的做法。单向叠合板在叠合板间接缝处不出筋，非支承方向支座处可选出筋。因此，叠合板板缝处钢筋做法仅对双向叠合板生效。

2）混凝土强度等级。预制楼板的混凝土强度等级，通过下拉框设置。选择"同主体结构"时，预制板强度等级读取结构楼板的混凝土强度等级。

3）预制板厚度。生成的预制板混凝土总厚度，默认为 60mm。当文本框中数值大于结构板总厚度时，该楼板将拆分失败。

4）搁置长度。控制预制板与支座水平搭接的尺寸，搭接为正，内缩为负。图 4-24 中，$c1$ 为支承方向（拆分方向）预制板与支座水平搭接的尺寸；$c2$ 为垂直支承方向上预制板与支座水平搭接的尺寸；柱搁置尺寸为由柱子形成的板切角搁置尺寸。

（2）拆分参数

1）拆分方式。根据实际设计场景，拆分方式提供了"等分"和"模数化"两种。采用等分方式，拆分后同一房间所有预制板宽度相同；采用模数化方式，匹配宽度模数库或构件库完成预制板拆分。两种拆分方式的拆分参数分别如图 4-27 和图 4-28 所示。

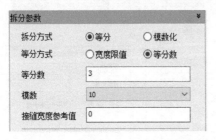
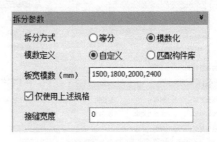

图 4-27 "等分"方式的拆分参数　　　　　**图 4-28 "模数化"方式的拆分参数**

2）等分方式。"等分"方式可分为"宽度限值"和"等分数"两种拆分模式。宽度限值指房间被分成的预制板宽度最大允许值。在保证预制板宽度尺寸不大于"最大宽度"的情况下，取最小拆分数作为等分数进行拆分。等分数指房间被分成的预制板数量。

3）最大宽度。如图 4-24 所示，"宽度限值"拆分模式下，预制板宽度的上限值。

4）等分数。如图 4-27 所示，"等分数"拆分模式下，楼板（房间）拆分成的预制板数量。

5）模数。"等分"方式下，预制板宽度基础模数。软件提供了无、5、10、50、100 五个选项。

① 无：基础模数为 1，预制板尺寸允许为 3541/4567 等整数。

② 5：基础模数为 5，预制板尺寸允许为 3505/4235 等 5 的倍数的整数。

③ 10：基础模数为 10，预制板尺寸允许为 3510/4230 等 10 的倍数的整数。

④ 50：基础模式为 50，预制板尺寸允许为 3550/4250 等 50 的倍数的整数。

⑤ 100：基础模数为 100，预制板尺寸允许为 3500/4200 等 100 的倍数的整数。

6）接缝宽度参考值。"等分"方式下，为保证预制板宽度为模数，接缝宽度允许的最小值。

7）模数定义。"模数化"方式提供了"自定义"和"匹配构件库"两种模数定义方式。

①"自定义"方式：匹配板宽模数库中的数值进行拆分，最多支持模数库中的数值两两组合完成楼板（房间）拆分。在拆分中优先考虑，所有预制板板宽和接缝之和等于房间总拆分宽度的排布。房间总拆分宽度为垂直拆分方向支座净宽与该方向搭接尺寸 2 倍的和。当单一模数或者两两组合没有找到拆分方案时，将按照模数库中第一个模数，依次排列，直到余值小于等于 800mm。当单一模数或者两两组合可以找到拆分方案时，取用"板宽模数"库中位置靠前的模数组合选用。

② 匹配构件库方式：匹配构件库中的构件（长宽两个方向尺寸均能满足）进行拆分。不能完成匹配的，拆分失败。

8）板宽模数。"自定义"拆分模式下使用的模数库，各模数之间用半角逗号（，）隔开，单位是毫米（mm）。当勾选"仅使用上述规格"时，仅适用"板宽模数"库中的数值作为预制板宽。当不能匹配且出现剩余板宽不足 800mm 时，剩余板宽+接缝宽度部位不拆分，留作后浇带。当不勾选该项时，剩余板宽+接缝宽度合并到最近的一块预制板上拆分出一块不属于库模数的预制板。

9）接缝宽度。"模数化"模式下，预制板间接缝宽度值。

10）拆分方向。"拆分方向"为预制板支承方向，垂直"拆分方向"的预制板边一般均搁置在支座上。当一个楼板（房间）拆分为多块预制板时，预制板接缝方向平行于"拆分方向"。软件提供了"平行于板长边""垂直于板长边"和"自定义"三个选项。当在执行板拆分（选择）的状态下，按〈Tab〉键可以切换板的拆分方向。"平行于板长边"是指拆分方向（接缝）平行于板长边。"垂直于板长边"是指拆分方向（接缝）垂直于板长边，与楼板的主受力方向一致。"自定义"是指使用输入的角度作为拆分方向。全局坐标系下，水平向右为 0°，逆时针为正。注意，当结构板为异型板时，长边方向按补齐为矩形后的板长边确定。

（3）构造参数

1）是否设置倒角。预制板是否设置倒角的总控开关，勾选下面的倒角参数才可用。

2）倒角位置。控制倒角设置在预制板的哪一个边上，有"仅接缝处"和"四边"两个选项。勾选"仅接缝处"后，仅在板缝处的板边生成倒角。

3）倒角类型。包括"倒角""倒边"和"直角倒角"三类，参数如图 4-29 所示。"倒角"表示开放上部斜倒角和下部斜倒角，斜倒角水平尺寸与竖向尺寸相等。"倒边"表示开放输入倒边水平尺寸，内缩为正。"直角倒角"表示开放上部斜倒角，下部直角倒角尺寸。

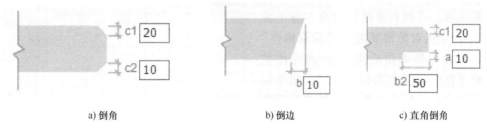

a) 倒角   b) 倒边   c) 直角倒角

图 4-29 倒角类型示意

2. 全预制板

基本参数与拆分参数的含义与钢筋桁架叠合板相同。构造参数为设置全预制板的"切口尺寸"，如图 4-25 所示。

3. 钢筋桁架楼承板

（1）基本参数

1）底膜类型。控制底膜的材质，提供"镀锌钢板"和"冷轧钢板"两种类型。

2）底膜厚度。底膜钢板的厚度，支持输入小数。

3）搭接长度。允许输入 c1 和 c2 值，用于控制拆分方向和垂直拆分方向的搁置尺寸。

c1 值为拆分方向起始端的搁置尺寸，终端搁置长度≥c1 值。c2 值为垂直拆分方向的搁置尺寸，此值为确定值。

（2）拆分参数

1）板宽度。拆分的基准板宽度尺寸，当板依次排列余值不足以放置一块基准板时，用小于基准板宽度的板补充。

2）搭接宽度。两块楼承板之间咬合的水平投影尺寸。

3）拆分方向。提供"平行于板长边"和"垂直于板长边"两个方向，在拆分时按〈Tab〉键可以在两个选项间切换。

（3）构造参数　如图 4-26 所示，各参数含义如下：a 为边桁架至板边的距离；b 为桁架之间的间距，桁架对称排布；d 为桁架步距（波峰至波峰的距离）；k 为桁架底部与板底焊接的宽度；c 为桁架下弦筋下皮至板底距离，一般取混凝土保护层厚度；e 为桁架底部弯折后水平投影长度；f 为桁架底部宽度；g 为底板凸起至桁架底部弯折处的距离；h 为桁架下弦筋底部至桁架上弦筋顶部的距离。

4.4.2　交互布板

由拆分参数确定预制板的非平面几何属性，预制板长宽尺寸和位置通过在模型界面中绘制矩形的方式确定。交互布板的主要操作步骤如下：

1）设置拆分参数。

2）在图面上，按下鼠标左键拖拽两点确定一个矩形，在空白处单击确认。

3）重复上述步骤直至完成预制板设计。

4.4.3　排列修改

单击"排列修改"按钮，弹出图 4-30 所示对话框。当自动拆分方案不能满足设计要求时，可使用该功能手动调整板、墙拆分尺寸。需注意，"排列修改"命令本身不区分墙/板，应用对象需要通过"拾取构件"命令，单击构件确定应用/修改的构件类型。除了拆分段信息和拆分方向，倒角信息、配筋参数、吊件参数等全部读取当前设置（不是板本身设计参数）重新进行设计。

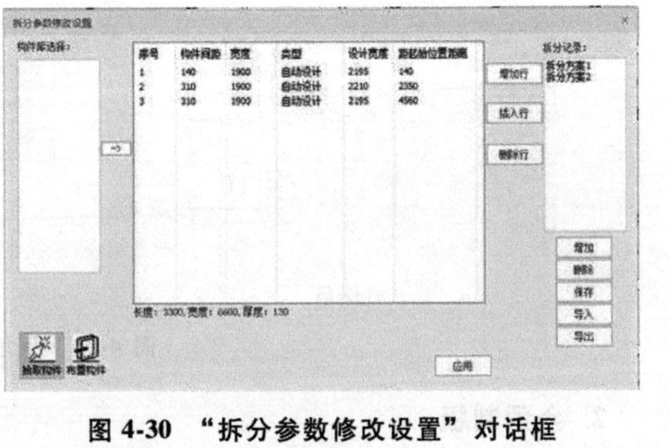

图 4-30　"拆分参数修改设置"对话框

1. 模型交互设置

对话框内有"拾取构件"和"布置构件"两个按钮，两个按钮互斥，影响在模型中单击楼板或预制楼板的结果。

1）拾取构件：该状态下，单击结构板/预制板将已经拆分板排列参数读取到拆分参数列表中。

2）布置构件：该状态下，可在模型中单选或多选板（房间），将拆分参数中的排布方案应用到选择的板上。

2. 排列参数

记录板排布方式的区域，一条数据表示一块预制板，包括序号、构件间距、宽度、类型、设计宽度、距起始位置距离六项。

（1）序号　从 1 开始，根据板块数量自动编号。序号从小到大依次对应模型中从下向上排列（以"拆分方向"向右的视角观察）。

（2）构件间距　是指两块板之间的接缝宽度，首行的构件间距是指预制板边到支座中心的距离（若拆分完成后，修改了支座尺寸和位置，参考位置仍然使用修改之前的数据）。允许双击文字进行修改。

（3）宽度　是指预制板垂直拆分方向的尺寸，一般为预制板宽度，允许双击进行修改。

（4）类型　显示构件尺寸的来源，默认为自动设计，不可修改。自定义设计时，允许自由修改预制板宽度尺寸。

（5）设计宽度　是指本块板对应图集中预制板的标识宽度，该值自动计算且不可修改。当该板为单向叠合板时，直接取板身宽度。当该板为双向叠合板时，需要考虑本行和下一行的构件间距，具体规则如下：首行时，取本行构件间距+本行宽度+下行构件间距/2；中间行，取本行构件间距/2+本行宽度+下行构件间距/2；末行时，取本行构件间距/2+本行宽度+拾取构件时末块板到支座中心的距离。

（6）距起始位置距离　是指预制板坐标原点到结构板拆分坐标原点在垂直拆分方向上的距离。

3. 行修改

在排列参数右侧提供了"增加行""插入行"和"删除行"三个命令按钮。

1）增加行：最底部增加一行参数，其构件间距、宽度两项与上一序号相同，设计宽度自动计算。

2）插入行：选中行下部增加一行参数，其构件间距、宽度两项与上一序号相同，设计宽度自动计算。

3）删除行：删除选中行。

4. 拆分记录

拆分记录列表中可以保存构件排布方案。双击某条目，将保存的方案应用到拆分参数中。下部有"增加""删除""保存""导入"和"导出"按钮。

1）增加：将拆分参数中排列保存到拆分记录里列表中，新增一条拆分记录。

2）删除：删除选中的拆分记录。

3）保存：将拆分参数中的排列保存到选中的拆分方案中。

4）导入：导入以前导出的拆分记录，读取 JSON 格式的文件。

5）导出：导出选中的拆分记录，保存为 JSON 格式的文件。

4.5　预制剪力墙设计

4.5.1　洞口填充墙

如图 4-31 所示，"洞口填充墙"功能用于对结构洞口进行填充部分补充。

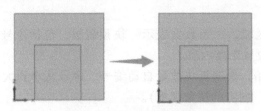

图 4-31　洞口填充墙示意

在"方案设计"选项卡中，单击"洞口填充墙"按钮，弹出图 4-32 所示对话框，选择填充墙洞口数量并设置相应填充墙参数后，单击选择结构洞口即可完成填充墙布置。若需要对已布置的洞口填充墙进行删除，可单击"洞口填充墙"下拉按钮中的"删除洞口填充墙"命令。

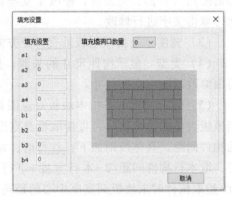

图 4-32　"填充设置"对话框

4.5.2　墙自由拆分工具条

单击"墙自由拆分"按钮，弹出图 4-33 所示工具条。该工具条启动后一直显示在窗口中，直到单击最右侧的"关闭"按钮，关闭该工具条。工具条上每个小图标代表一个操作命令，单击图标开始执行命令。

图 4-33　墙自由拆分工具条

1. 自动生成现浇段

根据 JGJ 1—2014《装配式混凝土结构技术规程》第 8.3.1 条，楼层内相邻预制剪力墙之间应采用整体式接缝连接，且应符合下列规定：当接缝位于纵横墙交接处的约束边缘构件区域时，约束边缘构件的阴影区域宜全部采用后浇混凝土，并应在后浇段内设置封闭箍筋；当接缝位于纵横墙交接处的构造边缘构件区域时，构造边缘构件宜全部采用后浇混凝土；当仅在一面墙上设置后浇段时，后浇段的长度不宜小于 300mm。

"墙自由拆分"工具条中，单击 🖰 按钮，弹出图 4-34 所示的"拆分设计"对话框，可根据规范要求对现浇节点相关参数进行设置。

（1）布置现浇节点　如图 4-34 所示，①区域内设置生成现浇节点尺寸，输入值为墙内边尺寸；②区域内选择纵横墙交接处形式，提供 T 形和一形两种形式的节点；③区域内"快速生成"按钮用于依据设置

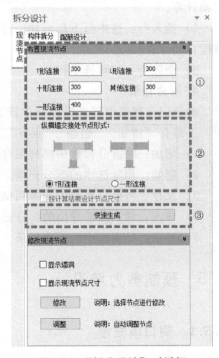

图 4-34　"拆分设计"对话框

的现浇节点尺寸和节点形式快速完成现浇节点拆分设计。

生成节点的方式有两种，一种是打开对话框后，框选需要生成节点的构件；二是单击③区域内的快速生成按钮，形成当前层的现浇节点。图 4-35 所示为"快速生成"命令的执行结果，软件自动生成节点后，会弹出图示的提示信息。

（2）修改现浇节点　如图 4-34 所示，"修改现浇节点"包含"显示墙洞""显示现浇节点尺寸""修改"和"调整"四个功能选项。

1）显示墙洞。勾选此项，可以在模型中显示墙洞位置。

2）显示现浇节点尺寸。如图 4-36 所示，勾选此项，可以在模型中显示现浇节点的尺寸。

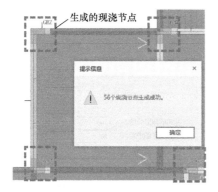

图 4-35　"快速生成"执行结果

图 4-36　"显示现浇节点尺寸"效果

3）修改。可以对生成的现浇节点进行尺寸修改。如图 4-37 所示，节点修改的主要操作包括：在"拆分设计"对话框内单击"修改"按钮；在图面上选择要进行参数修改的现浇节点；在"节点参数修改"对话框内，修改墙肢尺寸参数，墙肢 1、2 根据图面显示的序号确定。

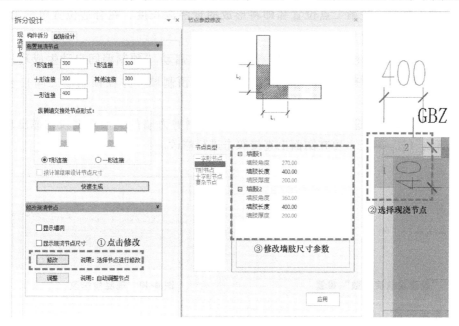

图 4-37　"节点参数修改"对话框

4）调整。单击"调整"按钮，软件自动调整节点参数。

（3）现浇节点配筋　如图 4-38 所示，切换至"拆分设计"对话框的"配筋设计"选项卡，可以设置现浇节点的配筋相关参数（保护层厚度，水平筋、竖直筋及拉筋参数等），单击"快速配筋"按钮，软件自动完成当前自然层已生成现浇节点的配筋设计。需注意，"快速配筋"需在视图浏览器中将当前视图切换为"自然层"时才可执行。

2. 手动布置现浇段

（1）单点布置现浇段　"墙自由拆分"工具条中，单击 按钮，启动"单点布置现浇段"命令。如图 4-39 所示，操作界面左侧栏显示布置的现浇段长度，将光标移到剪力墙上时弹出现浇段在墙上定位尺寸，在墙上合适位置单击放置现浇段。

（2）两点布置现浇段　"墙自由拆分"工具条中，单击 按钮，启动"两点布置现浇段"命令。将光标移到剪力墙上时，显示光标所在位置标注，命令行提示"单击第一点"；在合适位置单击第一点后，命令行提示"单击第二点"，墙上临时标注第二点位置和即将形成的现浇段长度，在合适位置单击第二点后，生成现浇段。

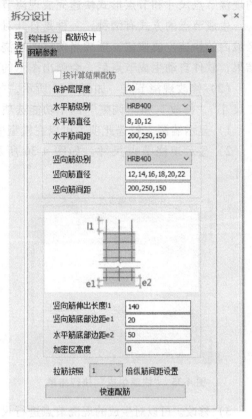

图 4-38 "配筋设计"页面

（3）预制墙间自动生成现浇段　单击 按钮，启动"预制墙间自动生成现浇段"命令。软件会搜索显示范围内位于同一片剪力墙上的预制墙，并在预制墙之间自动生成现浇段。

（4）现浇段修改　选中墙体中用于连接多段预制剪力墙的一形现浇段，弹出现浇段原位修改参考线（图 4-40），可在图面上直接双击进行修改。

图 4-39 "现浇段长度参数"设置

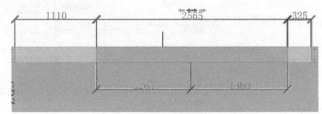

图 4-40 现浇段修改

3. 预制墙布置

（1）两点布置预制墙　单击 按钮，启动"两点布置预制墙"命令。左侧弹出图 4-41

所示的"墙拆分"对话框，命令行提示"单击第一点"，当光标移到指定了预制属性的剪力墙上时，出现第一点的临时定位标注；在合适位置单击第一点，命令行提示"单击第二点"，在墙体范围内移动光标，临时尺寸标注到第二点的距离和第二点的定位尺寸，在合适位置单击第二点，软件自动根据墙体的预制属性生成预制墙。

1）基本参数。

① 外墙类型。提供"夹心保温"和"无保温"两个选项。两种类型墙样式如图 4-42 所示。当捕捉的墙体预制属性为预制内墙时，墙类型为"预制剪力墙"，无保温。

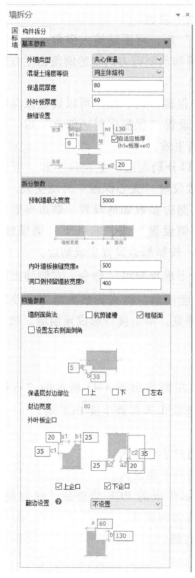

图 4-41　"墙拆分"对话框

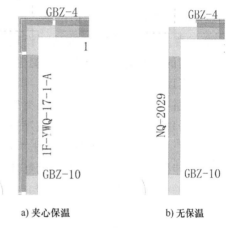

a) 夹心保温　　　　b) 无保温

图 4-42　外墙类型示意

② 混凝土强度等级。预制楼板的混凝土强度等级通过下拉框设置。选择"同主体结构"时，预制板强度等级读取结构楼板的混凝土强度等级。此参数影响配筋时的锚固长度计算。

③ 保温层厚度。手动输入保温层厚度参数。

④ 外叶板厚度。手动输入外叶板厚度参数。

⑤ 接缝设置。手动输入预制墙顶现浇层高度及板底接缝高度。勾选"自适应板厚"后，预制墙顶部现浇高度取"板厚+e1"，e1为楼板底部与预制墙顶高差。不勾选该选项时，预制墙顶部现浇层高度按手动输入的数据取值。

2）拆分参数。

① 预制墙最大宽度。手动输入预制墙最大宽度，软件自动判断两个相邻现浇段之间的尺寸，当现浇段之间尺寸小于等于预制墙最大宽度时，自动拆分为一道预制剪力墙。当现浇段之间尺寸大于预制墙最大宽度时，将墙拆分

为多段。需注意，两点布置预制墙模式下，该参数无效。

② 内叶墙板接缝宽度、洞口侧预留墙肢宽度。当相邻两个现浇节点之间的尺寸大于预制墙最大宽度时，软件自动将该片墙拆分为多个，多个预制墙之间的现浇宽度取值为内叶墙板接缝宽度。当该墙存在洞口时，软件将自动在洞口边预留一段预制墙柱，墙柱的宽度取值为洞口侧预留墙肢宽度。需注意，两点布置预制墙模式，内叶墙板接缝宽度和洞口侧预留墙肢宽度参数无效。

3）构造参数。

① 墙侧面做法。软件提供"抗剪键槽"与"粗糙面"两种做法，用户可以同时选择。其中粗糙面不会在模型中表现出来，仅能在属性和图纸中表达。

② 设置左右侧面倒角。勾选"设置左右侧面倒角"后，可手动输入倒角尺寸。夹心保温预制外墙的左右侧倒角只能在内侧生成，无保温外墙和预制剪力内墙的倒角在左右侧和内外侧全部可以生成。

③ 保温层封边部位。当"外墙类型"选择"夹心保温"时，用户可以设置保温层的封边，可以分别对"上""下""左右"进行封边设置。设置"保温层封边部位"后，可以对"封边宽度"进行设置。该参数仅对"夹心保温"外墙生效。

④ 外叶板企口。可以对外叶板企口进行设置，可以分别勾选"上企口"和"下企口"，当勾选其中一个时，外叶板只设置勾选的企口。该参数仅对"夹心保温"外墙生效。

⑤ 外墙翻边。当墙类型为"夹心保温"时，无论翻边参数如何设置，翻边参数均不生效；当墙类型为"无保温"且翻边设置为"左（上）侧设置"或"右（下）侧设置"时，在墙外侧生成翻边；当墙类型为"预制剪力内墙"时，按照翻边设置生成翻边。

（2）拆分形成预制墙　单击 按钮，启动"拆分形成预制墙"命令。左侧弹出图 4-41 所示的"墙拆分"对话框。对话框中各选项与参数功能同前。将光标放到指定了预制属性的墙上，在现浇段之间按照一定的拆分规则形成拆分预览，单击接口形成预制墙。该功能支持框选。

4. 连续绘制 PCF 墙

单击 按钮，启动"连续绘制 PCF 墙"命令，左侧弹出图 4-43 所示的"连续绘制 PCF 墙"对话框，调好参数后，在操作窗口中平面内连续单击布置生成 PCF 墙。

（1）接缝尺寸

1）外叶墙厚度：控制 PCF 墙外叶墙厚度，支持用户手动录入。

2）保温层厚度：控制 PCF 墙保温层厚度，支持用户手动录入。

3）参考线：提供"保温层内边"一个选项，表示生成的 PCF 墙总是"保温层内边"接近参考线，参考线是指鼠标绘制的路径，该路径存在方向属性。

4）外侧位于：PCF 墙位于参考线行进方向的左/右侧。

（2）PCF 墙高

1）PCF 墙高度：参数提供了"关联层高"选项。

2）外叶墙高：通过"PCF 墙外叶顶部偏移 h1"和"PCF 墙外叶底部偏移 h2"控制外叶墙高，外叶墙高 = 层高 - h1 - h2。

3）保温层高：通过"相对外叶顶部偏移 h3"和"相对外叶底部偏移 h4"控制，保温层高=外叶墙高-h3-h4。

（3）外叶构造 "上企口"和"下企口"复选按钮控制外叶板上部和下部企口是否生成。a1、b1、c1、a2、b2 和 c2 控制企口细部参数。

5. 阳角 PCF 补充墙

单击 按钮，启动"阳角 PCF 补充"命令，左侧弹出图 4-44 所示的对话框，调整参数，选择需要调整的阳角节点。

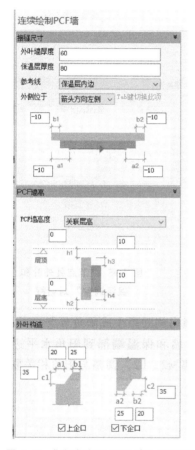

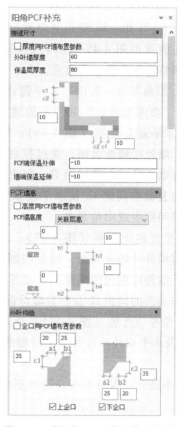

图 4-43 "连续绘制 PCF 墙"对话框   **图 4-44 "阳角 PCF 补充"对话框**

（1）接缝尺寸

1）厚度同 PCF 墙控制参数：勾选此项后，本命令补充的 PCF 墙外叶墙和保温层厚度同"连续绘制 PCF 墙"参数相同，同时本页面上参数置灰，显示关联的参数值，且不可修改。

2）外叶墙厚度、保温层厚度：设置同"连续绘制 PCF 墙"。

3）外叶墙缩进：c1 表示与所选现浇节点关联的外叶墙板相对现浇节点边缩进的距离，c2 表示补充的 PCF 墙外叶墙板相对现浇节点边的缩进距离。

4）PCF 端保温外伸：补充的 PCF 端保温层相对外叶墙板的尺寸，外伸为正，内缩为负。

5）墙端保温延伸：处理的预制剪力墙端保温层相对外叶板的尺寸，外伸为正，内缩为负。

（2）PCF 墙高与外叶构造

1）高度同 PCF 墙布置参数：当勾选时，本命令补充的 PCF 墙墙高参数与"连续绘制 PCF 墙"参数相同，同时本页面上参数置灰，显示关联的参数值，且不可修改。

2）其他参数：含义与"连续绘制 PCF 墙"相同。

6. 节点处外叶和保温调整

单击 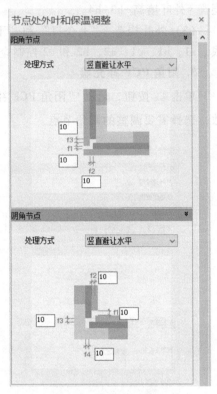 按钮，启动"节点处外叶和保温调整"命令，左侧弹出图 4-45 所示对话框，调整参数，选择需要调整的阳角及阴角节点。

（1）阳角节点 提供"水平避让竖直""竖直避让水平""参考节点边"和"不处理"四种方式。

1）水平避让竖直（图 4-46）：竖直墙外叶墙延伸到水平墙外叶墙外表面，通过控制水平墙外叶墙端部到竖直墙外叶墙内侧间距 f1、竖直墙保温到水平墙外叶墙内表面的间距 f2 及水平墙保温端部到竖直墙保温内侧间距生成阳角节点。

2）竖直避让水平（图 4-47）：水平墙外叶墙延伸到竖直墙外叶墙外表面，通过控制竖直墙外叶墙端部到水平墙外叶墙内侧间距 f1、水平墙保温到竖直墙外叶墙内表面的间距 f2 及竖直墙保温端部到水平墙保温内侧间距生成阳角节点。

图 4-45　"节点处外叶和保温调整"对话框

3）参考节点边（图 4-48）：通过控制竖直墙外叶墙和保温端部到阳角水平边的距离 w1、b1 及水平墙外叶墙和保温层端部到阳角竖直边距离 w2、b2，调整与阳角相关联的预制剪力墙。

4）不处理：保持不变，选择不生效。

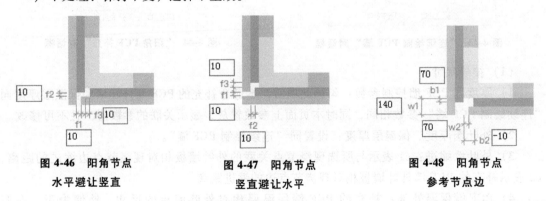

图 4-46　阳角节点
水平避让竖直

图 4-47　阳角节点
竖直避让水平

图 4-48　阳角节点
参考节点边

（2）阴角节点 提供"水平避让竖直""竖直避让水平""参考节点边"和"不处理"四种方式。

1）水平避让竖直（图 4-49）：通过控制水平墙外叶墙端部到竖直墙外叶墙外表面距离

f1、竖直墙外叶墙延伸到水平墙保温层外表面距离 f2，水平墙保温层端部到竖直墙保温层外侧间距 f3、竖直墙保温到水平墙内叶墙外表面间距 f4 调整阴角节点处尺寸。

2）竖直避让水平（图 4-50）：通过控制竖直墙外叶墙端部到水平墙外叶墙外表面距离 f1、水平墙外叶墙延伸到竖直墙保温层外表面距离 f2、竖直墙保温层端部到水平墙保温层外侧间距 f3、水平墙保温到竖直墙内叶墙外表面间距 f4 调整阴角节点处尺寸。

3）参考节点边（图 4-51）：通过控制竖直墙外叶墙和保温端部到阴角水平边的距离 w1、b1 以及水平墙外叶墙和保温层端部到阴角竖直边距离 w2、b2，调整与阴角相关联的预制剪力墙。

4）不处理：保持不变，选择不生效。

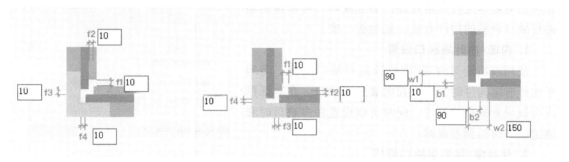

图 4-49　阴角节点水平避让竖直　　图 4-50　阴角节点竖直避让水平　　图 4-51　阴角节点参考节点边

4.5.3　内墙安装面

对于内墙，现场施工时存在正反安装面，可利用"内墙安装面"命令进行设置调整。如图 4-52 所示，单击"内墙安装面"按钮，模型中即显示出已拆分完成的剪力内墙的内墙安装面，单击需要调整安装面方向的内墙，完成调整，右击或按〈Esc〉键可退出修改安装面状态。同时，在墙柱平面布置图及构件详图中可进行对应查看。

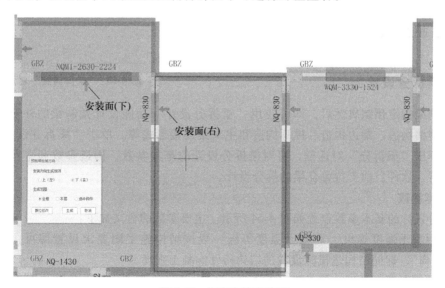

图 4-52　指定内墙安装面

此外，单击"原位修改"按钮，安装面变为可修改状态（颜色变为绿色），每次单击安装面即可修改单个墙的安装面。

4.5.4 排列修改

预制剪力墙"排列修改"的功能和基本操作与4.4.3节预制楼板"排列修改"相同。

4.5.5 缺口调整

单击"缺口调整"按钮，弹出图4-53所示对话框。当墙体平面外有构件对墙产生影响时，可以采用此功能对墙体进行剪切处理，形成缺口。可以预制墙进行缺口调整的构件有板、悬挑板、梁。

1. 内墙/内叶墙缺口设置

使用该功能对内墙/内叶墙进行缺口调整。当墙平面外有梁构件时，可以在内墙形成缺口。在对话框内可以设置缺口的尺寸，同时可以设置在多缺口时和墙边缺口时的调整规则。

2. 外叶墙/保温层缺口设置

使用该功能对外叶墙/保温层进行缺口调整。当外墙平面外有悬挑板构件时，可以在外叶板/保温层形成缺口。在对话框内可以设置缺口的尺寸，同时可以设置在多缺口时和墙边缺口时的调整规则。

3. 生效范围

提供"全楼""本层""选中构件"三种方式，用于设置缺口调整的生效范围。

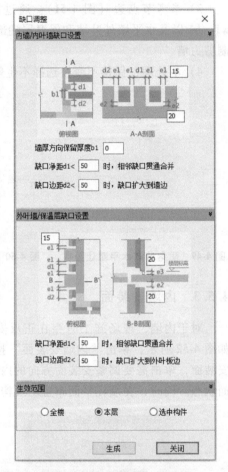

图 4-53 "缺口调整"对话框

4.6 预制梁柱设计

4.6.1 梁拆分设计

为结构梁指定预制属性后，即可使用"梁拆分设计"功能设计预制梁的外形，包括基本尺寸、键槽构造、翻边构造、挑耳构造和主次梁连接形式等。单击"梁拆分设计"按钮，界面左侧弹出"梁拆分"对话框，可对梁拆分设计的基本参数、构造参数和主次梁搭接参数进行设置。软件目前支持叠合梁的拆分设计。

1. 基本参数

梁拆分设计的基本参数设置如图4-54所示。主要参数的含义如下：

（1）混凝土强度等级 混凝土强度等级一般按结构施工图要求设置即可，默认选择"同主体结构"，即同结构建模时设置的结构构件混凝土强度。

（2）预制梁截面类型 提供矩形截面和凹口截面两种形式。矩形截面如图4-54a所示，$h1$为现浇高度，$e1$为板底到矩形截面顶的接缝高度。勾选"自适应板厚"后，软件将根据梁上最厚的板自动计算 h1。凹口截面如图 4-54b 所示，各参数含义同 "矩形截面"，但 h1 不含凹口深度。

（3）预制梁搭接长度　选择 "矩形截面" 后，对话框内显示该参数。此参数用于调整预制梁两端在支座上的搭接长度，包括梁在柱和墙上的搭接长度、次梁在主梁上的搭接长度。

（4）凹口梁截面构造　选择 "凹口截面" 后，对话框内显示该参数。此处参数用于调整凹口梁的凹口尺寸。

2. 构造参数

梁拆分设计的构造参数设置如图 4-55 所示。主要参数的含义如下：

（1）梁端键槽　需要设置梁端键槽时，勾选 "设置梁端键槽"，则下方的键槽具体尺寸和排布参数生效。无须设置梁端键槽时，取消勾选 "设置梁端键槽" 即可。软件提供了非贯通键槽（键槽水平向不通长）和贯通键槽（键槽水平向通长）两种形式，效果如图 4-56 所示。当键槽个数 ≥2 时，可以在示意图参数中设置键槽间距。

a) 矩形截面

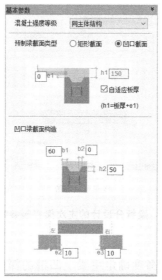

b) 凹口截面

图 4-54　梁拆分设计的基本参数设置

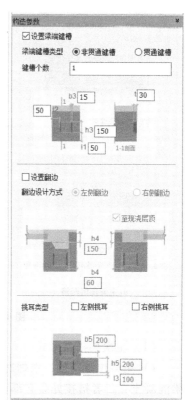

图 4-55　梁拆分设计的构造参数设置

（2）翻边　需要设置梁侧面翻边时，勾选 "设置翻边" 并选择翻边所在侧即可。无须设置梁侧面翻边时，取消勾选 "设置翻边" 即可。翻边设计方式按需选择左右即可，左翻边一般仅设置在梁的室外侧，故仅可选择左侧或右侧。翻边尺寸参数含义见图 4-55 的翻边示意图标识，当希望翻边通顶时，勾选 "至现浇层顶" 即可。

（3）挑耳　需要设计梁挑耳时，可直接根据需要勾选 "左侧挑耳" 或 "右侧挑耳"

147

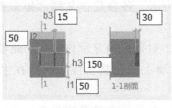 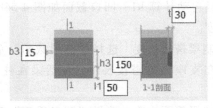

a) 非贯通键槽　　　　　　　　b) 贯通键槽

图 4-56　梁端键槽类型示意

（可同时勾选）。

3. 主次梁搭接参数

梁拆分设计的主次梁搭接参数设置如图 4-57 所示。设计预制梁外形时，可以预设好主次梁搭接形式参数，拆分出的梁外形将自动满足相关要求。如拆分时没有关注此参数，也可通过"主次梁连接"工具修改。主要参数的含义如下：

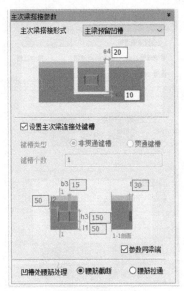 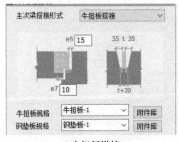

a) 主梁预留凹槽　　　　　　b) 主梁后浇带　　　　　　c) 牛担板搭接

图 4-57　梁拆分设计的主次梁搭接参数设置

（1）主次梁搭接形式

1）主梁预留凹槽：根据次梁高度确定主梁上凹槽的深度，如果次梁底高于主梁，则主梁混凝土在二者搭接处会有部分连通，可参考参数示意图效果。

2）主梁后浇带：与"主梁预留凹槽"类似，但无论次梁高度如何，主次梁节点处的主梁混凝土都会完全断开。

3）牛担板搭接：该做法来源于 15G301-1 图集第 38 页，具体参数含义同示意图标识。针对不同梁，所需的牛担板/钢垫板规格可能不同，此时可通过"附件库"按钮链接到附件库补充、调整附件规格。规格增加后，可通过"牛担板规格"或"钢垫板规格"的下拉框直接选用。

4）不处理：忽略主次梁搭接对于主、次梁构造形式的影响，分别按独立的梁设计。

（2）设置主次梁连接处键槽　搭接形式选为"主梁预留凹槽"或"主梁后浇带"后，可在主梁混凝土断面处设置键槽，增强节点处的抗剪能力。具体参数含义与梁端键槽相同。当勾选"参数同梁端"时，将按梁端键槽参数设计此处键槽（常用做法）。

（3）凹槽处腰筋处理　搭接形式选为"主梁预留凹槽"或"主梁后浇带"后，考虑到施工便利性，非抗扭腰筋可能被截断，此时选择"腰筋截断"即可；反之，选择"腰筋拉通"。

4.6.2　柱拆分设计

为结构柱指定预制属性后，即可使用"柱拆分设计"功能设计预制柱的外形，包括基本尺寸和柱顶、柱底键槽构造。单击"柱拆分设计"按钮，界面左侧弹出"柱拆分"对话框，可对柱拆分设计的基本参数与构造参数进行设置。

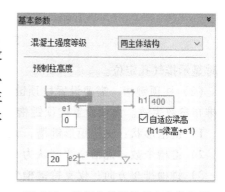

图 4-58　柱拆分设计的基本参数设置

1. 基本参数

柱拆分设计的基本参数设置如图 4-58 所示。

（1）混凝土强度等级　混凝土强度等级一般按结构施工图要求设置，默认选择"同主体结构"，即同结构建模时设置的结构构件混凝土强度。

（2）预制柱高度　如图 4-58 所示，h1 为现浇高度，e1 为梁底到预制柱顶的接缝高度，e2 为柱底到下层楼面的接缝高度。勾选"自适应梁高"后，软件将根据柱上最高的梁自动计算 h1。

2. 构造参数

柱拆分设计的构造参数设置如图 4-59 所示。

（1）柱底键槽

1）设置柱底键槽：需要设置柱底键槽时，勾选"设置柱底键槽"，则下方的键槽具体尺寸和排布参数生效。无须设置柱底键槽时，取消勾选"设置柱底键槽"即可。

2）键槽形状：如图 4-60 所示，软件提供了矩形和井字形两种形式的键槽。

3）键槽个数：键槽个数≥2 时，可以在示意图参数中设置矩形键槽间距，井字形键槽仅支持设置 1 个键槽。

4）键槽排布方向：当键槽形状为矩形，且键槽个数≥2 时，该参数生效；沿长边排布含义为将键槽沿柱长边方向竖向排列，沿短边方向含义类似。

5）居中布置：勾选该参数，则默认居中布置键槽，若取消勾选，则所有键槽边至柱混凝土边缘的距离参数生效，可自由调整。

6）键槽排气孔高度：柱底键槽的排气孔高度参数，出

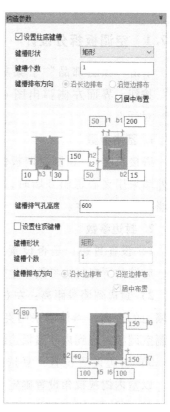

图 4-59　柱拆分设计的构造参数设置

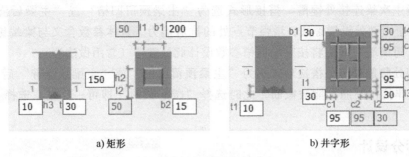

图 4-60　键槽形状示意

图时显示排气孔定位。

（2）柱顶键槽　需要设置柱顶键槽时，勾选"设置柱顶键槽"，则下方的键槽具体尺寸和排布参数生效。无须设置柱顶键槽时，取消勾选"设置柱顶键槽"即可。

1）键槽形状：支持矩形键槽，无法修改。

2）键槽个数：键槽个数默认为1，无法修改。

3）键槽排布方向：仅支持键槽个数为1，该参数暂不开放。

4）居中布置：含义同"柱底键槽"。

4.7　预制部品

4.7.1　空调板拆分设计

单击"预制部品"子菜单中的"空调板拆分设计"按钮，界面左侧弹出图 4-61 所示的"空调板拆分"对话框。

1. 基本参数

搭接长度 c：预制空调板伸入到结构墙边的距离，当外墙采用夹心保温外墙时，该值为空调板深入到内叶墙板边缘的长度。

2. 封边参数

1）设置封边：是否设置封边的总控开关。勾选后，后续的所有封边参数才生效。

2）封边到墙身距离：左右侧封边在近墙端至结构墙墙边的距离，当外墙采用夹心保温外墙时，此值为预制空调板封边到内叶墙板边缘的长度。

3）封边设置位置：复选按钮控制封边生成的位置，以室内俯视视角设置确定"上""左"和"右"。

4）封边尺寸：包括上部封边尺寸 b1 和 h1，分别控制上封边的宽度和高度。

图 4-61　"空调板拆分"对话框

3. 滴水线槽参数

1）设置滴水线：滴水线槽是否生成的总控开关。勾选后，后续的滴水参数才可以生效。

2）滴水线槽位置：复选按钮控制滴水线槽生成的位置，以室内俯视视角设置确定"上""左"和"右"。

3）滴水线槽尺寸：包括滴水线槽边到板边距离 d、滴水槽下部宽度 b2、滴水槽上部宽度 b3 和滴水槽深度 h2。

4.7.2 阳台板拆分设计

单击"预制部品"子菜单中的"阳台板拆分设计"按钮，界面左侧弹出"阳台板拆分"对话框。如图 4-62 和图 4-63 所示，软件支持"全预制板式阳台"和"叠合板式阳台"两种类型。

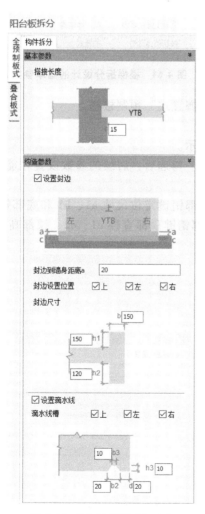

图 4-62 "全预制板式阳台"拆分设计对话框

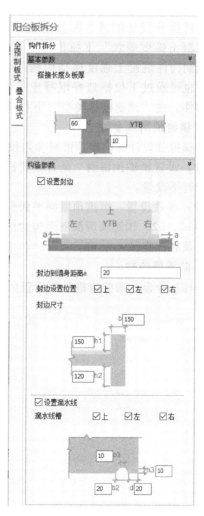

图 4-63 "叠合板式阳台"拆分设计对话框

1. 全预制板式阳台

封边尺寸参数包括上部封边高度 h1、下部封边高度 h2 和封边宽度 b，其他参数含义可参考空调板的相关说明。

2. 叠合板式阳台

基本参数中的板厚 d 指叠合板式阳台预制板部分（不含封边）的厚度，其他参数含义可参考空调板的相关说明。

4.7.3 楼梯拆分设计

单击"预制部品"子菜单中的"楼梯拆分设计"按钮，界面左侧弹出"楼梯拆分"对话框，可对楼梯拆分设计的基本参数、销键预留洞参数、防滑槽参数、滴水线参数和踏步倒角参数进行设置。设置好楼梯拆分参数后，选择（单选或框选）已有梯板，即可完成楼梯拆分。右击或按〈Esc〉键可退出"楼梯拆分设计"对话框。

1. 基本参数

楼梯拆分设计的基本参数设置如图 4-64 所示。在"混凝土强度等级"下拉框中，"同主体结构"是指预制构件混凝土强度同结构构件设定的混凝土强度，也可通过下拉框选择混凝土强度等级指定给

图 4-64　楼梯拆分设计的基本参数设置

预制构件。在"预制楼梯类型"下拉框中，可选择"搁置式"预制楼梯。

2. 销键预留洞参数

楼梯拆分设计的销键预留洞参数设置如图 4-65 所示。

（1）设置销键预留洞　是否设置销键的总控开关。勾选后，后续的参数设置才能生效，不勾选时不设置。

（2）参数设置　销键预留洞平面包含的参数有顶部销键定位尺寸 a1、b1 和底部销键定位尺寸 a2、b2。销键预留洞剖面包含的参数有顶/底部销键顶部直径 c1、c2，顶部高度 h1、h2，以及底部直径 d1、d2。

3. 防滑槽参数

楼梯拆分设计的防滑槽参数设置如图 4-66 所示。

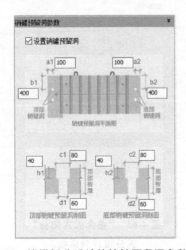

图 4-65　楼梯拆分设计的销键预留洞参数设置

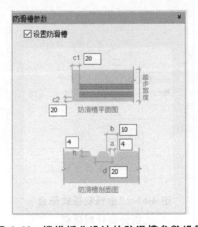

图 4-66　楼梯拆分设计的防滑槽参数设置

（1）设置防滑槽 勾选"设置防滑槽"，可在每步踏步处设置防护槽，不勾选时不设置。

（2）防滑槽参数 防滑槽平面包含的参数有防滑槽边距 c1 和防滑槽定位 c2。防滑槽剖面包含的参数有防滑槽底面宽度 a、顶面宽度 b、深度 h 和防滑槽中心距 d。

4. 滴水线参数

楼梯拆分设计的滴水线参数设置如图 4-67 所示。

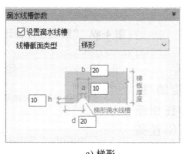
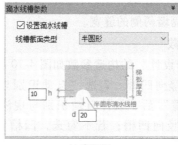

a) 梯形   b) 半圆形

图 4-67 楼梯拆分设计的滴水线参数设置

（1）设置滴水线槽 勾选"设置滴水线槽"，可在梯板背面侧边设置滴水线槽，不勾选时不设置。

（2）滴水线槽截面类型 线槽截面类型可选梯形和半圆形。

5. 踏步倒角参数

楼梯拆分设计的踏步倒角参数设置如图 4-68 所示。

（1）设置踏步倒角 勾选"设置踏步倒角"，可在梯板踏步阳角和阴角设置倒角，不勾选时不设置。

（2）踏步倒角截面类型 踏步倒角类型支持圆角。

4.8 围护结构设计

围护结构拆分设计功能位于"方案设计"选项卡→"围护结构"子菜单，包含隔墙拆分设计、梁带隔墙拆分设计、外挂墙板拆分设计、预制飘窗拆分设计和墙上飘板拆分设计。

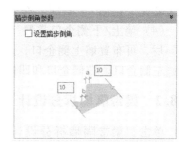

图 4-68 楼梯拆分设计的踏步倒角参数设置

4.8.1 隔墙拆分设计

单击"隔墙拆分设计"按钮，界面左侧弹出"预制隔墙拆分"对话框，对话框中的参数主要包含基本参数和构造参数两部分。设置拆分参数后，选择预制隔墙进行拆分，即可完成预制隔墙预制构件的外形设计。

1. 基本参数

"隔墙拆分设计"的基本参数如图 4-69 所示。

（1）混凝土强度等级 预制隔墙的混凝土强度等级，"同主体结构"是指预制构件混凝土强度同结构构件设定的混凝土强度，也可通过下拉菜单选择混凝土强度等级指定给预制构件。

（2）墙上下侧接缝　墙上侧接缝为预制混凝土隔墙顶部到梁底或板底之间的间距；墙下侧接缝为预制混凝土隔墙底部到层底的间距，以满足预留坐浆缝的施工工艺要求。

（3）墙左右侧接缝　墙左右侧接缝为隔墙侧面与其他墙体连接时隔墙两侧的缝宽。

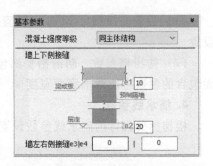

图 4-69　"隔墙拆分设计"的基本参数

2. 构造参数

"隔墙拆分设计"的构造参数如图 4-70 所示。

（1）设置竖向凹槽　勾选"自动识别与现浇墙/柱相连的墙端设置"后，软件自动识别与现浇墙/柱相连的墙端，布置竖向凹槽；若不勾选，凹槽设置位置亮显，可勾选设置"左侧""右侧"布置竖向凹槽。

（2）设置竖向模板压槽　勾选"自动识别与现浇墙/柱相连的墙端设置"后，软件自动识别墙墙/墙柱相连的墙端，布置竖向模板压槽；若不勾选，压槽设置位置亮显，可勾选设置位置 1、2、3、4 布置竖向模板压槽。

（3）设置水平模板压槽　勾选"自动识别梁下隔墙的顶端设置"后，软件自动识别梁下隔墙的顶端设置，布置水平模板压槽；若不勾选，压槽设置位置亮显，可勾选设置"左侧""右侧"布置水平模板压槽。

（4）墙上/下侧企口类型　勾选"墙上/下侧企口类型"后，可布置墙上侧企口，提供下拉菜单设置企口类型：左侧企口、右侧企口和凹口。

4.8.2　梁带隔墙拆分设计

单击"梁带隔墙拆分设计"按钮，界面左侧弹出"梁带隔墙拆分"对话框，对话框中的参数主要包含基本参数、构造参数和填充参数三部分。设置拆分参数后，选择梁带隔墙进行拆分，完成梁带隔墙预制构件的外形设计。

1. 基本参数

"梁带隔墙拆分设计"的基本参数如图 4-71 所示。

（1）保温类型　可选择夹心保温层、无保温两种类型，如图 4-72 所示。当外围护结构采用夹心保温梁带隔墙时，可选择"夹心保温层"。当采用无保温时，可选择无保温。当需要在隔墙内添加减重板时，可通过预埋件布置功能实现。

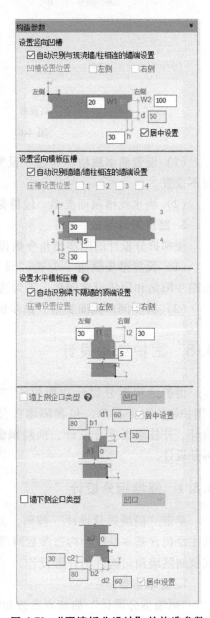

图 4-70　"隔墙拆分设计"的构造参数

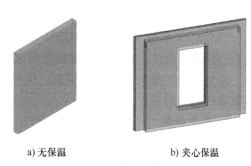

a) 无保温　　　　　　　　b) 夹心保温

图 4-71　"梁带隔墙拆分设计"的基本参数　　　　**图 4-72　梁带隔墙保温类型**

（2）保温层厚度、外叶板厚度　当选择为夹心保温梁带隔墙时，这两个参数亮显，需输入保温层厚度及外叶板厚度，与夹心保温剪力墙外墙设计中参数含义一致。可选择"自定义"和"同预制外墙"两种方式进行参数设置。

（3）墙底部接缝高度　墙底部接缝高度为梁带隔墙至层底的距离，根据施工工艺要求，需要预留坐浆缝，可在此处进行设置。

2. 构造参数

"梁带隔墙拆分设计"的构造参数如图 4-73 所示。

（1）内外叶墙板边距　当梁带隔墙的保温类型选择"夹心保温"时，此参数生效。w1 和 w2 为梁带隔墙左、右两侧外叶板与内叶板的长度方向边距；d1 和 d2 为梁带隔墙左、右两侧外叶板与保温层的长度方向边距。其中，w1、d1 是指从梁带隔墙内墙侧向外墙侧观察时的左侧边距参数，而 w2、d2 是指按此方向观察时的右侧边距参数。

（2）其他参数　参考预制剪力墙相关参数设计。

3. 填充参数

"梁带隔墙拆分设计"的填充参数如图 4-74 所示。PKPM-PC 软件支持在无保温剪力墙中设置填充板以达到墙体减重的目的。当梁带隔墙的保温类型选择"无保温"时，此部分参数生效。软件支持是否设置填充的控制，勾选"设置填充"后，下方填充上下边距、左右边距、厚度边距、洞口边距等参数生效，输入边距值以确定填充板的定位及大小。主要参数含义如下：填充上边距为填充板上边界至梁底部的距离；填充下边距为填充板下边界至隔墙底部的距离；填充左右边距为填充板左右侧边界至隔墙左右侧的距离；填充洞口边距为填充板洞口周围边至洞口边缘的距离。

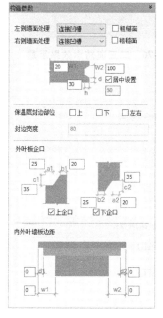

图 4-73　"梁带隔墙拆分设计"的构造参数

图 4-74　"梁带隔墙拆分设计"的填充参数

4.8.3 外挂墙板拆分设计

PKPM-PC 软件支持根据 16G333 16J110-2《预制混凝土外墙挂板》的相关要求，进行点连式外挂墙板设计。在对外挂墙板进行预制属性后，单击"外挂墙板拆分设计"按钮，弹出"点连接外挂墙板拆分"对话框，设置拆分参数，选择外挂墙板进行拆分，完成外挂墙预制构件的外形设计。

1. 基本参数

"外挂墙板拆分设计"的基本参数如图 4-75 所示。

（1）保温类型　可选择夹心保温、无保温两种类型。

（2）保温层厚度、保温层边距　当保温类型选择"夹心保温"后，保温层厚度及保温层边距输入框亮显，可设置。其中：ds1 为保温层上/下边至墙顶/底边的距离；ds2 为保温层左/右边至墙左/右边的距离；dw 为保温层洞口周围边至离洞口边缘的距离；dc 为保温层在外挂墙板连接节点周围边至连接节点边缘的距离。

（3）设置二三道防水　"二三道防水"为建筑防水构造措施。勾选此项，可在挂板上下连接处设置二三道防水构造，效果如图 4-76 所示。

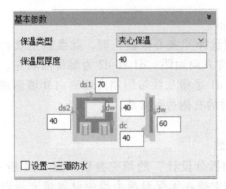

图 4-75　"外挂墙板拆分设计"的基本参数

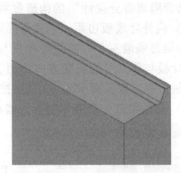

图 4-76　二三道防水效果示意

2. 拆分参数

"外挂墙板拆分设计"的拆分参数如图 4-77 所示。

（1）外挂墙板最大宽度　输入预制外挂墙板最大宽度后，软件自动选取外挂墙板除去洞口宽度及洞口侧预留宽度后的板宽段长度/最大宽度值向上取整作为该墙段的拆分段数量，进行等分拆分，拆分段长度按照 100 取整，余数在最后一段墙板上体现。

（2）外挂墙板接缝宽度　当一块外挂墙板总宽大于"外挂板最大宽度"限制时，该片墙将被拆分为多个外挂墙板预制构件，此参数即多个外挂墙板之间的接缝值。

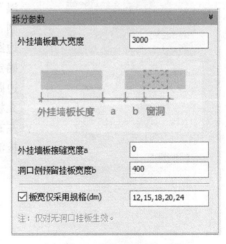

图 4-77　"外挂墙板拆分设计"的拆分参数

（3）洞口侧预留挂板宽度 当该外挂墙板上存在洞口时，软件将自动在洞口边预留一定宽度的挂板，此宽度取值为"洞口侧预留挂板宽度"。

（4）板宽仅采用规格 当外挂板拆分需要采用固定规格挂板时，可勾选此项，在此处输入可采用的挂板宽度值，以分米（dm）为单位。注意此项参数仅对无洞口的挂板生效，存在洞口的外挂墙板暂不支持。

3. 连接节点

"外挂墙板拆分设计"的连接节点参数如图 4-78 所示。

（1）设置连接节点 控制是否进行连接节点设置。

（2）连接节点数量 勾选"设置连接节点"后，此参数亮显，可手动输入外挂墙板需设置连接节点的数量。

（3）连接节点定位及尺寸 勾选"设置连接节点"后，此部分参数亮显。其中：ds1 和 ds2 分别为最左侧和最右侧两个节点侧边至墙边的距离；dc 为连接节点底部至外挂墙板底部的距离；b、t、h 分别为连接节点的宽度、厚度和高度。

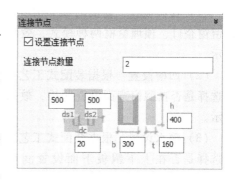

**图 4-78 "外挂墙板拆分设计"的
连接节点参数**

4.8.4 预制飘窗拆分设计

单击"预制飘窗拆分设计"按钮，弹出图 4-79 所示对话框，设置拆分参数后，进行预

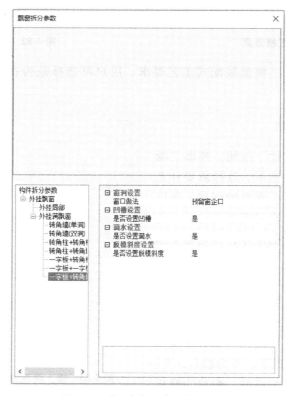

图 4-79 "飘窗拆分参数"对话框

制飘窗的拆分。预制飘窗拆分设计对话框界面左下侧为飘窗类型划分，类型与飘窗建模中保持一致，一级分类包括外挂局部飘窗与外挂满飘窗，其中在外挂满飘窗中又包含转角墙飘窗、转角柱飘窗、一字板飘窗及相应做法混合飘窗。界面右下侧为拆分设计参数界面，目前所有类型凸窗拆分参数均提供窗洞做法、凹槽做法、滴水做法、脱模斜度等参数设置。现以外挂局部飘窗为例介绍具体参数。

（1）窗洞设置　窗洞的细部构造设置，提供预留窗企口、预埋窗框两种模式，效果如图 4-80 所示。

（2）凹槽设置　根据装配式工艺要求，用户可选择是否在飘窗背面设置凹槽，效果如图 4-81 所示。

（3）滴水设置　根据装配式工艺要求，用户可选择是否在上下飘板下面设置滴水，效果如图 4-82 所示。

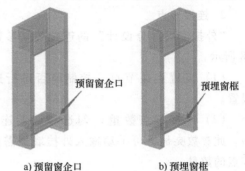

a) 预留窗企口　　　　b) 预埋窗框

图 4-80　窗口做法效果

图 4-81　凹槽效果

图 4-82　滴水效果

（4）脱模斜度设置　根据装配式工艺要求，用户可选择是否在侧板、飘板位置设置斜度。

4.8.5　墙上飘板设计

单击"墙上飘板设计"按钮，弹出"墙飘板"对话框，设置参数后，选择需要补充飘板的墙洞口，完成墙上飘板的创建。可以进行墙上飘板设计需要满足两个条件，一是需要已经完成预制拆分的墙体，二是需要选择预制墙板上洞口。

1. 基本参数

基本参数设置页面如图 4-83 所示。

（1）起点、终点、偏移　对于"上、下、左、右"飘板，可以输入起点、终点参数来控制飘板的长度，以下、左为起点，上、右为终点。以远离洞口为正值。偏移为飘板

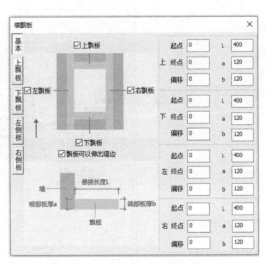

图 4-83　墙上飘板设计的基本参数设置

偏移出洞口的值。

（2）L、a、b 控制飘板的截面，L 为飘板的悬挑长度，a 为飘板根部的厚度，b 为飘板端部的厚度。

2. 配筋参数

通过飘板工具可以设置上飘板、下飘板、左侧板和右侧板的配筋参数。图 4-84 所示为上飘板配筋参数设置页面。

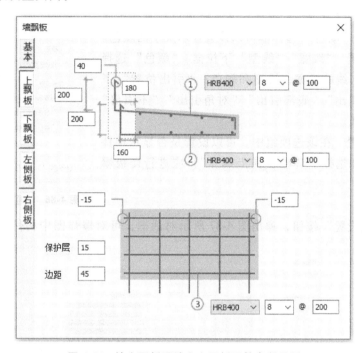

图 4-84 墙上飘板设计之上飘板配筋参数设置

3. 飘板删除

单击"墙上飘板设计"右侧下拉框内的"墙上飘板删除"命令，选择预制墙洞口，删除该洞口上的飘板。

4.9 爆炸图

使用爆炸图功能，生成对应自然层的爆炸图模型，生成的爆炸图模型会在项目树-爆炸图中显示，每一自然层仅能生成一个对应的爆炸图。单击"爆炸图"按钮，软件载入"户型爆炸图"操作界面，其菜单功能如图 4-85 所示。

图 4-85 "爆炸图"菜单

4.9.1 爆炸图设置

1. 通用设置

单击"通用设置"按钮,弹出图 4-86 所示对话框,可对爆炸图中的文字、引线和显示内容进行设置。

（1）文字设置 "文字样式"下拉框可以设置"宋体""黑体"两种字体;"字高""字宽"文本框可以设置显示文字的字高和字宽;"颜色"选择框可以设置显示文字的颜色。

（2）引线设置 "线宽""线型"下拉框、"颜色"选择框可以设置构件引线的线宽、线型和颜色;"引出位置"下拉框提供"上部引出""底部引出""对角引出""不引出"四种引线显示模式。

（3）显示设置 在该选项组中,可以设置是否显示构件的编号和重量;如选择了"楼板向上爆炸",应进行楼板爆炸高度设置。

图 4-86 "通用设置"对话框

2. 颜色设置

单击"颜色设置"按钮,弹出图 4-87 所示对话框,可对爆炸图中构件颜色与透明度进行设置。

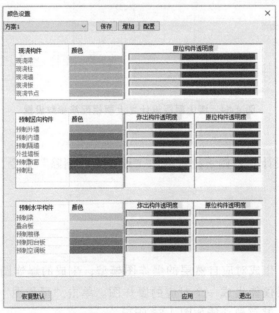

图 4-87 "颜色设置"对话框

3. 轴网显示

单击"轴网显示"按钮,可控制显示或隐藏轴网。

4.9.2 生成爆炸图

（1）生成爆炸图 选择某一自然层,单击"生成爆炸图"按钮,生成该自然层的爆炸图。当目标自然层已经生成过爆炸图，再次生成爆炸图会将已有目标自然层爆炸图覆盖。

（2）构件移动 单击"构件移动"按钮，选择需要移动的构件，可以将构件移动到目标位置。

（3）导出图片 选择某个爆炸图视图，单击"导出图片"按钮，在弹出的对话框内选择保存路径后，软件自动生成截图，并将爆炸图导出到用户设置的保存位置。此外，单击"图片属性"按钮，可以对导出图片的背景色、尺寸与分辨率进行设置。

（4）退出 单击"退出环境"按钮，退出爆炸图操作界面。

4.10 方案设计操作实例

本节在3.8节建立的框架结构模型基础上，以第二标准层为例，进一步介绍方案设计阶段的操作方法。

4.10.1 前处理

1. 打开模型

使用 PKPM-PC 软件打开3.8节建立的结构模型，切换至"方案设计"选项卡，并在视图浏览器中将当前视图切换至"标准层2"。

2. 梁合并

对于3.8节框架结构案例，由于结构模型中未布置剪力墙与挑板，因此前处理阶段仅需执行"梁合并"命令，将结构建模过程中被主次梁节点打断的主梁进行合并。具体操作如下：

单击"前处理"子菜单中的"梁合并"按钮，在弹出的"梁合并"对话框内勾选"只合并主梁"，在图面上利用左键框选要进行合并的梁，完成主梁合并操作。本例中，可将本层结构模型全部框选，软件会自动判断需要进行合并的梁段，并进行合并操作。若对合并结构不满意或需要取消合并操作，可通过"前处理"子菜单中的"相互裁切"与"相互打断"命令进行修改。主梁合并前后的对比示意如图4-88所示。

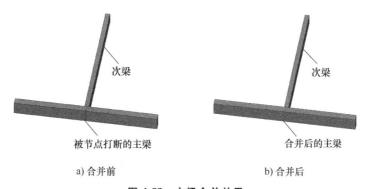

a) 合并前   b) 合并后

图 4-88 主梁合并效果

此外，为方便观察梁构件，在使用 PKPM-PC 软件时，可通过操作界面右上角的视图盒切换三维视角；并可利用界面下侧的快捷工具栏，通过"一键隐板""一键隐柱"等命令进行构件隐藏/显示的切换操作。图4-89所示为一键隐板和切换至三维视角后的效果。

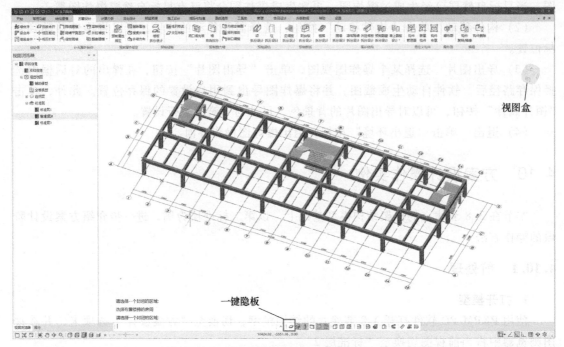

图 4-89　一键隐板和切换至三维视角后的效果

4.10.2　维护结构建模

　　该框架建筑案例中需对外围护墙与内隔墙进行补充建模。PKPM-PC 软件中提供了"梁带隔墙""隔墙"和"外挂墙板"三种隔墙建模方式。采用"梁带隔墙"时，软件在梁底生成隔墙，并将隔墙与上方的梁作为一个整体参与预制构件设计；采用"隔墙"时，软件在梁底生成隔墙，并将隔墙作为单独的预制构件进行设计；而"外挂墙板"主要适用于外围护墙，使用该命令时，在两侧边生成外挂墙板。三种类型隔墙的布置效果如图 4-90 所示。

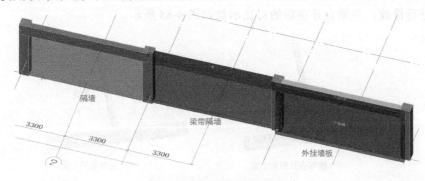

图 4-90　隔墙布置效果对比

　　本例中，采用"隔墙"方式进行外围护墙体与内隔墙定义，墙体位置按图 3-69 所示的建筑平面图确定。隔墙建模的具体操作如下：

1. 布置隔墙

（1）隔墙截面定义　单击"隔墙建模"按钮，操作界面左侧弹出"隔墙布置"对话框，单击"增加"按钮，在弹出的"隔墙界面定义"对话框内（图 4-91）将厚度设置为 200mm，材料类别从下拉框内选择"蒸压加气混凝土 ALC"后，单击"确定"按钮。软件自动将定义好的截面添加至"隔墙布置"对话框的截面列表内（图 4-92）。

（2）隔墙布置　如图 4-92 所示，在"隔墙布置参数"对话框内，选择布置方式，并设置定位线、对齐方式与偏移距离。以外围护墙布置为例，定位线选择"墙中心线"，偏移距离设置为"0"，布置方式选择

图 4-91　"隔墙截面定义"对话框

"框选"，在图面上框选外墙所在轴线即可完成外围护墙布置。外围护墙布置完成后，按照上述方法，根据建筑平面图完成内隔墙布置操作。隔墙布置时，可利用"一键隐梁"功能切换隐藏或显示梁构件，便于隔墙布置观察。隔墙布置结果如图 4-93 所示。

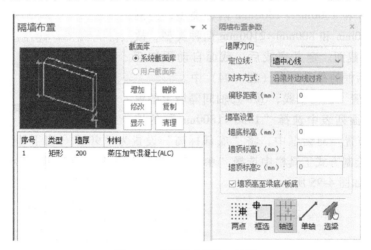

图 4-92　"隔墙布置"对话框

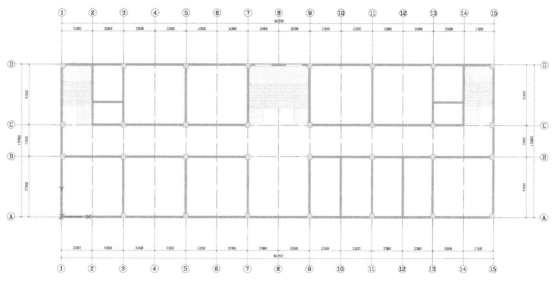

图 4-93　隔墙布置结果

此外由于该案例平面布置具有对称性，可利用"方案设计"选项卡中的"构件复制/镜像"命令更方便地完成隔墙与建模操作。当需要删除已布置的隔墙时，可利用"方案设计"选项卡中的"构件删除"命令进行删除操作。

隔墙布置完成后，根据设计需要可利用"墙合并"命令对由节点打断的隔墙进行合并操作。

2. 布置隔墙洞口

根据建筑平面图所示门窗洞口位置与尺寸在隔墙上布置洞口。主要操作步骤如下：

（1）洞口截面定义 Ribbon 菜单切换至"结构建模"选项卡，单击"墙洞"按钮，界面左侧弹出"墙洞布置"对话框。单击"添加截面"按钮，在弹出的"洞口截面定义"对话框内（图 4-94）将截面形状选择为"矩形"，B 和 H 分别填入洞口宽度与高度，单击"确定"按钮完成洞口截面定义。本例中，窗洞口有 1800mm×1800mm 和 1500mm×1800mm 两种类型，门洞口有 900mm×2100mm 和 800mm×2100mm 两种类型，故需定义四种洞口截面。定义完成后，截面自动添加至"墙洞布置"对话框的截面列表（图 4-94）中。

图 4-94 墙洞截面列表

（2）洞口布置 以①轴线，Ⓑ~Ⓒ轴间隔墙上的窗洞口为例，在截面列表中选择"1500×1800mm"的墙洞截面，"墙洞布置"对话框中，将"底部标高"设置为"900"（窗下墙至结构楼面的高度为 900mm），绘制方式工具栏中选择"中点"，然后在图面上单击Ⓑ~Ⓒ轴间的墙体完成洞口布置，结果如图 4-95 所示。

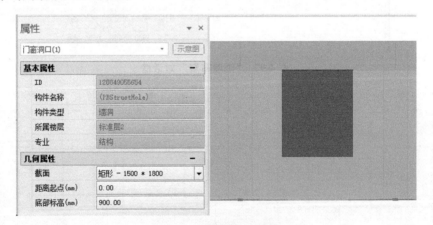

图 4-95 ①轴窗洞口布置

根据建筑平面图的窗洞口位置，按上述操作完成其余窗洞口布置。

对于门洞口布置，将"墙洞布置"对话框中的"底部标高"设置为"0"，然后按照窗洞口布置的方法完成门洞布置。隔墙洞口布置的结果如图 4-96 所示。

4.10.3 预制属性指定

Ribbon 菜单切换至"方案设计"选项卡，单击"预制属性指定"按钮，弹出图 4-97 所

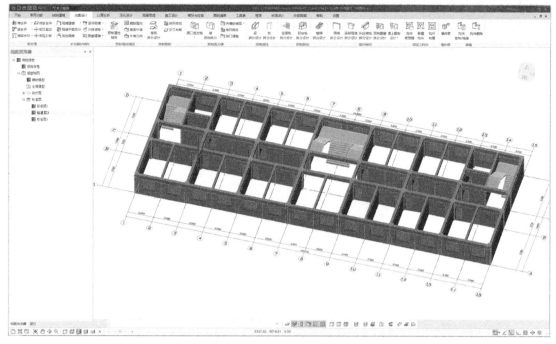

图 4-96 隔墙洞口布置结果

示的对话框。

1. 预制板属性指定

在图 4-97 所示的对话框中，勾选"预制板"，图面上用鼠标框选需要指定预制属性的板，软件自动完成板属性指定。本例中，除了楼梯间和卫生间采用现浇混凝土板，其余房间采用预制板。

2. 预制梁柱属性指定

在图 4-97 所示的对话框中，勾选"预制梁"和"预制柱"，然后在图面上框选梁和柱构件，软件自动完成梁柱属性指定。注意，若在围护结构建模时使用了"一键隐梁"功能，对预制梁进行属性指定前，需取消"一键隐梁"功能，在图面显示梁构件后再进行框选，完成属性指定操作。

3. 预制隔墙属性指定

在图 4-97 所示的对话框中，勾选"预制隔墙"，然后在图面上框选梁和柱构件，软件自动完成隔墙属性指定。

图 4-97 "预制属性指定"对话框

4.10.4 预制构件设计

1. 楼板拆分设计

Ribbon 菜单切换至"方案设计"选项卡，单击"楼板拆分设计"按钮，界面左侧弹出"板拆分"对话框。以钢筋桁架叠合板为例，在对话框内，接缝类型选择"整体式（双向叠合板）"，拆分方式选择"等分"，等分方式选择"等分数"，其余参数取系统默认值（读者可自行尝试其他板拆分设计方式）。参数设置完成后，在图面上单击或框选需要进行拆分的预制板，软件自动完成楼板拆分设计，结果如图 4-98 所示。若对拆分结果不满意，可利用 "排列修改" 功能进行进一步的细化调整。

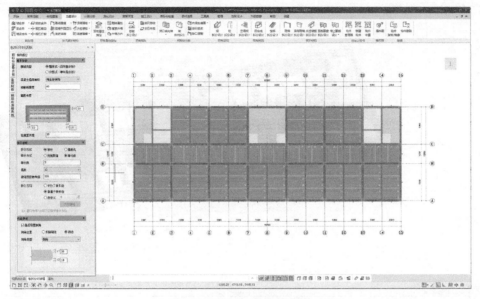

图 4-98　楼板拆分设计结果

2. 梁拆分设计

单击 "梁拆分设计" 按钮，界面左侧弹出 "梁拆分" 对话框。本例中，将 "预制梁截面类型" 设置为 "凹口截面"，凹口截面参数 b2 和 h2 分别设置为 30mm 和 70mm，"键槽个数" 设置为 "1"，"主次梁搭接形式" 设置为 "主梁预留凹槽"，其余参数取系统默认值。参数设置完成后，在图面上单击或框选需要进行拆分的预制梁，软件自动完成梁拆分设计。图 4-99 所示为局部的预制梁拆分设计结果。

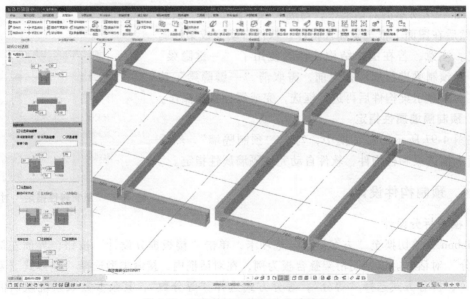

图 4-99　局部的预制梁拆分设计结果

3. 柱拆分设计

单击"柱拆分设计"按钮，界面左侧弹出"柱拆分"对话框。本例中，勾选"设置柱顶键槽"，其余参数取系统默认值。参数设置完成后，在图面上单击或框选需要进行拆分的预制柱，软件自动完成柱拆分设计。图 4-100 所示为局部的预制柱拆分设计结果。

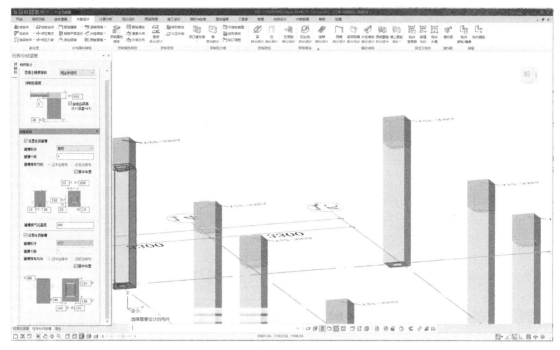

图 4-100　局部的预制柱拆分设计结果

至此，案例建筑标准层 2 的方案设计完成，最终效果如图 4-101 所示。

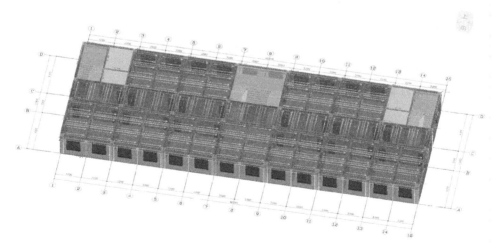

图 4-101　标准层 2 方案设计效果

4. 标准层到自然层

本例中，方案设计操作在"标准层"视图下完成，可利用 PKPM-PC 软件的"标准层到自然层"功能,将预制构件属性与拆分设计方案复制到自然层。Ribbon 菜单切换至"工具集"选项卡,"预制构件复制"子菜单单击"标准层到自然层"按钮,弹出图 4-102 所示的对话框。"源楼层"选择"标准层 2",软件根据楼层组装方案在"目标楼层"内自动勾选"自然层 2"和"自然层 3"。根据需要选择自然层后,单击"确定"按钮,软件自动完成标准层到自然层的预制构件拆分设计方案复制。

图 4-102 "标准层复制"对话框

按照相同方式,可完成本案例标准层 1 和标准层 3 的装配式方案设计。

4.11 本章练习

1. 利用 PKPM-PC 进行装配式混凝土结构方案设置时,为何要进行"梁合并"操作。

2. 简述 PKPM-PC 软件中,隔墙、梁带隔墙和外挂墙板的区别。

3. 简述 PKPM-PC 软件中,进行围护结构方案设计的基本步骤。

4. 如何生成剪力墙现浇段?

装配式结构计算分析 第5章

本章介绍：

第4章介绍了利用 PKPM-PC 软件进行装配式混凝土结构方案设计的方法。在完成装配式混凝土结构方案设计后，通常需要对结构装配率、预制率等进行检查，判断方案设计结果是否满足相应设计要求与国家或地方标准、规定。此外，考虑生产、运输与施工条件的影响，还需要对预制构件的重量与尺寸进行检查，对于超重、超长或超高的构件需要重新确定拆分方案。可以说，指标统计与检查是对装配式方案设计合理性进行判断的主要依据。只有通过了指标检查的模型，才能进行后续的计算分析与深化设计工作。为此，本章首先介绍 PKPM-PC 软件中装饰率指标统计与重量、尺寸检查的方法，然后对装配式结构计算分析的主要步骤进行简要说明，为后续深化设计内容的介绍做准备。

此外，学习本章时需注意，PKPM-PC 软件中装配式结构的计算分析是通过调用 PKPM 结构设计模块实现的，因此学习本章内容前，需结合本书第2章，对 PKPM 结构设计模块的结构建模、SAWTE 内力计算分析有较为全面的了解。

学习要点：

- 掌握装配率指标计算方法与结果查看。
- 掌握装配式结构计算分析的主要步骤。
- 了解我国不同地区装配率指标计算的相关要求。

5.1 指标统计与检查

装配式结构设计时，需要对方案设计阶段建立的装配式拆分方案进行装配率指标与构件信息检查，以满足装配式结构设计与施工要求。如图 5-1 所示，PKPM-PC 软件中，装配式结构指标统计与检查功能位于 Ribbon 菜单"指标与检查"选项卡。

图 5-1 "指标与检查"选项卡

5.1.1 重量与尺寸检查

1. 重量检查

该功能用于检查模型中是否存在超出重量限制的构件。单击"重量检查"按钮，弹出

图 5-2 所示的对话框，在对话框内可设置各类预制构件的最大重量。预制构件的最大重量一般需结合工厂生产、构件运输，施工吊装与安装等要求综合确定。设置完成各类构件的最大重量后，单击"检查"按钮，软件自动对各构件重量是否超限进行检查。检查完成后，软件自动弹出图 5-3 所示的"检查结果"对话框。对话框将显示超限构件所在楼层、构件类型及问题描述等信息，双击任一条记录，软件自动将图面跳转至该构件所在位置，并将超限构件亮显，方便进行查看。对于重量检查未通过的构件，应返回"方案设计"选项卡，对该构件的拆分方案进行修改。

图 5-2 "重量检查"对话框

2. 尺寸检查

该功能用于检查模型中是否存在超出尺寸限制的构件。单击"尺寸检查"按钮，弹出图 5-4 所示的对话框，在对话框内可设置各类预制构件的最大尺寸（最大长度和最大高度）。执行尺寸检查的原因、操作方法与重量检查类似。

图 5-3 "检查结果"对话框

图 5-4 "尺寸检查"对话框

5.1.2 装配率计算

装配率计算位于"指标与检查"选项卡→"指标统计"子菜单。指标统计工具是基于拆分后的装配式模型（根据已有编号结果，统计自然层的拆分信息）对预制构件进行相关指标统计。目前软件提供了包括北京预制率统计、国标装配率计算、通用装配率计算、江苏预制装配率、江苏三板统计、上海地区指标、南京标准化率，以及深圳、浙江、河北、广东、湖南、四川、福建、安徽、江西装配率计算在内的功能。

装配率计算大致分为参数设置、自动计算及查看结果与报告书三个环节。本节以"国标装配率""深圳装配率"和"北京预制率"为例，说明装配率计算的主要操作。

1. 国标装配率

根据 GB/T 51129—2017《装配式建筑评价标准》进行国标装配率指标统计。需注意，装配率指标统计需在自然层视图下进行，并应先行生成构件编号（构件编号功能位于"图纸清单"选项卡→"编号"子菜单）。

单击"国标装配率"按钮，弹出图 5-5 所示的"装配率计算"对话框。对话框左侧可进行总体信息及各评价项的切换，进行相应的计算设置。所有页面设置完成后单击"计算"按钮，可直接弹出各项计算结果，也可单击"生成报告书"输出为装配率计算书 Word 文档保存至计算机中，位置在模型所在路径的同名文件夹中。

图 5-5　"装配率计算"对话框

（1）总体信息　在总体信息页面，设置预制方案相同楼层，其他分项可直接继承，避免多次输入。如图 5-6 所示，选择相同楼层，则楼层 3 按楼层 2 结果计算。当需要单独设置统计时，取消勾选相应楼层即可。"国标装配率"命令提供自动获取地下室层数功能，默认地下室不参与统计。

图 5-6　相同楼层功能

（2）主体结构　主体结构计算参数分为竖向构件和水平构件两个页面。其中竖向构件页面如图 5-7 所示。

1）自动计算该项：软件中提供了竖向构件的两种统计方式，即手动输入或自动计算，可通过是否勾选"自动计算该项"进行切换。

2）相同楼层同总信息：软件默认勾选该项，楼层统计结果同总信息的楼层设置；若取消勾选该项，则可单独设置与其相同楼层，简化计算结果。

3）包含该项：软件默认勾选该项，此时该项目计入 Q1 分子部分；若取消勾选包含该项，则将该部分得分计入 Q4 分母的扣除项中，具体参照 GB/T 51129—2017《装配式建筑评价标准》（以下简称《标准》）第 4.0.1 条的相关要求。

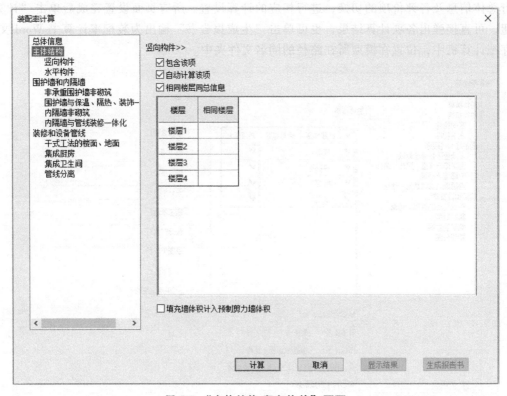

图 5-7　"主体结构-竖向构件"页面

装配率应根据《标准》中表 4.0.1 中评价项分值按下式计算

$$P = \frac{Q_1 + Q_2 + Q_3}{100 - Q_4} \times 100\%$$

式中　P——装配率；

　　Q_1——主体结构指标实际得分值；

　　Q_2——围护墙和内隔墙指标实际得分值；

　　Q_3——装修与设备管线指标实际得分值；

　　Q_4——评价项目中缺少的评价项分值总和。

对于后浇混凝土部分是否计入预制率计算，《标准》中第 4.0.3 条的要求如下：

当符合下列规定时，主体结构竖向构件间连接部分的后浇混凝土可计入预制混凝土体积计算：

1）预制剪力墙墙板之间宽度不大于 600mm 的竖向现浇段和高度不大于 300mm 的水平后浇带、圈梁的后浇混凝土体积。

2）预制框架柱和框架梁之间柱梁节点区的后浇混凝土体积。

3）预制柱间高度不大于柱截面较小尺寸的连接区后浇混凝土体积。

PKPM-PC 软件根据上述要求对预制梁柱节点后浇区高度进行判断，当梁柱后浇区高度不大于柱截面较小尺寸时，该高度范围内的混凝土体积可计入预制柱混凝土体积中；反之不计入。对于剪力墙板间水平接缝不大于 300mm 时，可将接缝处后浇混凝土体积计入预制剪力墙体积中；对于剪力墙竖向现浇段的计入规则如下：

1）一字形连接。一字形墙处连接两段预制墙，当两段预制墙间后浇段尺寸不大于 600mm 时，此现浇段计入预制混凝土体积；一字形墙处只连接一片预制墙，现浇段不计入。

2）T 形连接。T 形墙节点处连接三段预制墙，当三段预制墙间现浇段尺寸满足图 5-8 要求时，此现浇段计入预制混凝土体积；当肢①尺寸大于 600mm 时，按照一字形连接墙肢进行判断；当肢②与③的尺寸之和大于 600mm 时，只判断肢①是否小于 600mm，如果满足，则计入预制混凝土体积。T 形墙节点处连接两段预制墙，当预制墙段与肢②、③连接时，按照一字形连接进行判断。T 形墙节点处连接两段预制墙，当预制墙段与肢①、②连接时，判断肢①是否小于 600mm，如果满足，则计入预制混凝土体积。T 形墙节点处连接一段预制墙时，如果该预制墙连接的是肢①，且肢①的长度不大于 600mm，则肢①计入预制混凝土体积。

3）L 形连接。L 形墙节点处连接两段预制墙，当两段预制墙间现浇段尺寸满足图 5-9 要求时，此现浇段体积计入预制混凝土体积。当其中任意一肢尺寸大于 600mm 时，此现浇段体积不计入。L 形墙节点连接一段预制墙，此现浇段不计入预制混凝土体积。

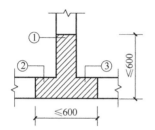

图 5-8　T 形墙节点现浇段尺寸

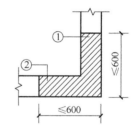

图 5-9　L 形墙节点现浇段尺寸

水平构件设置页面如图 5-10 所示。水平构件可统计类型包括预制梁、预制板（叠合板、全预制板）、钢筋桁架楼承板、预制楼梯、预制阳台和预制空调板。与竖向构件设置页面相比，增加了"叠合板后浇混凝土可计入预制部分的最大宽度限值"，默认为 300mm，实际应根据 GB/T 51129—2017 第 4.0.3 条设置。该数值手动输入，当大于此限值时，该后浇部分不计入预制投影面积中；当不大于该限值时，则在叠合板投影面积输出结果予以体现。

（3）围护结构和内隔墙

1）"非承重围护墙非砌筑"和"内隔墙非砌筑"。图 5-11 所示为"非承重围护墙非砌筑"页面，"包含该项""自动计算该项"和"相同楼层同总信息"选项与主体结构中的含义相似。勾选"自动计算该项"后，单击"指定围护墙"按钮，软件会自动搜索到所有参与计算的非承重外围护构件并亮显，同时弹出"装配率构件查删"对话框（图 5-12）。在软件搜索自动结果的基础上，可通过单击构件增减参与计算的构件。若应参与计算的构件未搜索到，则可通过手动单击增加，从而保证该项内容计算的准确性。左上角对话框构件已选个数实时更新选择构件的总数量。单击"确定"按钮返回装配率设置界面，再进行计算。单击"取消"按钮退出选择界面。计算墙体外表面积不扣除门、窗及预留洞口等面积。当模型中创建了砌筑墙体，不统计该类型墙体表面积。

"内隔墙非砌筑"与"非承重围护墙非砌筑"部分操作方法一致。

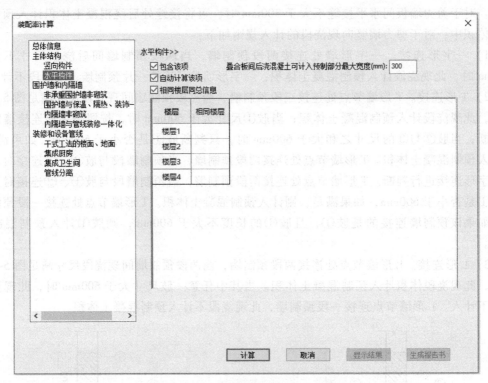

图 5-10　"主体结构-水平构件"页面

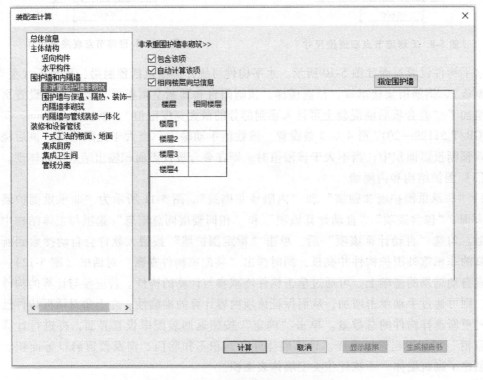

图 5-11　"非承重围护墙非砌筑"页面

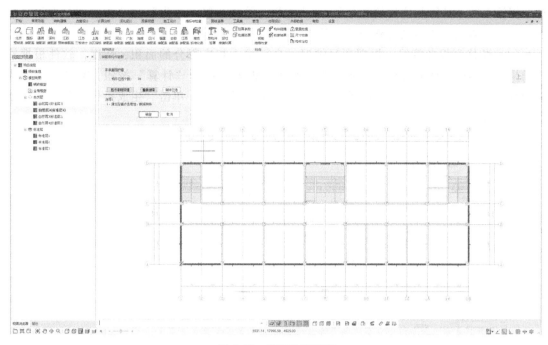

图 5-12　指定外围护墙

2）"围护墙与保温、隔热、装饰一体化"与"内隔墙与管线装修一体化"。图 5-13 所示为"围护墙与保温、隔热、装饰一体化"页面，手动入输入相应墙体外表面积总和，软

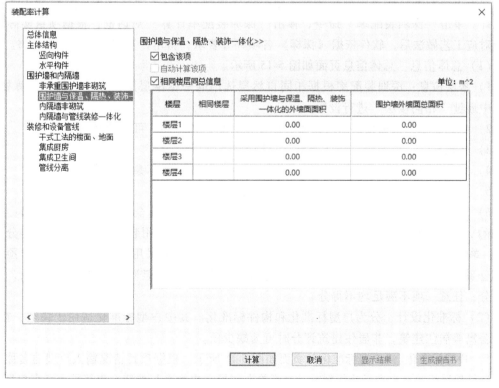

图 5-13　"围护墙与保温、隔热、装饰一体化"页面

件根据输入结果计算相应比例和分值。“内隔墙与管线装修一体化”与“围护墙与保温、隔热、装饰一体化”部分的操作方法一致。

（4）装修和设备管线　根据项目情况，自行输入相应部分的面积、长度，软件根据输入结果计算相应比例和分值。对各页面参数进行设置后单击“计算”按钮，软件自动完成装配率计算工作，并显示计算结果（图 5-14）。计算完成后，单击“生成报告书”按钮，软件自动生成 Word 格式的装配率报告文档。

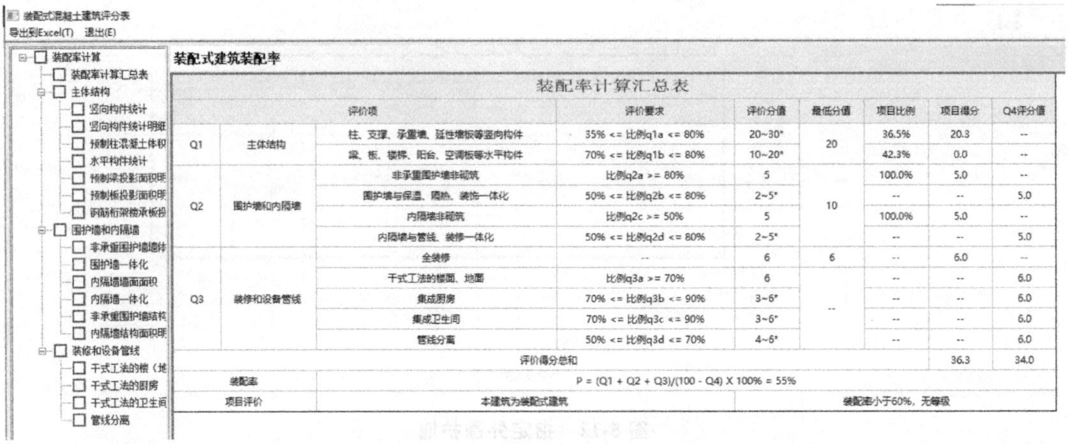

装配率计算汇总表

评价项			评价要求	评价分值	最低分值	项目比例	项目得分	Q4评分值
Q1	主体结构	柱、支撑、承重墙、延性墙板等竖向构件	35% <= 比例q1a <= 80%	20~30*	20	36.5%	20.3	--
		梁、板、楼梯、阳台、空调板等水平构件	70% <= 比例q1b <= 80%	10~20*		42.3%	0.0	--
Q2	围护墙和内隔墙	非承重围护墙非砌筑	比例q2a >= 80%	5	10	100.0%	5.0	--
		围护墙与保温、隔热、装饰一体化	50% <= 比例q2b <= 80%	2~5*		--	--	5.0
		内隔墙非砌筑	比例q2c >= 50%	5		100.0%	5.0	--
		内隔墙与管线、装修一体化	50% <= 比例q2d <= 80%	2~5*		--	--	5.0
Q3	装修和设备管线	全装修	--	6	6	--	6.0	--
		干式工法的楼面、地面	比例q3a >= 70%	6	--	--	--	6.0
		集成厨房	70% <= 比例q3b <= 90%	3~6*		--	--	6.0
		集成卫生间	70% <= 比例q3c <= 90%	3~6*		--	--	6.0
		管线分离	50% <= 比例q3d <= 70%	4~6*		--	--	6.0
评价得分总和							36.3	34.0
装配率		P = (Q1 + Q2 + Q3)/(100 - Q4) X 100% = 55%						
项目评价		本建筑为装配式建筑		装配率小于60%，无等级				

图 5-14　国标装配率计算结果

2. 深圳装配率

深圳市装配率根据《深圳市装配式建筑评分规则》（以下简称《深标》）相关条文进行统计。单击“深圳装配率”命令，弹出“深圳装配率计算”对话框，根据项目实际情况选择对应工艺做法后，软件依据《深标》各项评分要求，得出计算结果并生成报告书。

（1）总体信息　总体信息页面如图 5-15 所示。

1）楼层信息：深圳装配率根据相同自然层选用同一标准层原则，自动归并计算楼层，页面中通过“相同楼层”进行设置。

2）建筑高度：根据楼层组装结果读取该项目结构顶标高，可手动修改。

3）建筑类型：可选择“居住建筑”“非居住建筑”。

4）地下室层数：自动获取地下室层数功能，默认地下室不参与统计。

5）采用全装修：勾选该项，则得 6 分，反之不得分。

6）非预制构件部分采用装配式模板工艺和公共建筑外墙全部采用单元式幕墙：根据《深标》，当竖向构件比例为 35%~80%，且非预制构件部分采用装配式模板工艺，得分可加 5 分，单项得分最高 20 分；对于公共建筑项目，若外墙全部采用单元式幕墙，且非预制构件部分采用装配式模板工艺，则得 5 分。若选择非居住建筑，且同时勾选这两个选项，则可得 5 分；任意一项不满足均不得分。

（2）标准化设计　分为户型标准化和构件标准化。其中户型标准化适用于住宅、宿舍、商务公寓等居住建筑，非居住建筑评分时可为缺少项。

1）户型标准化。“户型标准化”页面如图 5-16 所示。根据项目情况输入户型的名称和套数，软件根据相关要求进行分值判断；也可单击“导入户型表”按钮，直接导入已有户型表。

图 5-15　"深圳装配率计算"对话框

图 5-16　"户型标准化"页面

2）构件标准化。"构件标准化"页面如图 5-17 所示。统计的标准化预制构件为项目中数量不少于 50 件的同一预制构件。根据项目情况输入标准化预制构件的类型、型号和数量，软件根据《深标》计算相应得分；自动计算则根据自然层模型拆分情况进行统计。

图 5-17 "构件标准化"页面

（3）主体结构

1）竖向构件。设置页面与国标装配率相同，但增加了以下选项：

选项 1：预制承重构件窗下填充墙计入预制，若勾选，则在模型中创建的填充墙部分体积计入预制剪力墙混凝土体积中；反之，不计入。

选项 2：夹心保温墙体外叶板体积计入预制，若勾选，则夹心保温墙的外叶板体积计入预制墙混凝土体积中；反之，不计入。

2）水平构件。设置页面与国标装配率相同。根据《深标》要求，叠合板间后浇混凝土可计入预制部分的最大宽度为 400mm，可手动输入调整。

3）装配化施工。如图 5-18 所示，装配化施工得分项主要包括以下三个方面：是否采用工具式脚手架、是否采用提升式混凝土布料机和成品钢筋网比例。前两者，若采用则勾选，若未采用则取消勾选；第三项比例需手动输入实际的应用比值。详细评分细则参考《深标》装配化施工项。

（4）围护墙和内隔墙　围护墙和内隔墙主要包括"外墙非砌筑、免抹灰""外墙一体化"和"内墙非砌筑、免抹灰"三个方面。

1）"外墙非砌筑、免抹灰"和"内墙非砌筑、免抹灰"。"外墙非砌筑、免抹灰"和"内墙非砌筑、免抹灰"操作类似。以前者为例，设置页面如图 5-19 所示。勾选"自动计

图 5-18　"装配化施工"页面

算"时，单击"构件查删"按钮，软件会自动搜索到所有参与计算的外围护构件，在软件自动搜索结果的基础上，可通过单击构件增减参与计算的构件，保证该项内容计算的准确性。

2)"外墙一体化"。"外墙一体化"页面如图 5-20 所示。外墙一体化得分主要包括以下三个方面：外墙装饰一体化、外墙保温隔热一体化、单元式幕墙。若采用则勾选，若不采用则取消勾选。对于单元式幕墙，若采用则需手动输入实际的应用比例，且该应用比例需满足 80% 以上才可得分。

（5）装修和机电　装修和机电主要包括集成厨房、集成卫生间、干式工法、机电装修一体化及管线分离、穿插流水施工五项，根据项目实际情况进行选项设置。若取消勾选"包含该项"，则按最高分扣除该项。

（6）信息化应用　信息化应用主要包括 BIM 和信息化管理两个选项，根据项目实际情况进行设置。

（7）加分项　加分项主要包含如图 5-21 所示的两个选项，根据项目实际情况进行设置。

3. 北京预制率

单击"北京预制率"按钮，弹出图 5-22 所示的对话框。

（1）楼层过滤　在对话框左侧选择需要进行统计的楼层。

图 5-19 "外墙非砌筑、免抹灰"和"内墙非砌筑、免抹灰"页面

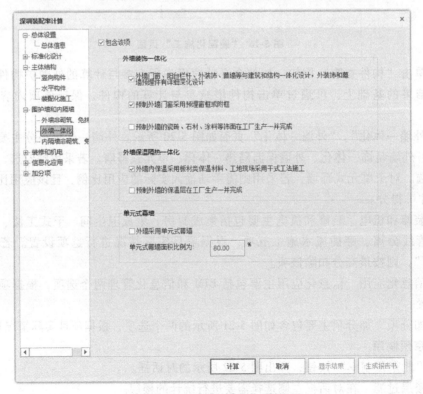

图 5-20 "外墙一体化"页面

图 5-21　加分项内容

（2）单独统计的构件类型　可勾选需要统计的预制构件类型及现浇部分的体积，默认全部勾选。

（3）地下室层数　地下室层数选择可联动楼层表的勾选，默认可以读取楼层组装的信息，自动选择地下室层数，默认地下室不进行统计。

（4）统计参数

1）计算方法（体积法）：预制率=（所有预制构件体积/所有结构构件总体积)×100%。

2）调整系数：用预制率计算结果×调整系数输出最终预制率结果，默认 1.0，不放大。

3）预制指标：根据北京地区相关规定，默认值为 40%。

4）夹心构件预制体积算法：针对夹心构件体积计算提供"夹心体积折减"和"整体折减"两种算法。

图 5-22　"北京预制率计算"对话框

5.2 结构计算分析

5.2.1 计算分析

装配式结构计算分析功能位于 PKPM-PC 软件的"计算分析"选项卡。单击"计算分析"按钮，弹出图 5-23 所示的"接力 PKPM 结构软件"对话框。各主要选项的含义如下：

1）生成 PM 数据。勾选时，软件重新生成 PM 模型进行计算。

2）转换设置。当生成 PM 模型时，可设置要进行转化的构件类型，主要包括轴线、墙、梁、板、柱、支撑、楼梯、荷载。注意：轴网、楼梯为灰置状态，且不支持楼梯构件的转化。

3）按自然层形成标准层。勾选该功能后，转接 PKPM 时，每一自然层均会生成对应标准层。

4）全楼构件偏心调整。勾选该功能后，会对全楼构件进行偏心调整。

图 5-23 "接力 PKPM 结构软件"对话框

5）墙根据洞口打断。在 PKPM-PC 模型中，一片墙上可以布置多个墙洞，但是在 PKPM 模型中一片墙上仅能支持一个墙洞。勾选此功能，在转化 PKPM 模型时，软件进行预处理，将墙根据洞口打断。

6）全楼构件打断。勾选该功能，在转化 PKPM 模型时进行预处理，在构件交点处将构件相互打断。

7）导出完成后打开 PKPM。勾选该功能，导出完成后自动跳转 PKPM 模块，如图 5-24 所示。

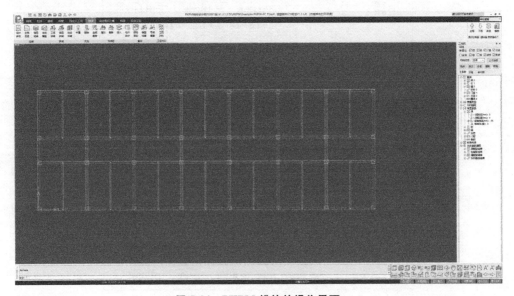

图 5-24 PKPM 模块的操作界面

8）节点归并距离。该值同 PKPM 中节点网格线中的归并距离，软件会将输入参数传递给 PKPM 模块，默认值为 50mm。

9）打开已有 PM 模型。对于已经转化或计算了的 PKPM-PC 模型，单击该选项可以直接打开 PM 模型。

5.2.2 结构整体计算

生成 PM 模型数据后，在弹出的 PKPM 模块中，按本书第 2 章介绍的内容对各项计算所需参数进行补充与检查（如楼梯等构件补充、分析与设计参数定义、荷载布置、前处理等），然后在 PKPM 模块中完成计算分析。对于装配式混凝土结构来说，执行"分析和设计参数补充定义"时，应将结构体系选择为对应的装配式结构体系，此时计算中软件会将现浇抗侧力构件的地震力放大 1.1 倍（该放大系数可修改）。计算完成后，关闭 PKPM 模块，则软件视图自动转回 PKPM-PC 操作界面。

此外，除了通过将 PKPM-PC 模型转化为 PKPM 模型进行计算，可以直接将已经计算完成的结构导入到 PKPM-PC 中，单击"导入计算文件"按钮后弹出"选择工程名"对话框，选择导入文件路径后单击"打开"按钮，即可完成计算文件导入。目前，PKPM-PC 软件仅支持 SATWE 结果文件（PDB 格式）。

5.3 计算分析操作实例

本节在 4.10 节方案设计的基础上，进一步介绍装配结构计算分析阶段的操作方法。

5.3.1 重量与尺寸检查

（1）重量检查 PKPM-PC 软件中，Ribbon 菜单切换至"指标与检查"选项卡。单击"重量检查"按钮，根据实际条件设置各预制构件的最大重量。本示例中将各预制构件的最大重量均设置为 5t，单击"检查"按钮，软件自动完成检查操作并弹出"检查结果"对话框。如图 5-25 所示，本例中重量检查全部通过。

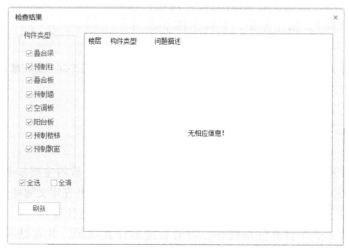

图 5-25 重量检查结果

（2）尺寸检查 单击"尺寸检查"按钮，根据实际条件设置各类预制构件的最大长度与宽度。本实例中将各尺寸限值均设置为 10000mm，单击"检查"按钮，软件自动完成检查操作并弹出"检查结果"对话框。本例中尺寸检查全部通过。

5.3.2 装配率计算

本示例按 GB/T 51129—2017《装配式建筑评价标准》进行装配率指标计算。单击"国标装配率"按钮，弹出"装配率计算"对话框。本例中，假设仅主体结构、围护墙体和内隔墙采用装配方式。总体信息页面内将楼层 2 与楼层 3 设置为相同楼层，"围护墙与保温、隔热、装饰一体化""内隔墙与管线装修一体化"，以及"装修和设备管线"页面取消勾选"包含该项"。设置完成后，单击"计算"按钮，软件自动计算国标装配率。

计算完成后，根据项目设计要求判断装配率计算结果是否满足设计要求，如不满足则返回"方案设计"菜单对预制构件拆分方案进行修改，或在"装配率计算"对话框中调整"装修和设备管线"等子项的设置。计算满足要求后，单击"生成报告书"按钮，导出 Word 格式计算书。

5.3.3 计算分析

PKPM-PC 软件中，Ribbon 菜单切换至"计算分析"选项卡，勾选"生成 PM 数据"，其他选项按实际需要进行设置后，单击"确定"按钮，软件自动生成 PM 模型，并跳转打开 PKPM 结构设计模块。在 PKPM 结构设计模块中按第 2 章的方法，补充定义荷载、分析与设计参数，并采用 SATWE 模块进行计算。

计算完成后，在 PKPM 结构设计模块中，将 Ribbon 菜单切换至"结果"选项卡，对各项计算与配筋结果进行检查，判断结构整体或构件是否存在超限情况。如存在超限情况则需对装配式结构模型进行修改并重新计算，直至满足要求。

5.3.4 导入计算文件

计算分析完成后，退出 PKPM 结构设计模块，软件自动跳转回 PKPM-PC 操作界面，并弹出图 5-26 所示提示框。单击"是"按钮，软件自动更新 SATWE 计算分析结果。导入完成后会再次弹出提示框"计算结果读取完成"。

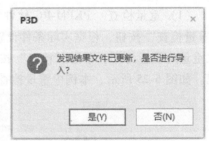

图 5-26　更新结果文件提示框

5.4　本章练习

1. 简述利用 PKPM-PC 软件进行装配式混凝土结构计算分析的主要步骤。
2. 利用 SATWE 进行装配式混凝土结构计算时，应重点注意补充定义哪些分析与设计参数？
3. 方案设计后，进行构件重量检查和装配率计算的目的是什么？
4. 完成 5.3 节示例的计算分析操作，查看装配率计算结果，并对结构的装配化情况进行分析。

装配式结构深化设计 第6章

本章介绍：

装配式结构的深化设计阶段，需在方案设计阶段的拆分方案及结构计算分析的基础上，进一步完成预制构件详细配筋设计与预埋件设计，满足预制构件工厂生产及现场吊装、安装、连接的需要。因此，深化设计在装配式结构设计中具有至关重要的作用。本章以预制楼板、预制剪力墙、预制梁柱、预制部品与围护结构为重点，介绍 PKPM-PC 软件中装配式混凝土结构深化设计的基本功能与操作。

学习要点：

- 掌握预制楼板的配筋与附件设计方法。
- 掌握预制剪力墙的配筋与附件设计方法。
- 掌握预制梁柱的配筋与附件设计方法。
- 了解预制部品与维护结构的深化设计方法。

PKPM-PC 软件的"深化设计"选项卡如图 6-1 所示，包含了"预制楼板""预制剪力墙""预制梁柱""预制部品""围护结构"与"编辑"子菜单。

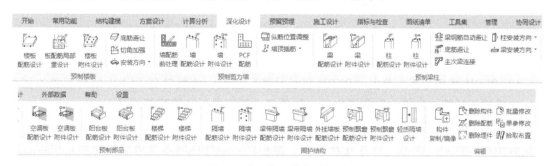

图 6-1 "深化设计"选项卡

6.1 预制楼板设计

6.1.1 楼板配筋设计

单击"预制楼板"子菜单→"楼板配筋设计"按钮，弹出"板配筋设计"对话框，可对钢筋桁架叠合板、全预制板和钢筋桁架楼承板的配筋参数进行设置。对话框内设置好配筋参数后，在图面上框选要进行配筋设计的楼板，软件即可自动完成配筋设计。

1. 钢筋桁架叠合板

（1）板配筋值 如图 6-2 所示，"板配筋设计"对话框的最上方提供了"板配筋值"按钮，单击该按钮，软件跳转至图 6-3 所示的楼板配筋界面，可手动录入或自动读取板平法配筋结果。楼板配筋界面的主要功能选项与基本操作如下：

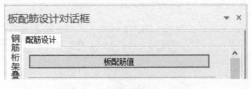

图 6-2 "板配筋值"按钮

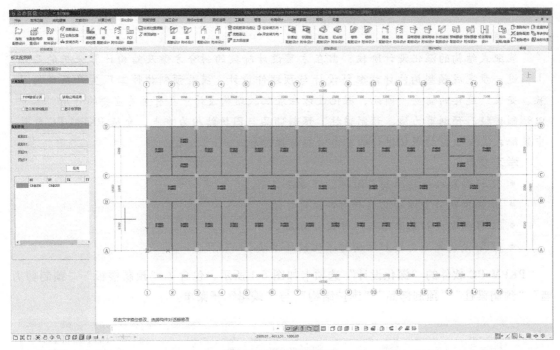

图 6-3 楼板配筋界面

1）PKPM 楼板计算。单击"PKPM 楼板计算"按钮，将跳转到 PKPM 结构板施工图模块，完成楼板计算与配筋，保存退出后，软件自动读取楼板计算配筋结果。

2）读取已有结果。软件支持直接读取该模型的配筋结果文件（PDB 格式），单击"读取已有结果"按钮，弹出"打开计算结果"对话框，选择配筋文件所在路径后，单击"打开"按钮，软件自动完成配筋结果的读取。需注意，配筋结果文件需在 PKPM 结构设计模块进行过施工图计算才会生成。

3）显示现浇板配筋。默认状态下仅显示指定了预制属性的楼板（包括阳台板、空调板）的配筋值。勾选"显示现浇板配筋"后，将同时显示未指定预制属性的楼板配筋结果。

4）显示板顶筋。默认状态下仅显示楼板底筋的配筋值。勾选"显示板顶筋"后，将同时显示楼板顶筋配筋值。需注意，由于全预制构件顶筋集成于单个构件上，而传统顶筋主要位于支座处，因此楼板（不包含悬挑板）的顶筋配筋值不能直接接力计算结果，仅采用构造结果。如需调整顶筋，可双击图面上的配筋文字进行手动调整。

5）配筋值格式。板配筋值的格式如图 6-4 所示，钢筋强度等级在软件内以英文字母表示，对应关系见表 6-1。

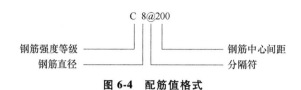

图 6-4 配筋值格式

表 6-1 钢筋强度等级与配筋值录入字母对应关系

录入字母	钢筋等级	钢筋符号	参考规范
A	HPB300	ϕ	GB 50010—2010《混凝土结构设计规范》
B	HRB335	Φ	GB 50010—2010《混凝土结构设计规范》
C	HRB400	Φ	GB 50010—2010《混凝土结构设计规范》
D	HRB500	Φ	GB 50010—2010《混凝土结构设计规范》
E	CRB550	ϕ^R	JGJ 95—2011《冷轧带肋钢筋混凝土结构技术规程》
G	CRB600	ϕ^{RH}	JGJ 95—2011《冷轧带肋钢筋混凝土结构技术规程》
H	HTRB600	Φ^T	DGJ32 TJ 202—2016《热处理带肋高强钢筋混凝土结构技术规程》
I	T63	Φ^{H1}	Q/321182 KBC002—2019 T63《热处理带肋高强钢筋混凝土结构技术规程》

6) 配筋值编辑。配筋值编辑可采用原位直接编辑和配筋参数对话框内修改两种方式。如图 6-5 所示，双击图面上的配筋文字，可在图面上直接编辑单块板的配筋。

单击选择一块板，或按〈Ctrl〉键+左键框选多块板，即可在图 6-6 所示的"左侧配筋参数"对话框内对配筋值进行统一修改，修改完成后单击"应用"即可。图面上不同的配筋值采用不同的颜色进行标记，并在配筋参数对话框内显示配筋列表，方便查看。

图 6-5 双击修改板配筋值

7) 返回板配筋设计。完成配筋值录入后可单击"返回板配筋设计"按钮，或通过右键菜单或按〈Esc〉键退出该环境。

（2）板底筋参数 板底筋参数如图 6-7 所示。各主要参数的含义如下：

1) 保护层厚度。叠合板最下层底筋到叠合板底面的净距。

2) 底筋排列方式。"X 向排布方法"和"Y 向排布方法"参数是完全独立分开的，两套参数互不干涉。两套参数设置方式和参数含义完全相同（以下介绍以 X 向为例）。每个方向上的排布方法均提供"对称排布""顺序排布""边距/间距固定，两端余数""加强筋单独排列"和"自定义排列"五种排布方法。

选择"对称排布"时，排列完成后，底筋间距呈中心对称的排列规律。对称排列时，

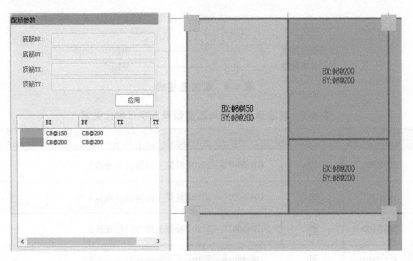

图 6-6 配筋参数修改

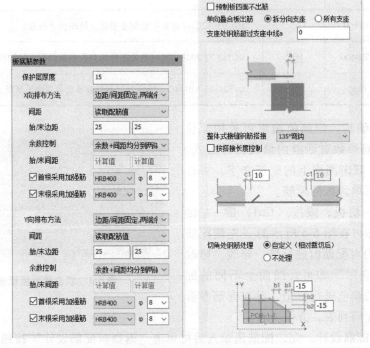

图 6-7 板底筋参数

中间间距为配筋值中输入的"钢筋中心间距",始末钢筋到预制板边的距离相等且位于边距区间内,始端第一根和第二根钢筋间距与终端第一根和第二根钢筋间距相等,且不大于"钢筋中心间距"。"对称排布"的主要参数如图 6-8 所示,各项含义如下:

间距:目前仅提供"读取配筋值"选项。

X向排布方法	对称排布	
间距	读取配筋值	
☑边距自动计算		
边距最小值	25	
边距最大值	50	
☑始末采用加强筋	HRB400 Φ 8	

图 6-8 底筋对称排布时的参数设置

边距自动计算：勾选时，"边距最大值"和"边距最小值"不可修改，由软件自动判定边距区间。边距最大值为 50mm，边距最小值为 10mm+钢筋半径。

边距最小值：控制始末钢筋边距允许的最小值。

边距最大值：控制始末钢筋边距允许的最大值。

始末采用加强筋：勾选时，始末钢筋采用板边加强筋，加强筋不伸出混凝土，且在底筋避让时不发生位置移动。取消时，始末钢筋采用普通底筋。

板边加强筋强度等级：下拉框选择板边加强筋的强度等级。

板边加强筋直径：下拉框选择板边加强筋的直径，同时也支持手动输入直径。

选择"顺序排布"时，将"首根钢筋边距"作为第一根放置位置，然后按照"钢筋中心间距"依次排列，直到钢筋至另一边距离不大于"钢筋中心间距"。此时，若末根钢筋至板边距离大于"附件筋阈值"时，在至板边距离为"附加筋边距"的位置添加一根附加钢筋。"顺序排布"起始端为靠近预制板局部坐标系的一边。"顺序排布"的主要参数如图 6-9 所示，各项含义如下：

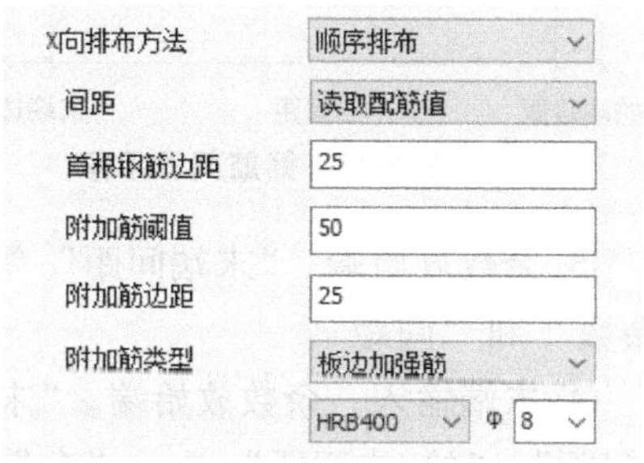

图 6-9　底筋顺序排布时的参数设置

间距：目前仅提供读取配筋值选项。

首根钢筋边距：起始端第一根钢筋至板边的距离。

附件筋阈值：该板是否设置附件钢筋的判定界限值。当始末根钢筋至板边距离小于等于该界限值时不附加钢筋，大于该界限值时布置附加钢筋。

附加筋边距：当布置附加筋时，附件筋至板边的距离。对始末两端均生效。

附加筋类型：提供"板边加强筋"和"普通钢筋"两种，"板边加强筋"不伸出混凝土，且在底筋避让时不发生位置移动；"普通钢筋"与正常钢筋相同。

板边加强筋强度等级：当"附加筋类型"选择"板边加强筋"时，下拉框选择板边加强筋的强度等级。

板边加强筋直径：下拉框选择板边加强筋的直径，同时也支持手动输入直径。

选择"边距/间距固定，两端余数"时，钢筋间距分为"始/末边距""间距""始/末间距"（图 6-10）。其中"始/末边距"手动输入，"间距"读取配筋值，余数通过"余数控制"分配到"始/末间距"。"边距/间距固定，两端余数"的主要参数如图 6-11 所示，各项含义如下：

间距：目前仅提供读取配筋值选项。

始/末边距：首根钢筋到起始边距离和末根钢筋到末端边距离。

余数控制：提供"余数放末端""始端输入，余数放末端""余数放始端""末端输入，余数放始端""余数均分到两端"和"余数+间距均分到两端"六种控制模式。

始/末间距：根据"余数控制"选项不同，此项表达内容也不同：

① 余数放末端。"始端间距"等于"间距"，余数放"末端间距""始/末间距"显示"间距"和"余数"。

② 始端输入，余数放末端。"始端间距"读取"始/末间距"中输入值，余数放在"末端间距"；"始/末间距"显示自定义数值（输入框）和"余数"。

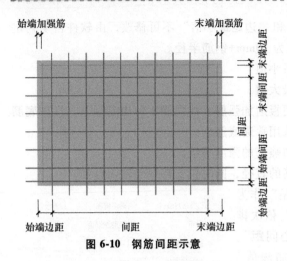

图 6-10　钢筋间距示意

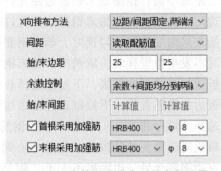

图 6-11　底筋顺序排布时的参数设置

③ 余数放始端。"末端间距"等于"间距"，余数放"始端间距"；"始/末间距"显示"余数"和"间距"。

④ 末端输入，余数放始端。"末端间距"读取"始/末间距"中输入值，余数放在"始端间距"；"始/末间距"显示"余数"和自定义数值（输入框）。

⑤ 余数均分到两端。（板尺寸-"始端边距"-"末端边距"）/"间距"得到的余数均分到"始端间距"和"末端间距"中；"始/末间距"显示"计算值"和"计算值"。

⑥ 余数+间距均分到两端。（板尺寸-"始端边距"-"末端边距"）/"间距"得到的余数加上间距后，均分到"始端间距"和"末端间距"中；"始/末间距"显示"计算值"和"计算值"。

首根采用加强筋：勾选时，首根钢筋采用加强筋，参数后面的钢筋强度等级和钢筋直径生效；不勾选时，采用普通钢筋。

末根采用加强筋：勾选时，末根钢筋采用加强筋，参数后面的钢筋强度等级和钢筋直径生效；不勾选时，采用普通钢筋。

选择"加强筋单独排列"时，"间距"读取配筋值，余数通过"余数控制"分配到"始端边距"和"终端边距"。"加强筋单独排列"的主要参数如图 6-12 所示，各项含义如下：

间距：目前仅提供读取配筋值选项。

余数控制：提供"余数放末端""始端输入，余数放末端""余数放始端""末端输入，余数放始端""余数均分到两端"和"余数+间距均分到两端"六种控制模式。

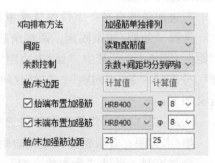

图 6-12　"加强筋单独排列"的参数设置

始/末边距：根据"余数控制"选项不同，此项表达内容也不同。

① 余数放末端。"始端边距"等于"间距"，余数放"末端边距"；"始/末边距"显示"间距"和"余数"。

② 始端输入，余数放末端。"始端边距"读取"始/末边距"中输入值，余数放"末端边距"；"始/末边距"显示自定义数值（输入框）和"余数"。

③ 余数放始端。"末端边距"等于"间距"，余数放"始端边距"；"始/末边距"显示"余数"和"间距"。

④ 末端输入，余数放始端。"末端边距"读取"始/末边距"中输入值，余数放"始端边距"；"始/末边距"显示"余数"和自定义数值（输入框）。

⑤ 余数均分到两端。（板尺寸-"始端边距"-"末端边距"）/"间距"得到的余数均分到"始端边距"和"末端边距"中；"始/末边距"显示"计算值"和"计算值"。

⑥ 余数+间距均分到两端。（板尺寸-"始端边距"-"末端边距"）/"间距"得到的余数加上间距后，均分到"始端边距"和"末端边距"中；"始/末边距"显示"计算值"和"计算值"。

始端布置加强筋：勾选时，在始端距边"始端加强筋边距"处布置一根加强筋（不参与排列），参数后面的钢筋强度等级和钢筋直径生效；不勾选时，不增加加强筋。

末端布置加强筋：勾选时，在始端距边"末端加强筋边距"处布置一根加强筋（不参与排列），参数后面的钢筋强度等级和钢筋直径生效；不勾选时，不增加加强筋。

始/末加强筋边距：勾选"始端布置加强筋或末端布置加强筋"时，对应的选项可用。

选择"自定义排列"时，从起始端到终端按照"始端边距"和"间距排列"生成钢筋。"自定义排列"的主要参数如图 6-13 所示，各项含义如下：

始/末边距和"余值"："始/末边距"确定第一根钢筋至板边的距离。

间距排列：各钢筋之间的距离，支持数字、逗号和乘号形成的数列。

图 6-13　"自定义排列"的参数设置

"首根采用加强筋"：勾选时，首根钢筋采用加强筋，参数后面的钢筋强度等级和钢筋直径生效；不勾选时，采用普通钢筋。

"末根采用加强筋"：勾选时，末根钢筋采用加强筋，参数后面的钢筋强度等级和钢筋直径生效；不勾选时，采用普通钢筋。

3）预制板四面不出筋。勾选时，生成的预制板钢筋底筋全部不伸出，在距离板边一个保护层厚度处截断。此时，板配筋部分的"单向叠合板出筋""整体式接缝钢筋搭接"和"支座处钢筋超过支座中线 a"参数不生效。

4）单向叠合板出筋。提供"拆分向支座"和"所有支座"两个选项。"拆分向支座"是指仅与拆分方向平行的钢筋伸出，伸出长度参考支座位置控制，另一个方向钢筋不伸出混凝土。"所有支座"是指单向板上与支座直接相关的板边均出筋。因此，对中间板来讲，该选项效果与"拆分向支座"无差别。对首末块单向板来讲，除了接缝边外的所有边均出筋。

5）支座处钢筋超过支座中心 a。当预制板钢筋伸入到支座时，以支座中心控制为参考控制钢筋伸出长度。正数时钢筋外伸，伸出长度变长；负数时，钢筋相对内缩，伸出长度变短。

6）整体式接缝钢筋搭接。该选项仅对采用整体式接缝的预制板生效，如图 6-14 所示，可以选择"直线搭接""90°弯钩""135°弯钩""弯折搭接""180°圆弧"和"180°弯折"六种构造方式。直线搭接，根据"钢筋伸出长度=接缝长度-c1"的规则确定伸出长度，钢筋直接搭接不弯折；90°弯钩，弯折后平直段长度为 10d；135°弯钩，弯折后平直段长度为 5d；弯折搭接，弯起后总尺寸为 l_a，弯起高度等于同向钢筋上层和下层的距离；180°圆弧，按照"钢筋伸出长度＝接缝长度－c1"的规则确定伸出长度，钢筋采用180°圆弧向上弯折；180°弯折，按照"钢筋伸出长度＝接缝长度－c1"的规则确定伸出长度，钢筋采用180°直角（2个90°）弯折返回。

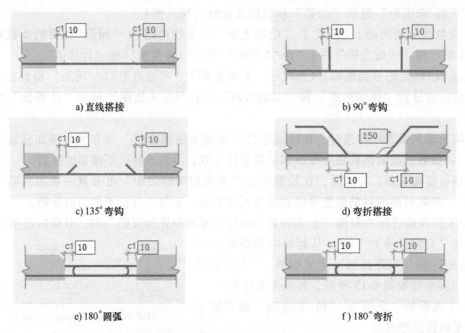

a) 直线搭接   b) 90°弯钩

c) 135°弯钩   d) 弯折搭接

e) 180°圆弧   f) 180°弯折

图 6-14　整体式接缝钢筋搭接形式 1

7) 按搭接长度控制。勾选"按搭接长度控制"，按照搭接长度控制伸出钢筋长度（图 6-15），不保证钢筋至相邻预制的距离，此时伸出长度＝接缝长度－c1。采用直线搭接

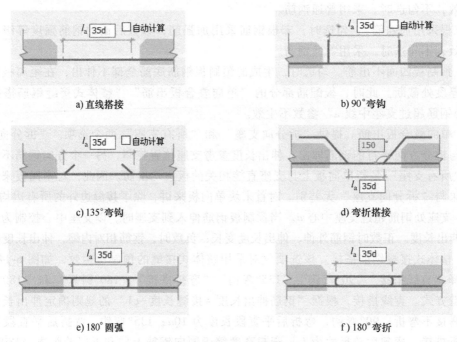

a) 直线搭接   b) 90°弯钩

c) 135°弯钩   d) 弯折搭接

e) 180°圆弧   f) 180°弯折

图 6-15　整体式接缝钢筋搭接形式 2

时，若勾选自动计算，搭接长度按照 GB 50010—2010《混凝土设计规范》中锚固长度 l_l 的方法计算，并向上取整。采用 90°弯钩时，若勾选自动计算，搭接长度按照 GB 50010—2010《混凝土设计规范》中锚固长度 l_a 的方法计算，并向上取整。采用 135°弯钩，若勾选自动计算，搭接长度按照 GB 50010—2010《混凝土设计规范》中锚固长度 l_a 的方法计算，并向上取整。

8）切角处理。提供"自定义（相对裁切后）"和"不处理"两种方式。选择"自定义（相对裁切后）"，则由相对切角边确定切角处钢筋伸出长度，外伸为正，内缩为负。选择"不处理"，则切角处钢筋做法等同于非切角处的底筋。

（3）桁架参数　"板配筋设计"对话框内的"桁架参数"如图 6-16 所示。各主要参数的含义如下：

1）设置桁架。桁架布置的总控开关，取消勾选时，叠合板上无桁架。

2）桁架排布方向。桁架排布方向以预制板长边为基准进行控制，提供"平行于预制板长边"和"垂直于预制板长边"两个选项。当预制板两个边长度相等时，以拆分方向作为桁架排布方向。

3）桁架 & 钢筋相对位置。由于桁架方向已经确定，因此可以通过常见排布方式控制底筋钢筋网片两个方向上钢筋的上下关系及桁架高度尺寸。该参数提供了图 6-16 所示的三个选项。

位置 1：平行桁架方向的底筋置于上层，桁架底面与同向钢筋底面齐平。桁架底面高度=保护层厚度+垂直桁架方向钢筋直径。

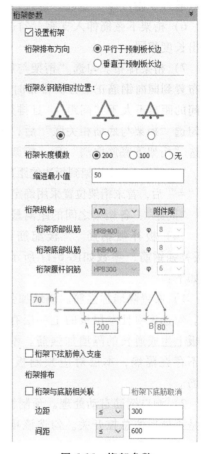

图 6-16　桁架参数

位置 2：平行桁架方向的底筋置于下层，桁架下底面与垂直桁架方向底筋顶面齐平。桁架底面高度=保护层厚度+平行桁架方向钢筋直径+垂直桁架方向钢筋直径。

位置 3：平行桁架方向的底筋置于下层，桁架下弦筋上皮与同向钢筋顶面齐平。同向底筋和桁架底筋需同时满足保护层厚度的要求。垂直桁架方向钢筋置于桁架下弦筋上皮。

4）桁架长度模数。提供了 200、100 和无三个选项。

200：桁架长度模数的代表性数字，其实质为桁架步距（桁架波峰至波峰的距离，常用距离为 200mm）。在保证桁架端部到板边距离不小于"缩进最小值"的情况下，取允许的最大值（200mm 的整数倍）作为单根桁架总长度。

100：桁架长度模数的代表性数字，其实质为半个桁架步距。在保证桁架端部至板边距离不小于"缩进最小值"的情况下，取允许的最大值（100mm 的整数倍）作为单根桁架总长度。

无：板尺寸扣除桁架两侧缩进的余值（左缩进与右缩进的和）作为单根桁架总长度。

注意：单根桁架总长度并不代表桁架实际长度，桁架实际长度为单根桁架总长度扣除切角及洞口影响后的尺寸；桁架排布的默认规则为桁架波峰或波谷对称排列，因此桁架起点和终点不一定在波峰或波谷处。

5）桁架规格。通过下拉列表选择桁架规格，下拉列表中的选项来自于链接的"附件库"。软件提供了 A70、A75、A80、A90、A100、B80、B90 和 B100 等常用规格。桁架规格可以通过"附件库"修改。修改桁架规格，相关参数在配筋设计界面中显示。

6）桁架下弦筋伸入支座。勾选后，桁架下弦筋伸入到支座内部，伸出长度与同向底筋伸出长度相同。

7）桁架排布。勾选"桁架与底筋相关联"选项时，桁架布置将参考底筋排布，桁架只能布置到同向钢筋正上方。排布时总是保证首末桁架到板边的距离不大于"边距"，各桁架之间的距离不大于"间距"，且排列中边距和间距尽量靠近输入的"边距"或"间距"。取消勾选"桁架与底筋相关联"后，排列与底筋无关，按照边距和间距的控制规则排列桁架。勾选"桁架下底筋取消"后，桁架上弦筋对应位置的同向钢筋自动删除。

"边距"：首末桁架到板边的距离最大值。边距运算符提供了"≤"和"="两个选项。选择"="后，首末桁架位置采用确定值；选择"≤"后，输入首末桁架到板边的距离最大值。

"间距"：各桁架之间的距离最大值。

（4）板补强钢筋 "板配筋设计"对话框内的"板补强钢筋"参数如图 6-17 所示。各主要参数的含义如下：

1）布置隔墙加强筋。隔墙加强筋是否布置总控开关。勾选该项且本层板的上一层存在隔墙时，本层预制板上生成通长的隔墙加强筋。不勾选该项或者上一层不存在隔墙，本层对应预制板均不会布置隔墙加强筋。

2）洞口钢筋自动处理。预制板上洞口位置补强钢筋是否处理的总控开关。勾选该项时，后续参数才能生效。

3）大小洞临界尺寸。当方形洞口的长宽或圆形洞口的直径≤临界尺寸时，洞口按小洞处理；当方形洞口的长宽或圆形洞口的直径>临界尺寸时，洞口按大洞处理。

图 6-17 "板补强钢筋"参数

4）大洞处理方式。提供"钢筋拉通""钢筋截断"和"仅截断桁架"三个选项。选择"钢筋拉通"，则相关钢筋、桁架全部不处理，不设置加强筋。选择"钢筋截断"，则相关钢筋、桁架截断，设置补强钢筋。大洞补强钢筋强度等级和直径参数激活，洞口执行自动补强处理。当勾选"受力边钢筋伸入支座"时，在直接与支座搭接的方向，补强钢筋需通长布置。选择"仅截断桁架"，则相关桁架截断，底筋不处理，不设置加强筋。

5）小洞处理方式。提供"钢筋拉通"和"钢筋避让"两个选项。选择"钢筋拉通"，则相关钢筋、桁架全部不处理，不设置加强筋。选择"钢筋避让"，则底筋弯折，桁架不处理，不设置补强钢筋。

6）布置切角补强钢筋。切角位置是否设置补强钢筋的总控开关，勾选后才会设置切角加强筋。

7）补强类型。提供"截断补强"和"构造补强"两种补强方式。选择"截断补强"，则以不小于切角阶段的底筋截面面积的原则在切角附近的混凝土内布置补强钢筋。补强筋长度为同向支座处钢筋伸出长度 + 切角尺寸 + 钢筋锚固长度。选择"构造补强"，则当切角边最近的钢筋（混凝土内侧）距离切角大于设置的阈值时，补充一根构造补强筋。补强筋位置为距离切角边 25mm 的位置。补强钢筋长度为切角尺寸−15mm+钢筋锚固长度。

2. 全预制板

如图 6-18 所示，全预制板配筋设计参数包括板配筋值、板网片筋和板补强钢筋三项，各项及子项参数说明见上述相关介绍。

3. 钢筋桁架楼承板

如图 6-19 所示，钢筋桁架楼承板配筋设计参数包括板配筋值、桁架参数、板补强钢筋、现浇钢筋参数、梁柱交点钢筋参数和焊钉参数六项。桁架参数中，勾选"桁架筋接计算"时，桁架顶部纵筋和桁架底部纵筋的钢筋等级和直径取配筋值同方向钢筋配筋结果。当取消勾选时，两项参数手动录入。

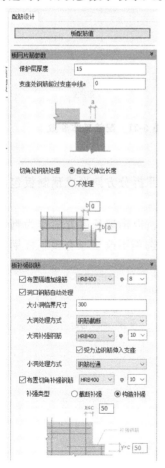

图 6-18　全预制板配筋设计参数

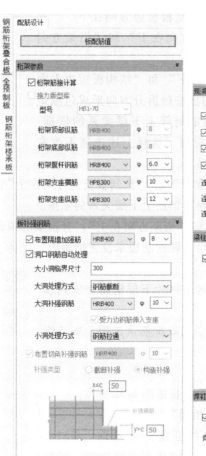
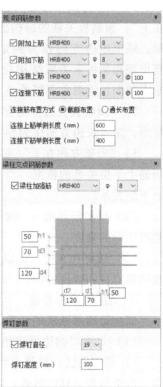

图 6-19　钢筋桁架楼承板配筋设计参数

6.1.2 配筋局部重设计

在"深化设计"选项卡单击"配筋局部重设计"按钮，弹出图 6-20 所示的"板局部设计"对话框，包括板底筋排列、配筋基本参数、支座边端部做法、接缝边端部做法、柱切角底筋处理、短钢筋处理六个部分。执行此命令时，勾选的参数生效，未勾选参数不生效。需注意，勾选"板底筋排列"时，软件自动勾选"配筋基本参数""支座边端部做法"和"接缝边端部做法"，且不可取消。

在对话框内的"局部设计项列表"中，选择参数条目时，在下方显示该条目下的具体参数。

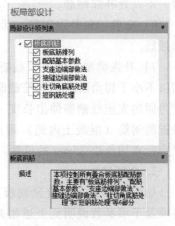

图 6-20 "板局部设计"对话框

1. 板底筋排列

板底筋排列参数具体含义参考"楼板配筋设计"的相关参数介绍。

2. 配筋基本参数

配筋基本参数如图 6-21 所示。

（1）上下层关系 提供"结构板短边方向在下""结构板短边方向在上""预制板长边方向在下""预制板长边方向在上""桁架方向在下"和"桁架方向在上"六个选项。

1）"结构板短边方向在下"和"结构板短边方向在上"：预制板关联的结构板按照拆分方向形成包围矩形，矩形短边方向作为判定钢筋上下层关系的依据。当出现预制板未关联结构板时，选择上述选项不改变原有预制板钢筋上下层关系。

图 6-21 配筋基本参数

2）"预制板长边方向在下"和"预制板长边方向在上"：按照拆分方向形成预制板包围矩形，矩形长边方向作为判定钢筋上下层关系的依据。

3）"桁架方向在下"和"桁架方向在上"：有桁架的预制板，以桁架长度方向作为判定钢筋上下层关系的依据。当出现预制板未设置桁架时，选择上述选项不改变原有预制板钢筋上下层关系。

（2）保护层厚度 c 钢筋网片下层钢筋表皮到预制板底部的高度。

（3）强度和直径 提供读取配筋值选项，支持修改钢筋直径和强度等级。

3. 支座边端部做法

支座边端部做法的相关参数如图 6-22 所示。

（1）勾选"四边做法相同"

1）端部做法：提供直线搭接、90°弯钩、135°弯钩、弯折搭接、180°圆弧、180°弯折六种做法。参数含义参考板配筋设计部分介绍。

图 6-22 支座边端部做法的相关参数

2）伸出尺寸：提供"按支座中心控制"和"按预制板边控制"两个选项。此选项与"端部做法"共同决定了配图样式和参数。参数含义参考板配筋设计部分介绍。

3）超限处理：以板边作为基准，当钢筋伸出过长时，自动截断处理过长钢筋。

（2）取消勾选"四边做法相同"　取消勾选时，将四边参数分为 X 向始端、X 向末端、Y 向始端和 Y 向末端四个方位，各个方位参数含义参考"四边做法相同"时的参数介绍。

4. 接缝边端部做法

接缝边端部做法的相关参数如图 6-23 所示。接缝边端部做法以接缝宽度界限，设置了两套做法参数，相应参数设置类似。

（1）端部做法　提供直线搭接、90°弯钩、135°弯钩、弯折搭接、180°圆弧、180°弯折六种做法。参数含义参考板配筋设计部分介绍。

（2）伸出尺寸　提供"按接缝宽度控制""按搭接尺寸控制"和"按板边控制"三个选项。此选项与"端部做法"共同决定了配图样式和参数。参数含义参考板配筋设计部分介绍。

5. 柱切角底筋处理

柱切角底筋处理的相关参数如图 6-24 所示，分为 X 向参数和 Y 向参数，两个方向设置的参数相同。底筋长度控制提供"不处理""伸出长度同普通钢筋"和"自定义"三个选项。

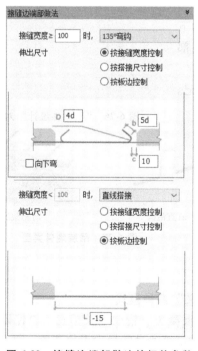

图 6-23　接缝边端部做法的相关参数

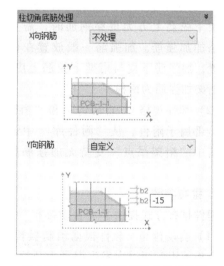

图 6-24　柱切角底筋处理的相关参数

（1）不处理　钢筋总长度与非切角处钢筋相同。

（2）伸出长度同普通钢筋　相对切角边伸出长度与普通钢筋在梁/墙位置的钢筋伸出长度相同。

（3）自定义　以切角边为基准，输入钢筋相对切角边的伸出长度。向外为正，向内为负。

6. 短钢筋处理

短钢筋处理的相关参数如图 6-25 所示，分为"钢筋长度过短处理"和"钢筋在混凝土内长度过短处理"两种方式。

图 6-25　短钢筋处理的相关参数

（1）钢筋长度过短处理　钢筋长度判断按照俯视的投影线长度判断。

（2）钢筋在混凝土内长度过短处理　当钢筋存在弯起时，不考虑弯起后埋在混凝土中的长度。

6.1.3　楼板附件设计

单击"楼板附件设计"按钮，界面左侧弹出图 6-26 所示的"板附件设计"对话框，用于预制板吊点附件设计。钢筋桁架叠合板和全预制板的附件设计参数相似，以下重点介绍钢筋桁架叠合板及钢筋桁架楼承板无附件设计。

1. 基本参数

（1）吊装埋件类型　提供了"直吊钩"和"桁架加强筋"两类，形式如图 6-27 所示。

1）直吊钩：吊钩布置一般平行于钢筋网片的下层钢筋，底部平直段与另一方向的钢筋绑扎。底部平直段上皮与垂直方向钢筋下皮齐平。

2）桁架吊点：以三角面片作为桁架吊点标记。当桁架下弦筋上方无贯穿钢筋时，需要在吊点处添加加强筋。加强筋一般放置在桁架波谷位置，加强筋下皮与桁架下弦筋上皮齐平，一组桁架加强筋为两根。

（2）埋件规格　"直吊钩"和"桁架加强筋"全部属于附件，从"附件库"中调取数据。其中"桁架吊点"支持无加强筋的布置模式。

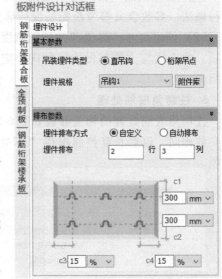

图 6-26　"板附件设计"对话框

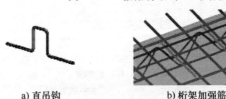

a）直吊钩　　　　　　b）桁架加强筋

图 6-27　吊装埋件类型

2. 排布参数

埋件排布方式提供了"自动排布"和"自定义"两种模式。

（1）自动排布　软件根据预制板长宽尺寸、混凝土、桁架相关信息，以保证调运过程中叠合板不因弯矩过大发生混凝土开裂为目标，取试算通过的最少点位布置。每个方向上最多支持计算 5 跨（4 排吊点）。需注意，自动排布仅考虑弯矩计算通过，并不计算吊点承载力是否通过。

（2）自定义　开放吊件布置的行列数量及排布范围。

1）行、列：以预制构件局部坐标系位于左下角点作为行列判断视角，此视角下水平（平行拆分方向）为"行"，竖向（垂直拆分方向）为"列"。

2）c1、c2、c3 和 c4：控制吊点排列时，整个预制板扣除上、下、左、右四个边的范围，余下中心的部分作为吊点排列范围。

6.1.4　底筋避让

底筋避让功能用于调整双向叠合板接缝处钢筋碰撞问题。单击"底筋避让"按钮，弹出图 6-28 所示的对话框。调整避让参数后，选择需要避让的结构板或预制板，避让生效。需注意，该命令不能处理支座处钢筋碰撞问题，支座处钢筋碰撞可通过叠合板属性栏参数修改边距或进入深化编辑模式进行手动调整避让。

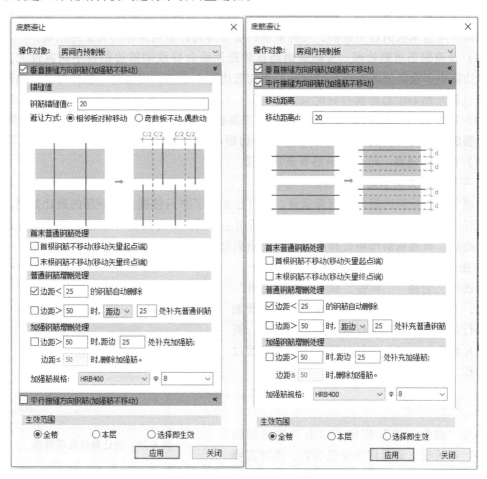

图 6-28　"底筋避让"对话框

1. 操作对象

底筋避让的操作对象可以选择"房间内预制板"或"单块预制板"。选择"房间内预制板"时，可批量解决接缝处钢筋碰撞；选择"单块预制板"时，可满足局部钢筋（特别是异形房间）调整要求。

2. 垂直接缝方向钢筋（加强筋不移动）

（1）钢筋错缝值 c　当同一房间的预制板底筋重叠时，执行一次"底筋避让"命令后，相邻预制板底筋的间距按本参数调整。当输入值为正数，按照图示方向移动钢筋；当输入值为负数时，按照图示反方向移动钢筋。

（2）钢筋避让方式 提供"相邻板对称移动"和"奇数板不动，偶数动"两种避让方式。

1）相邻板对称移动：单块结构板拆分的双向预制板，序号为奇数的预制板垂直接缝方向底筋左移 $c/2$（"钢筋错缝值 c"的一半），序号为偶数的预制板垂直接缝方向底筋右移 $c/2$。

2）奇数板不动，偶数动：单块结构板拆分的双向预制板，序号为奇数的预制板垂直接缝方向底筋不移动，序号为偶数的预制板垂直接缝方向底筋右移"钢筋错缝值 c"。

（3）首末普通钢筋处理 勾选首根钢筋不移动，可将首根钢筋作为避让移动操作的矢量起点端；勾选末根钢筋不移动，可将末根钢筋作为避让移动操作的矢量终点端。

（4）普通钢筋增删处理 考虑到钢筋自动避让后会导致钢筋边距过小或者过大，软件提供对边距小于设定值的钢筋自动删除。当勾选边距大于某设定值时，软件可以自动补充普通钢筋（补充钢筋距边距离可自定义）。

（5）加强钢筋增删处理 当勾选边距大于某设定值时，软件可以自动补充加强筋（补充加强筋距边距离可自定义）；软件默认删除边距小于等于 50mm 时的加强筋。

（6）加强筋规格 可选择钢筋等级和直径。

3. 平行接缝方向钢筋（加强筋不移动）

为避免支座处两边板伸出钢筋重叠，软件也提供了平行接缝方向钢筋的避让处理，可通过设置移动距离 d 进行操作。d 为正值时钢筋向上移动，d 为负值时钢筋向下移动。首末普通钢筋处理、普通钢筋增删处理和加强钢筋增删处理说明同垂直接缝方向钢筋。

4. 生效范围

可选择"全楼""本层"和"选择即生效"。需注意，无论是选择房间内预制板还是单块预制板，执行过底筋避让后的板若再次选择避让，避让距离允许叠加，或让执行过避让的预制板跳过本次操作（图6-29）。

6.1.5 切角加强

单击"切角加强"按钮，弹出"切角加强筋调整"对话框。调整切角加强参数，选择需要

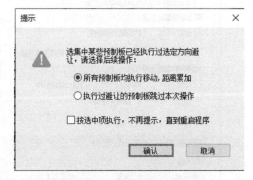

图6-29 避让操作选项提示

调整的预制板，修改生效。软件提供了"截断补强""构造补强"和"不补强"三种切角加强类型。需注意，该功能以预制板为单位进行调整，当一块预制板上存在多个切角时，不能单独调整某个切角的补强钢筋。

1. 截断补强

选择截断补强时，参数设置如图6-30所示，各参数含义如下：

（1）规格 控制切角加强筋的钢筋强度等级和钢筋直径。

（2）布置方式 提供了"自定义"和"自动计算"两种布置方式。

1）自定义：输入补强钢筋的数量。"根数（水平｜竖直）"以板的局部坐标系作为参考（局部坐标系原点位于左下角的视角），分别控制水平方向和竖直方向补强钢筋的根数。

2）自动计算：采用等截面代换的方式计算需要的补强钢筋数量。选择"自动计算"时，需设置补强钢筋数量的"最少根数"。当等截面代换计算所得的补强钢筋数量少于最少根数时，实际布置的补强钢筋数量取"最少根数"。

（3）边距（h1｜b1）　水平和竖直方向上首根补强钢筋到切角边的距离。

（4）间距（d1｜d2）　水平和竖直方向上补强钢筋之间的距离。

（5）加强筋伸出长度　提供"自定义（L1｜L2）"和"按支座中心控制 a"两种方式。

1）自定义（L1｜L2）：水平和竖直方向上补强钢筋伸出预制板边的距离，伸出为正，内缩为负。

2）按支座中心控制 a：参考底筋相对支座中心偏移的控制方式，外伸为正，内缩为负。

2. 构造补强

选择构造补强时，参数设置如图 6-31 所示，各参数含义如下：

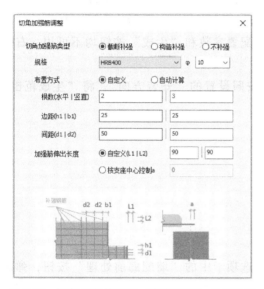

图 6-30　切角加强筋调整（截断补强）参数设置

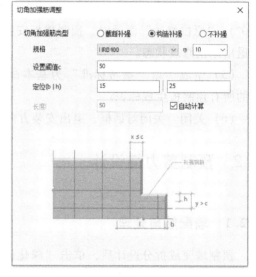

图 6-31　切角加强筋调整（构造补强）参数设置

（1）规格　控制切角加强筋的"钢筋强度等级"和"钢筋直径"。

（2）设置阈值 c　是否设置切角补强钢筋的界限值。当切角混凝土板边与最近的底筋间距大于阈值时，设置补强钢筋。

（3）定位（b｜h）　控制生成的补强钢筋端部缩进混凝土的距离和到切角边的距离。

（4）长度 L　补强钢筋的总长度。当勾选"自动计算"时，钢筋超过切角的长度满足钢筋锚固长度的要求。

3. 不加强

即切角不布置补强钢筋。

6.1.6　安装方向

单击"安装方向"按钮，弹出图 6-32 所示对话框。各项参数含义如下：

（1）参考标准　安装方向生成时，上、下、左、右参考的坐标系。提供了"全局坐标系"和"局部坐标系"两种标准。全局坐标系是以项目的坐标原点为参考标准，俯视模型时水平为左、右，竖直为上、下。局部坐标系是以预制板局部坐标系为参考标准，俯视楼板局部坐标系原点位于楼板左下角时，该板的水平为左、右，竖直为上、下。

（2）安装方向 提供了上、下、左、右四个选项，分别以选定的参考标准正视该预制板时的上、下、左、右。

（3）生成范围 控制安装方向生成的预制板范围。提供了"全楼""本层"和"选中构件"三个选项。选择"全楼"，则为所有自然层中的预制楼板。选择"本层"，则为本自然层或者本标准层。选择"选中构件"，则为集中选中的所有预制楼板。

**图 6-32 "预制楼板
安装方向"对话框**

（4）原位修改 此为状态按钮。选中状态下，已经生成的预制方向全部变为可原位修改状态（颜色变为绿色），此时选择（单击或框选）预制板一次，安装方向顺时针旋转一次（90°）。"原位修改"激活时，预制楼板安装方向配置参数和"生成"按钮均不可用，右键可退出原位修改状态。

（5）生成 以"参考标准"为基本试点，按照设置的"安装方向"，将"生成范围"内的所有预制板生成标识。

（6）关闭 关闭对话框，退出安装方向命令。

6.2 预制剪力墙设计

6.2.1 墙配筋前处理

预制墙完成拆分设计后，单击"深化设计"选项卡中的"墙配筋前处理"按钮，弹出图 6-33 所示的"暗柱（下连梁）编辑"对话框，在对话框内可对已经拆分的墙体进行暗柱及连梁布置参数的设置。

1. 显示设置

（1）显示暗柱尺寸定位 勾选此复选按钮，可以显示预制墙内暗柱位置的尺寸和定位。

（2）显示窗下墙高度 勾选此复选按钮，可以显示窗下墙的高度。

（3）尺寸刷新 当暗柱位置变更后，可以单击尺寸刷新，刷新尺寸和定位。

2. 自动布置暗柱

（1）暗柱宽度、合并宽度限值 可以输入"暗柱宽度"和"合并宽度限值"，软件将根据输入的值来确定洞口边暗柱区域的位置和尺寸。以 1000mm 长的洞口边墙柱为例，当"暗柱宽度"设置为 400mm，"合并宽度限值"设置为 350mm 时，（400+350）mm<1000mm，此时墙柱会在洞口边 400mm 范围内设置暗柱，剩余 600mm 范围内按照墙身进行配筋。当将"合并宽度限值"增加到 650mm 时，（400+650）mm>1000mm，则 1000mm 的范围内均设置为暗柱。

（2）自动生成 单击该按钮，选择预制墙体，自动布置暗柱区域。

3. 手动布置暗柱

（1）定位模数　可以选择"无""10""50""100"四种不同的定位模数，影响暗柱布置时的移动。

（2）暗柱宽度　单点布置暗柱时，暗柱的尺寸输入位置。

（3）暗柱边距最小值　暗柱距边的最小值设置，当暗柱距离预制墙边或者洞口边小于设置的值时，暗柱自动延伸至边界位置。

（4）暗柱间距最小值　暗柱间距的最小值设置，当暗柱之间的距离小于设置的值时，相邻的两个暗柱将会合并在一起。

（5）暗柱删除　单击暗柱删除，选择需要删除的暗柱，可删除所选暗柱。

4. 连梁布置

布置完暗柱后可进行连梁布置（布置下连梁），其中布置参数"下连梁高"和"下连梁距底高"可选择"手动"或"自动"两种方式。当设置为"自动"时，单击"布置下连梁"按钮，选择窗下墙，可将窗下墙自动转为下连梁；当设置为"手动"时，在文本框内手动输入相应数值。此外，当"下连梁高"自动设置时，下连梁自动顶对齐；当"下连梁距底高"自动设置时，下连梁自动底对齐。

6.2.2　墙配筋设计

预制墙完成拆分设计后，即可使用"墙配筋设计"功能设计其内部的三维钢筋。单击"深化设计"选项卡→"墙配筋设计"按钮，弹出"墙配筋设计"对话框。设置参数后，框选拆分过的预制构件即自动完成构件配筋。

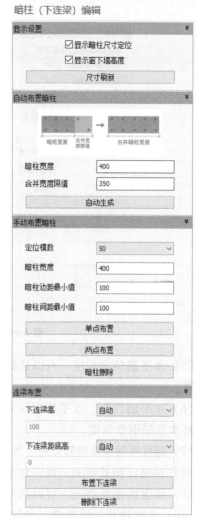

图6-33　"暗柱（下连梁）编辑"对话框

1. 基本参数

"墙配筋设计"对话框中的基本参数如图6-34所示。各项主要参数的含义如下：

（1）墙连接纵筋定位　墙连接纵筋定位方式提供"按保护层厚度 a"和"按纵筋位置 b"两种方式。手动输入"按保护层厚度 a"定位，软件将按照输入的保护层厚度计算墙纵筋定位，保护层从套筒最外侧钢筋算起。手动输入"按纵筋位置 b"定位，软件将按照输入的值确定墙纵筋定位，纵筋定位由纵筋中心到混凝土边。

（2）竖向筋连接形式　可以选择"套筒连接"与"浆锚搭接"两种形式的连接。当选择"套筒连接"时，可以选择"全灌浆套筒"与"半灌浆套筒"两种形式的连接。

（3）墙身竖向筋排布　可以选择"梅花形"与"单排"两种形式的连接。

（4）水平筋伸出形式　可以选择"封闭箍"与"开口箍"两种形式的连接。

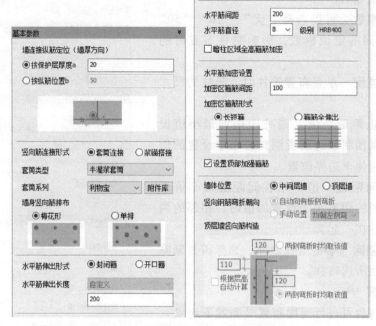

图 6-34　"墙配筋设计"的基本参数

（5）水平筋伸出长度　可以选择"自定义"与"自动计算"两种方式来输入水平筋伸出长度。

（6）水平筋间距、水平筋直径和水平筋钢筋强度　可以输入水平筋间距、水平筋直径和选择水平筋钢筋强度。

（7）暗柱区域全高箍筋加密　当勾选此项时，可以对暗柱区域的箍筋进行全高加密设置。

（8）加密区箍筋间距　可以对箍筋加密区间距进行设置。

（9）加密区箍筋形式　可以选择"长短箍"与"箍筋全伸出"两种形式。

（10）设置顶部加强箍筋　当勾选此项时，软件对预制墙顶部进行加强箍筋的设置。

（11）墙体位置　可以设置"中间层墙"和"顶层墙"两种类型，当选择"顶层墙"时，竖向筋弯折参数生效。

（12）竖向钢筋弯折朝向　可以选择"自动向有板侧弯折"与"手动设置"两种形式。当选择"自动向有板侧弯折"时，墙竖向钢筋将弯折向楼板所在方向；当选择"手动设置"时，可以选择"均朝左侧弯折""均朝右侧弯折""两侧弯折"三种弯折形式。

（13）顶层墙竖向筋构造　钢筋伸出高度有手动输入和根据层高自动计算两种方式输入。钢筋弯折长度可以对内外钢筋分别进行设置。

2. 墙身参数

"墙配筋设计"对话框中的墙身参数如图 6-35 所示。各项主要参数的含义如下：

（1）竖向钢筋间距 a　可以输入竖向钢筋的间距值。

（2）1 号竖向连接钢筋直径、钢筋强度、2 号竖向分布钢筋直径　可以输入 1 号竖向连接钢筋直径、钢筋强度和 2 号竖向分布钢筋直径。

（3）设置封边钢筋　当勾选此项时，可以设置封边钢筋直径，软件会对预制墙板的墙身部分增加封边钢筋。

（4）拉筋做法　有"梅花形"和"矩形"两个选项，当选择"矩形"时，可以设置"拉筋最大间距"。

3. 墙柱参数

"墙配筋设计"对话框中的墙柱参数如图 6-36 所示。各项主要参数的含义如下：

（1）竖向钢筋最大间距　可以输入竖向钢筋的最大间距，暗柱范围内的纵筋排布不会超过此值。

（2）竖向连接钢筋直径　可以输入竖向连接钢筋的直径。

（3）设置封边钢筋　当勾选此项时，可以设置封边钢筋直径，软件会对预制墙板的暗柱部分增加封边钢筋。

4. 连梁参数

"墙配筋设计"对话框中的连梁参数如图 6-37 所示。各项主要参数的含义如下：

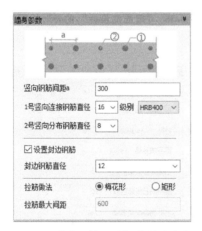

图 6-35　"墙配筋设计"的墙身参数

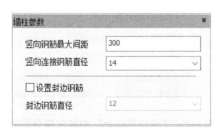

图 6-36　"墙配筋设计"的墙柱参数

图 6-37　"墙配筋设计"的连梁参数

（1）连梁保护层厚度　可以设置连梁保护层厚度，即最外侧钢筋距边缘距离。

（2）梁纵筋收拢弯折　可以设置梁纵筋是否在暗柱处收拢弯折，同时可以设置与连接纵筋的避让距离。

（3）箍筋、腰筋　可以输入箍筋和腰筋的钢筋等级、直径和间距。

（4）底筋　可以输入底筋排数，当输入值为 1 时，单击右侧"第一排"按钮，可以在下侧输入第一排底筋的钢筋强度、根数和直径。同理当输入值为 2 时，可以对"第一排"与"第二排"进行编辑。

（5）顶筋　可以输入顶筋排数，当输入值为 1 时，单击右侧"第一排"按钮，可以在下侧输入第一排底筋的钢筋强度、根数和直径。同理当输入值为 2 时，可以对"第一排"与"第二排"进行编辑。

（6）自动设计锚固方式　当勾选此项时，软件将自动进行连梁锚固方式的设计。当不勾选此项时，可手动选择底筋左右侧与腰筋左右侧的锚固方式，锚固方式包括直锚、直角弯头和锚固板三种。

5. 外叶板配筋参数

"墙配筋设计"对话框中的外叶板配筋参数如图 6-38 所示。当勾选"外叶板是否配筋"时，可以对外叶板的竖向筋和水平筋的钢筋强度、直径、间距进行参数设置，软件将根据设置的参数对选择的外墙板进行外叶板配筋。

图 6-38　"墙配筋设计"的外叶板配筋参数

6. 填充部分配筋参数

"墙配筋设计"对话框中的外叶板配筋参数如图 6-39 所示。各项主要参数的含义如下：

（1）竖向筋、水平筋　可以设置填充部分墙体的竖向筋、水平筋配筋参数，包括钢筋强度等级、直径和间距。

（2）拉筋　可以设置填充部分墙体的拉筋配筋参数，包括钢筋强度等级、直径。

（3）加强筋　可以设置填充部分墙体的加强筋直径。

（4）窗下墙钢筋搭接类型　可以设置窗下墙钢筋搭接类型，包括"上下搭接"和"左右搭接"两种。

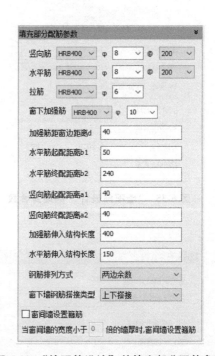

图 6-39　"墙配筋设计"的填充部分配筋参数

6.2.3　PCF 配筋

方案设计阶段如布置了 PCF，单击"PCF 配筋"按钮，弹出图 6-40 所示的对话框，设置参数后，选择需要配筋的 PCF 即可进行配筋。

1. 基本参数

（1）竖向筋　控制竖向筋的钢筋等级、直径和间距。

（2）水平筋　控制水平筋的钢筋等级、直径和间距。

2. 竖向筋参数

（1）竖向筋起点距离　控制竖向筋下部距离混凝土边的距离。

（2）竖向筋终点距离　控制竖向筋上部距离混凝土边的距离。

（3）竖向筋起排距离 控制竖向筋开始排列的边距。

（4）竖向筋终排距离 控制竖向筋排列的终端边距。

（5）竖向筋排列方式 包含"两端余数""起点顺序排列""终点顺序排列"三种方式。"两端余数"会将排列后的余值均分在两端；"起点顺序排列"会将排列的余数放在起点端的第一个间距；"终点顺序排列"会将排列的余数放在终点端的第一个间距。

3. 水平筋参数

（1）水平筋起点距离 控制水平筋起点距离混凝土边的距离。

（2）水平筋终点距离 控制水平筋终点距离混凝土边的距离。

（3）水平筋起排距离 控制水平筋开始排列的边距。

（4）水平筋终排距离 控制水平筋排列的终端边距。

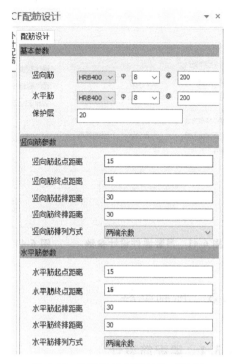

图6-40 "PCF配筋设计"对话框

（5）水平筋排列方式 包含"两端余数""起点顺序排列""终点顺序排列"三种方式。"两端余数"会将排列后的余值均分在两端，"起点顺序排列"会将排列的余数放在起点端的第一个间距，"终点顺序排列"会将排列的余数放在终点端的第一个间距。

6.2.4 墙附件设计

完成预制构件配筋后，单击"墙附件设计"按钮，弹出"墙附件设计"对话框。进行参数设置后，可框选或单选预制墙进行埋件（包含吊装埋件、脱模/斜支撑埋件和拉模件）设计。若不勾选该类附件，则相关参数置灰且折叠，进行预制构件附件设计后，该类附件状态不改变（保持原有状态——不布置，或不改变已存在同功能附件）；若勾选该类附件，则可以单独重新设计该功能附件，且影响其他功能的附件。

1. 吊装埋件参数和脱模/斜支撑埋件参数

预制墙的吊装埋件设计参数和预制墙的脱模/斜支撑埋件参数如图6-41和图6-42所示。埋件设计大致分为选择埋件类型与规格、选择埋件排布方向（以模型俯视图方向为准）、输入埋件边距和输入埋件个数四个步骤。边距控制有"百分比"和"绝对距离"两种输入方式。

2. 拉模件参数

预制墙的拉模件参数如图6-43所示。确定拉模件类型（可选预埋锚栓、通孔或预埋PVC管）并链接埋件库选择埋件规格（埋件库内规格可自定义，详情请参考附件库管理的相关章节）后，可选择是否设置水平拉模件和竖向拉模件，并单击"布置区域设定"按钮交互指定拉模件设计区域。布置区域确定后，可手动设置拉模件设计的各边距及最大间距，软件将自动计算所需拉模件个数，等间距布置。

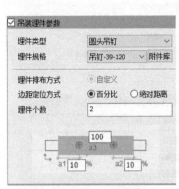

图 6-41　吊装埋件设计参数

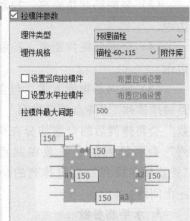

图 6-42　脱模/斜支撑埋件参数

图 6-43　拉模件参数

6.3　预制梁柱

6.3.1　梁配筋设计

预制梁完成拆分设计后，可使用"深化设计"选项卡中的"梁配筋设计"功能，设计其内部的三维钢筋。单击"梁配筋设计"按钮，弹出"梁配筋设计"对话框，设置参数后，单击或框选梁构件，软件自动完成配筋设计。

1. 梁配筋值

"梁配筋值"按钮位于"梁配筋设计"对话框的上方。设计三维钢筋构造前，需先单击"梁配筋值"按钮，跳转至图 6-44 所示的操作界面，录入梁钢筋的实配面积。单击"PKPM

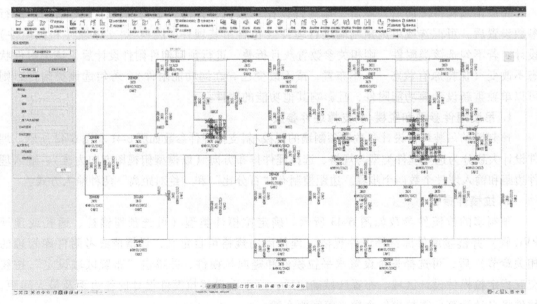

图 6-44　"梁配筋值"操作界面

梁施工图"按钮，跳转到 PKPM 梁施工图模块，根据计算结果生成梁实配钢筋面积，接入 PC 用于三维配筋。不接力计算时，也可直接手动录入配筋值。

图 6-45　梁配筋参数

（1）原位修改　在右侧模型交互区，双击单个构件的配筋值文字，即可弹出编辑框，根据平法配筋图录入对应的值即可。

（2）左侧对话框修改　在右侧模型交互区，单击或多选（框选或按住〈Ctrl〉键+单击）构件后，即可在左侧对话框的"配筋参数"栏（图 6-45）批量修改其配筋值，单击"应用"按钮后生效。

1）底筋：参考格式为 2C20，"2"是钢筋根数，"C"是钢筋等级，"20"是纵筋直径。当录入多排底筋时，可用"/"隔开，如 2C20/4C20，从上往下的两排分别是 2C20 和 4C20，最多支持三排。当某排底筋中的部分钢筋可不伸入支座时，可将配筋值写为 4C20（-2），"（-2）"为不伸入支座的钢筋根数。

2）箍筋：参考格式为 C8@100/200（2），"C"是钢筋等级，"8"是箍筋直径，"@100/200"指加密区和非加密区间距分别为 100mm 和 200mm（无加密区时可写为 @200），"（2）"代表双肢箍。

3）腰筋：参考格式为 G4C12，"G"为构造钢筋（"N"为抗扭钢筋），"4"为梁截面内腰筋总数，"C"是钢筋等级（C 对应三级钢筋，以此类推），"12"是腰筋直径。

4）显示梁支座钢筋：后续如进行梁端接缝验算，则需勾选此项并录入梁端支座筋。

5）左/右端支座筋：梁左/右端头的支座筋，修改方式和参考格式同底筋。

6）附加箍筋：实际工程中，主次梁节点处的主梁区域可能需要附加箍筋来应对局部荷载，此时可在模型交互区双击原位的节点区标识（圆圈，图 6-46）原位修改或单击节点区标识在左侧对话框修改。附加箍筋的参考格式为 6C8（2），"6"为节点区内附加箍筋总数，"C"是钢筋等级，"8"是附加箍筋直径，"（2）"指箍筋肢数为 2。

图 6-46　附加箍筋标识

7）附加吊筋：实际工程中，除了附加箍筋，也可能在主次梁节点处的主梁区域附加吊筋来应对更大的局部荷载。附加吊筋的修改交互与附加箍筋一致，参考格式为 2C14，含义与底筋一致（仅支持一排）。

2. 底筋参数

"梁配筋设计"对话框内的底筋参数如图 6-47 所示。各项主要参数的含义如下：

（1）底筋排间距（净距）　底筋存在多排时，此处参数为排与排之间的钢筋净距（钢筋外皮距离）。根据 GB 50010—2010《混凝土结构设计规范》要求，最终设计效果中的底筋排净距为此参数与钢筋直径间的大值。

（2）多排底筋构造　梁底筋存在多排时，可逐排设计底筋锚固构造。自下而上分别为第 1 排至第 3 排，第 2 排底筋构造可选"同第 1 排"，第 3 排底筋构造可选"同第 2 排"。

（3）梁左/右端锚固形式 从下拉列表中选择锚固形式，不同选项对应不同的示意图参数和自动计算规则。

1）直锚：如图 6-48 所示，参数 l1 为锚固长度（从支座边算起），支持输入 mm 为单位的数值或钢筋直径 d 的倍数。当选择"自动计算"时，软件将根据 16G101-1 图集的做法，计算所需的锚固长度并用于设计。

2）90°弯折：如图 6-49 所示，l1 含义同直锚，（hc-70）用于定位柱纵筋内侧位置，确保设计结果满足"伸至柱外侧纵筋内侧"要求。

3）锚固板：如图 6-50 所示，l1 含义同直锚，（hc-70）含义与"90°弯折"相同。当任一端选为"锚固板"时，下方的"锚固板系列"将生效，可通过"附件库"按钮跳转至附件库内，增加、修改锚固板的具体参数。锚固板参数确认后，直接通过下拉框即可选择锚固板系列，软件将在本系列内根据钢筋直径自动匹配对应的锚固板规格用于设计。

4）机械连接：如图 6-51 所示，当两根梁的钢筋对位，采用机械套筒连接时，可选此项。图中为 l 含义同直锚。

5）135°弯折：如图 6-52 所示，l1 含义同直锚。

（4）不伸出底筋缩进算法 选为"自定义长度"后，手动输入底筋缩进长度即可（以预制构件混凝土边缘为零点）。选为"0.1*净跨"后，则根据 16G101—1 的做法，

图 6-47 "梁配筋设计"的底筋参数

自动计算所需的缩进长度。根据梁配筋值，如配筋值为 5C20（-2），则将第 2 和 4 根底筋缩进，由软件自动判定哪根底筋伸出，哪根底筋需要缩进，基本原则为伸出钢筋的间距尽量均匀且角筋一定伸出。

图 6-48 直锚示意

图 6-49 90°弯折示意

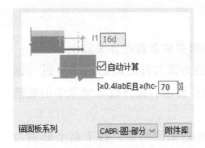

图 6-50 锚固板弯折示意

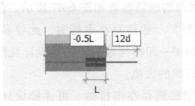

图 6-51 机械连接示意

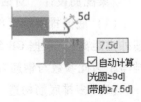

图 6-52 135°弯折示意

3. 腰筋参数

"梁配筋设计"对话框内的腰筋参数如图 6-53 所示。腰筋锚固形式参数与底筋基本一致。与底筋不同的是，腰筋是否伸出不再依赖于配筋值判定，而是手动选择。如梁腰筋不抗扭，则可直接选为"不伸出"，则整根梁的腰筋均不会伸出，并按照示意图参数中的 l1 缩进，自动计算 l1 时，则 l1 取钢筋保护层厚度。

4. 箍筋参数

"梁配筋设计"对话框内的箍筋参数如图 6-54 所示。各项主要参数的含义如下：

图 6-53 "梁配筋设计"的腰筋参数

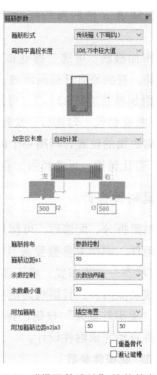

图 6-54 "梁配筋设计"的箍筋参数

（1）箍筋形式 可在下拉框中选择，选择不同选项时，下方示意图会相应切换，根据示意图选用所需形式即可。

（2）弯钩平直段长度 当所选箍筋形式中存在弯钩时，可通过此处设置弯钩平直段的长度。

（3）端加密区长度 选择"手动设置"时，可手动输入两端的加密区长度，某一端无须加密时可输入 0。需注意，l2 和 l3 处输入的加密区长度从支座边界算起。选择"自动计算"时，软件将根据 GB 50010—2010《混凝土结构设计规范》第 6.3.3 条计算加密区长度用于配筋。

（4）箍筋排布 可选择"分段排布"和"参数控制"两种方式。选择"分段排布"无法控制参数；选择"参数控制"可以通过设置箍筋边距、余数等参数，来满足对箍筋的设计要求，此方式下箍筋布置更加灵活。

（5）箍筋边距 a1 第一根箍筋距离预制梁端的位置，预制梁左右侧采用同一参数控制，且该边距仅可输入整数（可正可负）。

（6）**余数控制**　由于箍筋排布是从两侧梁端开始排布的，所以可能会在中间位置产生余数，本功能主要针对布置箍筋时产生的余数做出处理，下拉框可选择以下三种方式：

1）余数放两端：将余数放在预制梁两侧排完箍筋边距后的下一箍筋间距。

2）余数放中间：将余数放在预制梁中间箍筋间距内。

3）余数放一端：预制梁两侧排完箍筋边距后的下一箍筋间距，默认放右侧，以接近预制梁局部坐标系原点为左侧。

（7）**余数最小值**　小于该值时，该箍筋间距与相邻箍筋进行均值处理；可输入非负的固定整数值或者 n 倍的箍筋间距（s），如 0.5s；余数最小值输入大于 0.5s 时按照 0.5s 执行。

（8）**附加箍筋**　可选"插空布置"方式，从次梁边的地方先取一个 a2 的值，作为第一个附加箍筋，直到原有箍筋间距内，再插空布置。

（9）**附加箍筋边距 a2｜a3**　可进行附加箍筋到次梁边距的设置。

（10）**重叠替代**　勾选后，发现重叠时不布置，保留原有箍筋；不勾选时，则跳过该位置，向远离次梁的位置，间隔一个间距位置继续排布附加箍筋。

（11）**避让键槽**　可选择附加箍筋是否对搭接处的键槽做出避让。

6.3.2　梁附件设计

在预制梁拆分、配筋后，可使用"梁附件设计"功能设计其上的吊件和拉模件。若不勾选该类附件，则相关参数置灰且折叠，进行预制构件附件设计后，该类附件状态不改变（保持原有状态——不布置，或不改变已存在同功能附件）；若勾选该类附件，则可以单独重新设计该功能附件，且影响其他功能的附件。

单击"梁附件设计"按钮，弹出"梁附件设计"对话框，设置参数后，单击或框选梁构件，软件自动完成附件设计。

1. 吊装/脱模件参数

"梁附件设计"对话框内的"吊装/脱模埋件参数"如图 6-55 所示。各项主要参数的含义如下：

（1）**埋件类型**　目前支持吊钉、预埋锚栓（吊母）和两类吊钩，可通过下拉列表直接选择。

（2）**埋件规格**　选择某一埋件类型后，此处下拉框将显示其规格，直接选用即可。如需增、改规格可直接单击右侧的"附件库"按钮，跳转至附件库页面操作。

（3）**埋件排布方式**　当选为"自定义"时，可直接在下方参数框中输入埋件个数和对应的边距定位值，软件将在保证边距的前提下尽量均匀布置埋件。当选为"自动排布"时，软件将按"常用的边距＝20%梁长"规则确定边距，其后均匀布置埋件至满足短暂工况验算（验算的具体规则可参考对应章节），最终的埋件布置将考虑边距、间距的取整。

（4）**边距定位方式**　当"埋件排布方式"选为"自定义"时，此处可选"百分比"或"距离"。选择"百分比"时，输入的边距为梁长的百分比，最终边距和间距均会考虑取整。选择"距离"时，软件将完全按照用户输入的值（以 mm 为单位）设置边距，间距会考虑取整。

2. 拉模件参数

"梁附件设计"对话框内的"拉模件参数"如图 6-56 所示。各项主要参数的含义如下：

（1）埋件类型　目前预埋锚栓（拉模套筒）、预埋 PVC 管和预留通孔，可通过下拉列表直接选择。

（2）埋件规格　埋件类型选择"预埋锚栓"或"预埋 PVC 管"时，此处下拉框将显示其规格，直接选用即可。如需增、改规格可直接单击右侧的"附件库"按钮，跳转至附件库页面操作。

图 6-55　吊装/脱模埋件参数

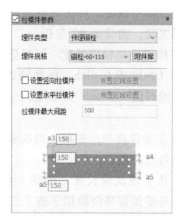

图 6-56　拉模件参数

（3）设置竖向拉模件　根据工程需要可在此处选择是否设置梁端竖向拉模件。需设置时，可通过"布置区域设置"按钮进入布置区域选择界面。

（4）设置水平拉模件　根据工程需要可在此处选择是否设置梁顶部水平拉模件。需设置时，可通过"布置区域设置"按钮进入布置区域选择界面。

（5）拉模件最大间距　根据所输入的边距和最大间距，软件将尽可能在布置区域内均匀布置拉模件，确保拉模件间距不超过所输入的最大值。

6.3.3　主次梁连接

"梁拆分设计"中已可以设置主次梁搭接参数，但实际项目中可能存在需要后期修改的情况，此时可使用"主次梁连接"功能。使用该功能时，首先单击"主次梁连接"按钮，在弹出的对话框内设置参数；之后选中需要调整的主次梁节点（同时选中主梁和次梁即选中了主次梁节点），单击"应用"按钮完成修改。通过该工具修改主次梁连接做法时，将最大限度保留主次梁上已完成的其他设计，仅对局部外形、钢筋进行调整。

单击"主次梁连接"按钮，弹出图 6-57 所示的"主次梁搭接修改工具"对话框。对话框内，提供了主梁预留凹槽、主梁后浇带、牛担板搭接、不处理和机械连接五种主次梁搭接形式。其中前四种做法的参数与"梁拆分设计"中一致，选择"机械连接"时，各项主要参数的含义如下：

（1）主梁侧面粗糙面　勾选此项后，主梁侧面与次梁相接的区域会设置粗糙面，在构件详图中予以表达。

（2）主梁侧面键槽　勾选此项后，主梁侧面与次梁相接的区域会设置键槽，键槽具体参数含义见对话框示意图。需注意，如想主梁侧面键槽与次梁端头键槽一致，勾选"同次梁"即可。

（3）主梁预埋接头 与其他埋件类似，下拉框内选择所需系列即可，"附件库"按钮可用于跳转至附件库补充规格。

（4）构造底筋形式 根据主梁尺寸和次梁钢筋规格，需用户判断在主梁内埋入何种形式的构造筋用于次梁连接。如不确定，可优先尝试直锚，如直锚长度超出主梁宽度，则尝试 90°弯折。

（5）构造底筋锚固长度 可根据 15G301—1 图集自动计算（≥la 或 0.6lab，根据锚固形式确定），或手动输入绝对值（以 mm 为单位）、n 倍 d（d 为钢筋直径）。

（6）主梁预埋构造腰筋 当次梁腰筋需要连入主梁时，可勾选此项。

（7）次梁现浇段长度 根据 15G301—1 的做法，次梁端头需要预留现浇段用于施工连接。如没有在次梁端头预留或需要修改其长度，可勾选此项并设置其长度。

（8）次梁底筋及腰筋伸出长度 为满足施工连接

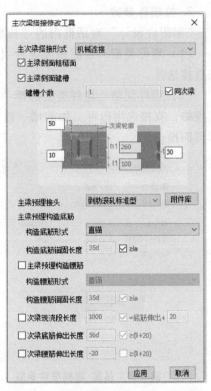

图 6-57 "主次梁搭接修改工具"对话框

要求，次梁底筋及腰筋需要伸出一定长度，如事先没有调整好，也可勾选此项并设置其长度。

6.3.4 梁底筋避让

预制梁设计完三维钢筋后，梁与梁之间、梁与其他构件之间可能存在钢筋碰撞，此时可通过"底筋避让"功能，规则化调整梁底筋，解决部分碰撞。规则化调整不能解决的问题，可以进一步通过"深化设计"选项卡中的"单参修改"命令解决。使用"底筋避让"功能时，只需在对话框内设置好参数，选中单根/多根梁即可完成操作。梁钢筋避让时，左右两端可设置不同参数，但参数含义相同。"左/右"的判定可基于构件局部坐标系原点和梁上文字。单击"底筋避让"按钮，弹出图 6-58 所示对话框，可分别对竖向避让参数和水平避让参数进行设置。

1. 竖向避让参数

（1）左右侧竖向避让方式 避让方式包含"不避让""纵筋弯折"和"钢筋网片"三类：

1）不避让：不对钢筋进行特殊处理，此方向端头的钢筋为直线形式。

2）纵筋弯折：出混凝土端竖向平移抬高（平移值根据左/右侧竖向避让距离确定），中间形成倾斜段（图 6-59）。

3）钢筋网片：底筋整体向上平移（平移值根据左/右侧竖向避让距离确定），不形成弯折，原底筋位置设置一组钢筋网片予以替代（图 6-60）。

（2）左右侧竖向避让距离 钢筋竖向弯折/平移的距离（钢筋中心到钢筋中心）。

（3）竖向避让生效范围　包含"X 向预制梁""Y 向预制梁"和"用户选定梁"三个选项，软件将根据所选的选项过滤被选中的梁，仅满足该生效范围的梁会进行竖向避让操作。推荐选择"用户选定梁"，由用户自行判定希望哪些梁竖向避让。

2. 水平避让参数

（1）左右侧竖向避让方式　避让方式包含"不避让""预制截面外平行弯折""预制截面内平行弯折"和"预制截面内收拢弯折"四类：

1）不避让：不对钢筋进行特殊处理，此方向端头的钢筋为直线形式。

2）预制截面外平行弯折：出混凝土的钢筋平行向某一侧弯折（图 6-61），弯折量根据左右侧水平避让距离确定，弯折方向根据左右侧水平避让距离的正负确定。

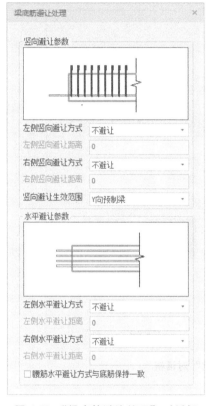

图 6-58　"梁底筋避让处理"对话框

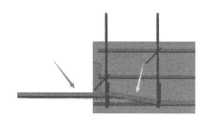

图 6-59　"纵筋弯折"避让

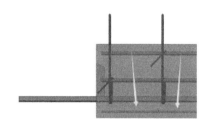

图 6-60　"钢筋网片"避让

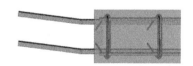

图 6-61　"预制截面外平行弯折"避让

3）预制截面内平行弯折：预制混凝土内的部分平行向某一侧弯折，使钢筋端头水平伸出混凝土（图 6-62），弯折量根据左右侧水平避让距离确定，弯折方向根据左右侧水平避让距离的正负确定。

4）预制截面内收拢弯折：角筋均向梁中线位置对称弯折，弯折段位于预制混凝土内（图 6-63），弯折量根据左右侧水平避让距离确定。

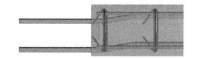

图 6-62　"预制截面内平行弯折"避让

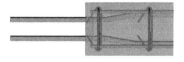

图 6-63　"预制截面内收拢弯折"避让

（2）腰筋水平避让方式与底筋保持一致　当勾选此项时，底筋的避让效果会同时应用到腰筋上，常用于抗扭腰筋要伸出预制混凝土参与连接的情况；不勾选此项时，腰筋将维持直线形状。

6.3.5　梁钢筋自动避让

"梁钢筋自动避让"功能用于调整梁柱节点核心区钢筋碰撞的问题，框选节点后检查钢筋碰撞并自动完成钢筋避让，支持平行弯折、弯折+平移两种方式，可设置避让距离范围、避让方式、避让方向、避让精度等参数，让避让方式更灵活。单击"梁钢筋自动避让"按钮，弹出图 6-64 所示的对话框。

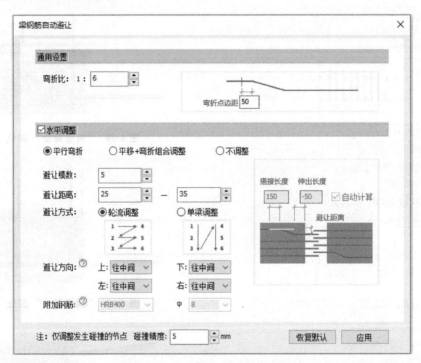

图 6-64　"梁钢筋自动避让"对话框

1. 通用设置

（1）弯折比　钢筋水平弯折偏移距离与水平弯折长度的比。

（2）弯折点边距　可调整预制梁端部截面至弯折点的距离。

2. 水平调整

（1）自动避让方式　梁钢筋水平自动避让方式包含以下三类：

1）平行弯折：节点两侧预制混凝土梁内的部分钢筋都平行向某一侧弯折，使钢筋端头水平伸出混凝土。

2）平移+弯折组合调整：采用该调整方式，节点一侧的预制混凝土梁内的部分钢筋平行向某一侧弯折，可以使钢筋弯折的次数尽可能减少。

3）不调整：不对钢筋进行特殊处理，节点两侧预制混凝土梁端头的钢筋为直线形式；可用于清空所选节点已设置的钢筋避让效果，将进行水平弯折处理的钢筋恢复为直钢筋，不影响避让值。

（2）避让参数　根据不同的深化要求可以设置避让钢筋的相关参数，主要包括：

1）避让模数：在避让距离范围内距离的增值单位，可以避免碎数的产生。

2）避让距离：钢筋弯折的偏移距离。

3）避让方式：包含轮流调整和单梁调整两种方式，轮流调整即左右两端钢筋依次调整，单梁调整即在整体调整左侧梁钢筋之后再进行右侧梁端钢筋的调整。

4）避让方向：可根据需求自动设置梁底筋的优先变动方向，包含向上、向下、往中间、往两边四种类型。

5）碰撞精度：针对钢筋和钢筋之间的净距，可预设碰撞精度，"梁钢筋自动避让"功能仅对精度范围内发生碰撞的钢筋进行调整。

6.3.6　柱配筋设计

预制柱完成拆分设计后，可使用"深化设计"选项卡中的"柱配筋设计"功能，设计其内部的三维钢筋。单击"柱配筋设计"按钮，弹出"柱配筋设计"对话框，设置参数后，单击或框选柱构件，软件自动完成配筋设计。

1. 柱配筋值

"柱配筋值"按钮位于"柱配筋设计"对话框的上方。设计三维钢筋构造前，需先单击"柱配筋值"按钮，跳转至图 6-65 的操作界面，录入柱钢筋的实配面积。单击"PKPM 梁施工图"按钮，跳转到 PKPM 梁施工图模块，根据计算结果生成柱实配钢筋面积，接入 PC 用于三维配筋。不接力计算时，也可直接手动录入配筋值。默认情况下，软件仅显示预制柱的配筋值，可通过勾选"显示现浇柱配筋"显示现浇柱的实配钢筋。需要对配筋值进行修改时，用户可单击配筋值文字或框选多根柱进行修改。

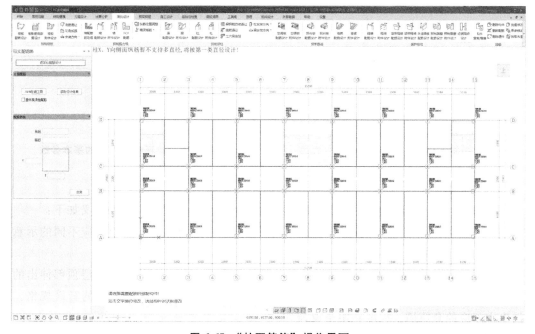

图 6-65　"柱配筋值"操作界面

（1）原位修改 在右侧模型交互区，双击单个构件的配筋值文字，即可弹出编辑框，根据平法配筋图录入对应的值即可。

（2）左侧对话框修改 在右侧模型交互区，单击或多选（框选或按〈Ctrl〉键+单击选择）构件后，即可在左侧对话框的"配筋参数"栏（图 6-66）批量修改其配筋值，单击"应用"按钮后生效。

1）角筋：参考格式为 4C20，"4"是钢筋根数，"C"是钢筋等级，"20"是角筋直径。

2）箍筋：参考格式为 C8@ 100/200(4×4)，"C"是钢筋等级，"8"是箍筋直径，"@ 100/200"指加密区和非加密区间距分别为 100 和 200（无加密区时可写为@ 200），"(4× 4)"指箍筋肢数在 X 向、Y 向分别为 4。

3）边筋：参考格式为 2C20，"C"是钢筋等级，"2"为 X 向或 Y 向边上减去角筋个数的中部钢筋根数，"20"是边筋直径。

2. 基本参数

"柱配筋设计"对话框内的基本参数（纵筋定位方式）如图 6-67 所示。纵筋定位有"按保护层定位（a）"和"按角筋中心定位（b）"。

（1）按保护层定位 此处数值为箍筋外皮至混凝土表面的距离，见示意图中 a 值。

（2）按角筋中心定位 此处数值为柱角筋至混凝土表面的距离，见示意图中 b 值。

当上下层柱出现变直径时，需使不同直径钢筋的中心对齐方可安装，此时可按角筋中心定位柱内钢筋排布，按示意图输入定位值即可。

图 6-66 柱配筋参数

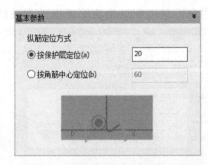

图 6-67 "柱配筋设计"的基本参数

3. 纵筋参数

"柱配筋设计"对话框内的纵筋参数如图 6-68 所示。各项主要参数的含义如下：

（1）纵筋上部做法 "纵筋上部做法"从下拉列表中选择，不同选项对应不同的示意图参数和自动计算规则。

1）承插套筒：如图 6-69 所示，l1 为柱纵筋上部作为直锚从混凝土现浇层顶部伸出的长度，输入伸出值即可；当勾选"自动匹配套筒规格"时，软件将根据匹配的套筒规格，取附件库中相应的套筒插入深度并用于设计。

2）直锚：如图 6-70 所示，参数 l1 为锚固长度，表示柱纵筋从预制柱混凝土顶部伸出的长度，支持输入 mm 为单位的数值或钢筋直径 d 的倍数；当选择"自动计算"时，软件将根据 16G101—1 图集的做法，计算所需的锚固长度并用于设计。

3）锚固板：如图 6-71 所示，参数 l1 为锚固长度，表示柱纵筋从预制柱混凝土顶部到锚固板上表皮的长度，支持输入 mm 为单位的数值或钢筋直径 d 的倍数；当选择"自动计算"时，软件将根据 16G101—1 图集的做法，计算所需的锚固长度并用于设计。

当选为"锚固板"时，下方的"锚固板系列"选项生效，可通过"附件库"按钮跳转至附件库内，增加、修改锚固板的具体参数。锚固板参数确认后，通过下拉框即可选择锚固板系列，软件将在本系列内根据钢筋直径自动匹配对应的锚固板规格用于设计。

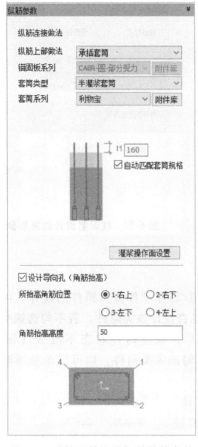

图 6-68　"柱配筋设计"的纵筋参数

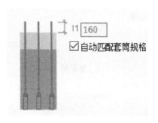

图 6-69　"承插套筒"做法

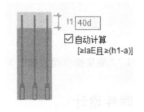

图 6-70　"直锚"做法

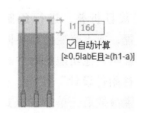

图 6-71　"锚固板"做法

（2）灌浆操作面设置　单击该按钮，弹出图 6-72 所示的对话框，设置灌浆面方位（可多选），即可单选或框选预制柱完成指定。单击"确定"按钮后，指定操作面将在构件详图中表达。

（3）设计导向孔　可通过勾选或取消勾选确定是否设置导向孔，实际项目中，设计师常将某根角筋抬高，以作为导向孔指导预制柱安装，避免安装方向错误。

（4）所抬高角筋位置　可参考示意图（方向以模型俯视图为准），选择四个方向上的角筋，确定抬高的角筋位置。

（5）角筋抬高高度　在柱纵筋的方向上，向上抬高角筋的距离值。

4. 箍筋参数

"柱配筋设计"对话框内的箍筋参数如图 6-73 所示。各项主要参数的含义如下：

（1）箍筋形式　可选择"传统箍"或"焊接封闭箍"。

（2）柱端加密区高度（l2 和 l3）　不勾选"自动计算"时，则可手动输入两端的加密区长度，某一端无须加密时可输入 0。需注意，l3 处输入的加密区长度包含柱底部接缝；勾选"自动计算"时，软件将参考 GB 50011—2010《建筑抗震设计规范》第 6.3.9 条与 JGJ 1—2014《装配式混凝土结构技术规程》第 7.3.5 条相关规定，计算柱端加密区高度。

（3）箍筋边距（ds1 和 ds2）　ds1、ds2 分别为柱顶部或底部箍筋到混凝土边的距离。

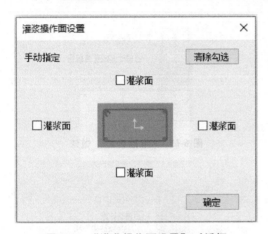

图 6-72　"灌浆操作面设置"对话框

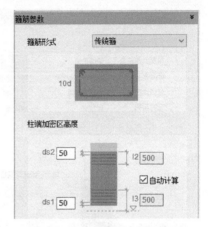

图 6-73　柱配筋设计的箍筋参数

6.3.7　柱附件设计

完成预制构件配筋后，可进行吊装埋件、脱模/斜撑埋件及拉模件的设计。可通过勾选或取消勾选参数栏前的方框，控制在附件设计时是否设计该类附件。若不勾选该类附件，则相关参数置灰且折叠，进行预制构件附件设计后，该类附件状态不改变（保持原有状态——不布置，或不改变已存在同功能附件）；若勾选该类附件，则可以单独重新设计该功能附件，且影响其他功能的附件。

单击"柱附件设计"按钮，弹出"柱附件设计"对话框，设置参数后，单击或框选柱构件，软件自动完成附件设计。

1. 吊装埋件参数

"柱附件设计"对话框内的吊装埋件参数如图 6-74 所示。柱上吊装埋件设置在预制柱顶部。各项主要参数的含义如下：

（1）埋件类型　支持圆头吊钉、弯吊钩、预埋锚栓，可通过下拉列表直接选择。

（2）埋件规格　选择某一埋件类型后，此处下拉框将显示其规格，直接选用即可。如需增、改规格，可直接单击右侧的"附件库"按钮，跳转至附件库页

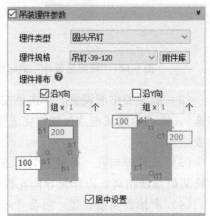

图 6-74　吊装埋件参数

面操作。

（3）埋件排布 可选择"沿 X 向"或"沿 Y 向"布置，也可组合选择 X/Y 方向上布置埋件，可参考示意图设置埋件定位。

（4）居中布置 当选择居中布置时，同方向上布置的埋件沿 X/Y 向居中布置。

2. 脱模/斜撑埋件参数

"柱附件设计"对话框内的脱模/斜撑埋件参数如图 6-75 所示。柱上斜撑埋件兼做脱模时的脱模件，二者在同一面时，可将脱模埋件设置为斜撑埋件。各项主要参数的含义如下：

（1）脱模埋件类型 支持圆头吊钉、预埋锚栓，可通过下拉列表直接选择。

（2）斜撑埋件类型 支持预埋锚栓。

（3）脱模埋件规格和斜撑埋件规格 选择某一埋件类型后，此处下拉框将显示其规格，直接选用即可。

（4）边距定位方式 选择"百分比"时，输入的边距为柱长的百分比，最终边距和间距均会考虑取整；选择"距离"时，软件将完全按照用户输入的值（以 mm 为单位）设置边距，间距会考虑取整。

（5）脱模埋件排布 可输入行列数，根据边距定位值排布脱模埋件。

（6）埋件所在面设置 根据工程需要可在此处交互指定柱子哪个侧面用于脱模，哪个侧面布置斜撑。指定后的埋件面会有文字标识，完成埋件设计后即时生效。

3. 拉模件参数

"柱附件设计"对话框内的拉模件参数如图 6-76 所示。各项主要参数的含义如下：

（1）拉模件类型 支持预埋锚栓、预埋 PVC 管、预留通孔，可通过下拉列表直接选择。

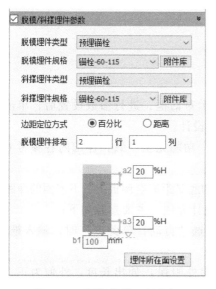

图 6-75 脱模/斜撑埋件参数

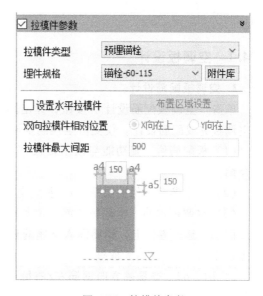

图 6-76 拉模件参数

（2）埋件规格 选择某一埋件类型后，此处下拉框将显示其规格，直接选用即可。

（3）设置水平拉模件 根据工程需要可在此处选择是否设置柱端水平拉模件。需设置时，可通过"布置区域设置"按钮进入布置区域选择界面。

6.3.8 梁柱安装方向

"深化设计"选项卡中"梁安装方向"和"柱安装方向"命令的使用方式与参数含义相同，下面以"柱安装方向"为例进行介绍。

设计和施工时，常需要标记柱构件的方向，避免安装错误。如需在图样中表达柱构件的方向标识，则需通过"柱安装方向"功能生成。单击"柱安装方向"按钮，弹出图 6-77 所示的对话框。

（1）安装方向　提供了上、下、左、右四个选项，均以模型俯视图视角下的上下左右区分。

（2）生成范围　控制安装方向生成的预制板范围。提供了"全楼""本层"和"选中构件"三个选项。选择"全楼"，则为所有自然层中的预制柱。选择"本层"，则为本自然层或者本标准层中的预制柱。选择"选中构件"，则为选集中选中的所有预制柱。

图 6-77　"预制柱安装方向"对话框

（3）原位修改　选中状态下，已经生成的预制方向全部变为可原位修改状态（颜色变为绿色），此时选择（单击或框选）预制柱一次，安装方向顺时针旋转一次（90°）。"原位修改"按钮激活时，对话框内其他功能按钮均不可用。

（4）生成　按照设置的"安装方向"，为"生成范围"内的所有预制柱生成标识。

6.4　预制部品设计

6.4.1　空调板设计

1. 空调板配筋设计

单击"空调板配筋设计"按钮，弹出图 6-78 所示对话框，进行参数设置后，单击或框选空调板完成配筋设计。仅支持全预制空调板的配筋设计。

（1）板配筋值　其功能与预制楼板"板配筋值"功能完全一致，详细内容参考 6.1 节的介绍。

（2）基本参数（保护层厚度）　控制空调板顶筋和底筋距离空调板上、下表面的净距离。

（3）空调板顶筋　空调板顶筋采用对称排布的设计方法，主要参数如下：

1）a：悬挑方向上，钢筋深入支座的长度。当勾选"自动计算此项"时，输入框置灰，伸出长度取 1.1la 并向大取整。

2）b1、b2：非悬挑方向钢筋左/右侧（室内向室外俯视）伸出长度，外伸为正，内缩为负。

3）3 号钢筋接头形式：提供"直锚"和"90°弯钩"两种形式。此参数仅控制悬挑方向钢筋深入到支座的一端，另一端默认 90°弯钩。

4）4 号钢筋接头形式：提供"直锚"和"90°弯钩"两种形式。此参数同时控制非悬挑方向钢筋的两端。

（4）底筋构造

1）布置悬挑板底筋：是否设置板底筋的总控开关。勾选时，后续参数开放。

2）a：悬挑方向上，钢筋深入支座的长度。当勾选"自动计算此项"时，输入框置灰，伸出长度取 15d 并向大取整。

3）b3、b4：非悬挑方向钢筋左/右侧（室内向室外俯视）伸出长度，外伸为正，内缩为负。

2. 空调板埋件设计

单击"空调板埋件设计"按钮，弹出如图 6-79 所示对话框。

（1）基本参数

1）埋件类型：提供"直吊钩"和"圆头吊钉"两种类型。

2）埋件规格：对接"附件库"中选定的"埋件类型"中的埋件规格，可下拉列表选择。

3）吊钩布置方向：当选择的"埋件类型"为"直吊钩"时，该参数可用。提供了"悬挑方向"和"垂直悬挑方向"两个选项。

（2）排布参数

1）埋件自动设计：勾选时，其下的参数置灰不可用，采用相应的规则自动确定埋件位置；取消勾选时，执行按规则布置。当取消勾选时，"边距定位方式"提供"百分比"和"距离"两种定位方式。两种参数的含义参考"楼板附件设计"的相关内容。

2）行、列：按照预制悬挑板的局部坐标系确定行和列，悬挑方向为列，垂直悬挑方向为行。

3）a、b、c、d：分别控制悬挑板左、右、上、下边距。

6.4.2　阳台板设计

1. 全预制阳台板配筋设计

单击"阳台板配筋设计"按钮，弹出"阳台板配筋设计"对话框，切换至"全预制板式"页面进行参数设置后，单击或框选阳台板完成配筋设计。

（1）板配筋值　其功能与预制楼板"板配筋值"功能完全一致，详细内容参考板部分说明。

（2）基本参数（保护层厚度）　控制阳台板顶筋和底筋距离空调板上、下表面的净距离，以及封边部

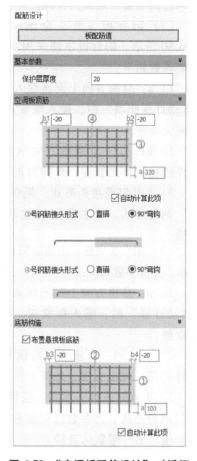

图 6-78　"空调板配筋设计"对话框

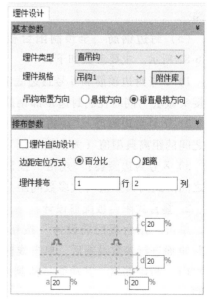

图 6-79　"空调板埋件设计"对话框

分钢筋到混凝土表面的距离。

（3）阳台板顶筋 全预制阳台板顶筋参数如图 6-80 所示。阳台板顶筋采用对称排布的设计方法，主要参数如下：

1）a：悬挑方向上钢筋深入支座的长度。当勾选"自动计算此项"时，输入框置灰，伸出长度取 1.1la 并向大取整。

2）b1、b2：非悬挑方向钢筋左、右侧（室内向室外俯视）伸出长度，外伸为正，内缩为负。

3）2 号钢筋接头形式：提供"直锚"和"90°弯钩"两种形式。此参数同时控制非悬挑方向钢筋的两端。

（4）阳台板底筋 全预制阳台板底筋参数如图 6-81 所示。主要参数如下：

1）a：悬挑方向上钢筋深入支座的长度。当勾选"自动计算"时，输入框置灰，伸出长度取 15d 并向大取整。

2）b3、b4：非悬挑方向钢筋左、右侧（室内向室外俯视）伸出长度，外伸为正，内缩为负。

3）3 号钢筋接头形式：提供"直锚"和"90°弯钩"两种形式。此参数仅控制悬挑方向钢筋远离支座的一端，另一端默认直锚。

4）4 号钢筋接头形式：提供"直锚"和"90°弯钩"两种形式。此参数同时控制非悬挑方向钢筋的两端。

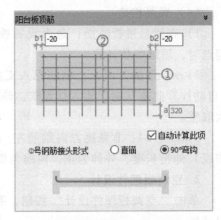

图 6-80 全预制阳台板顶筋参数

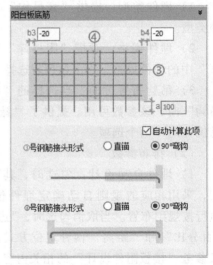

图 6-81 全预制阳台板底筋参数

（5）封边钢筋 全预制阳台板封边钢筋参数如图 6-82 所示。主要参数如下：

1）5 号封边顶筋和 6 号封边底筋："规格"控制封边顶筋的钢筋强度等级和直径。"端部接头做法"同时控制封边顶部钢筋的两端做法，提供"直锚"和"90°弯钩"两种做法。

2）7 号封边箍筋："规格"控制封边顶筋的钢筋强度等级和直径。"间距"控制封边箍筋之间的距离典型值（大多数间距为此值，部分间距小于此值）。

3）8 号封边腰筋："规格"控制封边顶筋的钢筋强度等级和直径。"间距"控制封边腰筋之间的距离典型值（大多数间距为此值，部分间距小于此值）。

2. 叠合式阳台板配筋设计

单击"阳台板配筋设计"按钮，弹出"阳台板配筋设计"对话框，切换至"叠合板式"页面进行参数设置后，单击或框选阳台板完成配筋设计。

（1）板配筋值 其功能与预制楼板"板配筋值"功能完全一致，详细内容参考板部分说明。

（2）基本参数（保护层厚度） 控制阳台板顶筋和底筋距离空调板上、下表面的净距离，以及封边部分钢筋到混凝土表面的距离。

（3）桁架钢筋 叠合式阳台板桁架钢筋参数如图 6-83 所示。主要参数如下：

1）桁架规格：通过下拉列表选择，选项来自于附件库。软件默认提供了 A70、A75、A80、A90、A100、B80、B90 和 B100 等常用规格。桁架规格可以通过"附件库"修改。

2）桁架上、下弦筋伸入封边长度：勾选时，桁架上、下弦筋伸入到封边中，腹杆不伸入。取消勾选时，桁架弦杆钢筋与腹杆钢筋端部齐平。

（4）底筋构造 叠合式阳台板底筋构造参数如图 6-84 所示。主要参数如下：

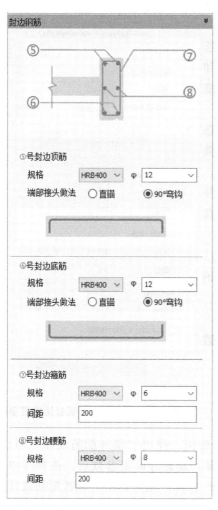

图 6-82 全预制阳台板封边钢筋参数

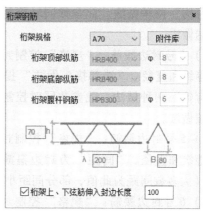

图 6-83 叠合式阳台板桁架钢筋参数

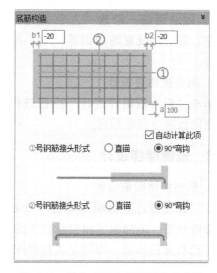

图 6-84 叠合式阳台板底筋构造参数

1）a：悬挑方向上，钢筋深入支座的长度。当勾选"自动计算此项"时，输入框置灰，伸出长度取 15d 并向大取整。

2）b1、b2：非悬挑方向钢筋左、右侧（室内向室外俯视）伸出长度，外伸为正，内缩为负。

3）1 号钢筋接头形式：提供"直锚"和"90°弯钩"两种形式。此参数仅控制悬挑方向钢筋远离支座的一端，另一端默认直锚。

4）2号钢筋接头形式：提供"直锚"和"90°弯钩"两种形式。此参数同时控制非悬挑方向钢筋的两端。

（5）封边钢筋　叠合式阳台板封边钢筋参数如图 6-85 所示。主要参数如下：

1）3 号封边顶筋："规格"控制封边顶筋的钢筋强度等级和直径。"端部接头做法"提供"直锚"和"90°弯钩"两种做法。此参数同时控制封边顶部钢筋的两端做法。

2）4 号封边底筋："规格"控制封边顶筋的钢筋强度等级和直径。"端部接头做法"提供"直锚"和"90°弯钩"两种做法。此参数同时控制封边顶部钢筋的两端做法。

3）5 号封边箍筋："规格"控制封边顶筋的钢筋强度等级和直径。"间距"为封边箍筋之间的距离典型值（大多数间距为此值，部分间距小于此值）。

4）6 号封边腰筋："规格"控制封边顶筋的钢筋强度等级和直径。"间距"为封边腰筋之间的距离典型值（大多数间距为此值，部分间距小于此值）。

5）附加钢筋：勾选"左右封边设置附加钢筋"时，左、右侧将设置附加钢筋，用于与阳台板上层钢筋搭接。

3. 阳台板附件设计

单击"阳台板附件设计"按钮进行设计，其参数和规则同预制空调板相同。

6.4.3　预制楼梯设计

1. 预制楼梯配筋设计

在"深化设计"选项卡单击"楼梯配筋设计"按钮，弹出"楼梯配筋设计"对话框，可对梯段钢筋、端部钢筋和加强钢筋的参数进行设置。设置好配筋参数后，选择（单选或框选）已拆分的梯板，即可完成楼梯配筋。右击或按〈Esc〉键可退出"楼梯配筋设计"对话框。

（1）梯段钢筋　梯段钢筋的相关参数如图 6-86 所示。设置配筋之前，可输入梯板的混凝土保护层厚度，默认值为 20mm。梯段钢筋包含 1 号底部受力纵筋、2 号顶部纵筋和 3 号水平分布筋，可通过下拉菜单选择钢筋等级；通过下拉选择或手动输入的方式设置钢筋直径和排列间距。

（2）端部钢筋　端部钢筋的相关参数如图 6-87 所示。端部钢筋包含顶部和底部平直段的水平筋（4、6 号钢筋）和箍筋（5、7 号钢筋），可通过下拉菜单选择钢筋等级；通过下拉选择或手动输入的方式设置钢筋直径和排列间距。

图 6-85　叠合式阳台板封边钢筋参数

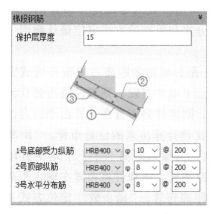

图 6-86　梯段钢筋的相关参数

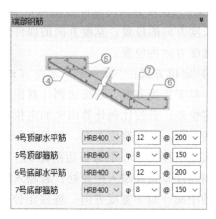

图 6-87　端部钢筋的相关参数

（3）加强钢筋　加强钢筋的相关参数如图 6-88 所示。加强钢筋包含销键加强筋（8 号钢筋）、吊点加强筋（10 号钢筋）和板边加强筋（11、12 号钢筋），可通过下拉菜单选择钢筋等级；通过下拉选择或手动输入的方式设置钢筋直径。

2. 预制楼梯附件设计

完成预制楼梯配筋后，可框选或单选预制楼梯进行吊装埋件、脱模埋件及栏杆预留预埋件的设计。可通过勾选或取消勾选参数栏前的复选框，控制在附件设计时是否设计该类附件。若不勾选该类附件，则相关参数置灰且折叠，进行预制构件附件设计后，该类附件状态不改变（保持原有状态——不布置，或不改变已存在同功能附件）；若勾选该类附件，则可以单独重新设计该功能附件，且影响其他功能的附件。

单击"楼梯附件设计"按钮，弹出"楼梯附件设计"对话框，设置参数后，单击或框选已配筋的楼梯，软件自动完成附件设计。右击或按〈Esc〉键可退出楼梯埋件设计对话框。

（1）吊装埋件参数　预制楼梯吊装埋件参数如图 6-89 所示。

1）埋件类型与规格：软件提供了圆头吊钉和预埋锚栓两种吊装埋件类型，通过下拉列表切换。

2）埋件排布方式：埋件排布方式有"自定义"和"自动排布"两种。当输入完长度方向和宽度方向的埋件个数后，若选择"自动排布"，软件会根据梯板长度或宽度自动按照 20% 的定位距离布置最外侧四个吊装埋件的位置，中间埋件按平分间距排布。若选择

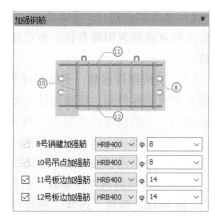

图 6-88　加强钢筋的相关参数

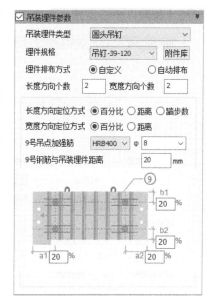

图 6-89　预制楼梯吊装埋件参数

"自定义"，长度方向的埋件边距可根据百分比、距离和踏步数的方式定位最外侧四个吊装埋件长度方向的位置；宽度方向的埋件边距可根据百分比和距离的方式定位最外侧四个吊装埋件宽度方向的位置。

3）定位方式："百分比"定位方式是指埋件中心距梯板边的距离占梯板长度或宽度的比例。对于长度方向，若按比例计算出来的位置处于上下端平直段，则埋件将布置在计算出来的定位处；若按比例计算出来的定位处于踏步范围，则埋件将布置在计算出来的定位所处踏步的中间。对于宽度方向，埋件根据梯板宽度按照比例计算出来的位置布置。"距离"定位方式是指埋件中心距梯板边的距离。对于长度方向，当输入距离小于上下端平直段长度时，则埋件布置在输入距离处；若输入距离位于踏步范围时，则埋件将布置在输入距离所处踏步的中间。对于宽度方向，埋件定位则按实际输入距离布置。"踏步数"定位方式是指从位于倾斜段的踏步第 1 步开始算起，直接输入埋件所在位置的踏步数，定位在所处踏步的中间。

4）吊点加强筋（9 号钢筋）：可通过下拉列表选择钢筋等级，也可以通过下拉选择或手动输入的方式设置钢筋直径。吊点加强筋与吊装埋件距离，可通过手动输入的方式设置距离数值。

（2）脱模埋件参数　预制楼梯脱模埋件参数如图 6-90 所示。脱模埋件位置可选择设置在梯井侧或非梯井侧。脱模埋件类型有"弯吊钩"和"圆头吊钉"两种，可通过下拉列表切换选择。当脱模埋件类型为"弯吊钩"时，需设置键槽，可在键槽参数栏里输入键槽的尺寸信息和沿厚度方向的定位信息。当脱模埋件类型为"圆头吊钉"时，水平默认按照第二个踏步中心和沿梯板厚度中心定位吊钉的位置。

（3）栏杆预留预埋件参数　栏杆连接方式可选择"预埋焊板"（图 6-91）或"预留孔洞"（图 6-92）两种。选择"预埋焊板"时，可用下拉列表选择焊板规格。设置位置可选择踏步正面和侧面，定位距离可在示意图中相应位置输入距离值。若勾选"设置凹槽"，同时可在示意图上修改凹槽扩出尺寸 c 和深度 h。选择"预留孔洞"时，可在示意图上原位输入洞口尺寸和洞口中心距踏步边的定位。

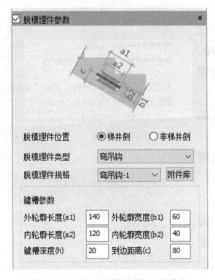

图 6-90　预制楼梯脱模埋件参数

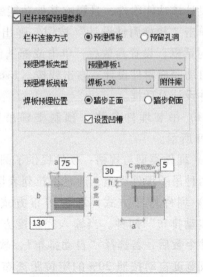

图 6-91　栏杆预留预埋件参数（预埋焊板方式）

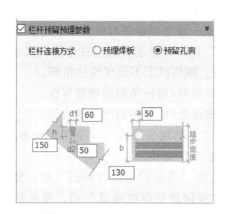

图 6-92　栏杆预留预埋件参数（预留孔洞方式）

6.5　围护结构设计

6.5.1　预制隔墙配筋设计

预制隔墙拆分设计完成后，即可使用"隔墙配筋设计"命令进行三维钢筋设计。单击"隔墙配筋设计"按钮，弹出"隔墙配筋设计"对话框，设置配筋参数后，单击或框选隔墙，完成隔墙的配筋设计。预制隔墙配筋设置主要包括的参数类型有基本参数、竖向筋参数、水平筋参数、拉筋参数、洞口加强筋参数等。

1. 基本参数

隔墙的保护层厚度为水平筋外皮到混凝土表面的距离。

2. 竖向筋参数

隔墙竖向筋参数如图 6-93 所示，主要参数含义如下：

（1）竖向筋钢筋等级、直径、钢筋间距

1）钢筋等级：可选择 HPB300、HRB335、HRB400、HRB500、CRB550、CRB600、HTRB600 和 T63。

2）钢筋直径：可选择 6、8、10、12、14、16、18、20、22、25、28、32、36 和 40，单位 mm。

3）钢筋间距：可选择 100、150、200、250 和 300，或手动输入，单位 mm。

（2）钢筋边距　竖向钢筋边距为竖向钢筋至墙端或洞边的距离。洞口加强筋的做法选择影响竖向筋的排列计算方式，洞口加强筋选择做法一时，竖向筋按照至墙端或洞边 40mm（钢筋边距），中间以输入的间距排布，余数 + 间距均分到两端的方式排布。洞口加强筋选择做法二时，竖向筋按照至墙端边 40mm（钢

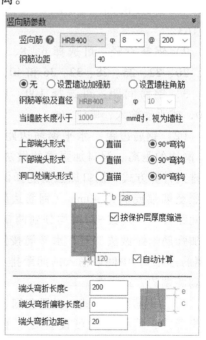

图 6-93　隔墙竖向筋参数

筋边距），中间以用户输入的间距排布，余数+间距均分到两端的方式排布。

（3）墙边加强筋/墙柱角筋　墙边加强筋与设置墙柱角筋互斥。

1）勾选"设置墙柱角筋"时，可手动设置墙柱角筋设置墙柱判断的阈值，以墙肢长度为准，阈值以下设置墙柱角筋，阈值以上不设置墙柱角筋。

2）钢筋等级：设置墙边加强筋/墙柱角筋的钢筋等级。

3）钢筋直径：设置墙边加强筋/墙柱角筋的钢筋直径。

4）钢筋端头形式：设置"上部端头形式""下部端头形式"和"洞口处端头形式"，可设置端头形式为"直锚"或"90°弯钩"。

（4）竖向筋伸出长度　勾选"按保护层厚度缩进"时，竖向筋按照设置的保护层厚度设置钢筋缩进值，当不勾选"按保护层厚度缩进"时，竖向筋伸出长度 b 亮显，可设置伸出长度值。

（5）竖向筋弯折平直段长度　竖向筋弯折平直段长度勾选"自动计算"时，弯折平直段长度默认自动计算规则选择（伸长至墙厚-保护层）与 15d 的较小值。当不勾选"自动计算"时，可设置弯折平直段长度值。

（6）钢筋弯折　设置竖向分布筋和墙柱角筋的顶部端头弯折，可设置"端头弯折长度 c""端头弯折偏移长度 d"和"端头弯折边距 e"的值。

3. 水平筋参数

隔墙水平筋参数如图 6-94 所示，主要参数含义如下：

（1）水平钢筋等级、直径、钢筋间距

1）钢筋等级：可选择 HPB300、HRB335、HRB400、HRB500、CRB550、CRB600、HTRB600 和 T63。

2）钢筋直径：可选择 6、8、10、12、14、16、18、20、22、25、28、32、36 和 40，单位 mm。

3）钢筋间距：可选择 100、150、200、250 和 300，或手动输入，单位 mm。

（2）钢筋边距　水平钢筋边距为水平钢筋距墙端/洞边的距离。洞口加强筋的做法选择影响水平筋的排列计算方式，洞口加强筋选择做法一时，竖向筋按照至墙端或洞边 40mm（钢筋边距），中间以输入的间距排布，余数+间距均分到两端的方式排布。洞口加强筋选择做法二时，水平筋按照至墙端边 40mm（钢筋边距），中间以输入的间距排布，余数+间距均分到两端的方式排布。

（3）钢筋端头形式　设置左侧、右侧和洞口处的端头形式，端头形式可设置为"直锚"或"90°弯钩"。

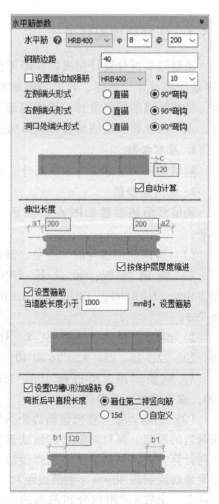

图 6-94　隔墙水平筋参数

（4）水平筋弯折平直段长度　水平筋弯折平直段长度勾选"自动计算"时，弯折平直段长度默认自动计算规则选择（伸长至墙厚-保护层）与 15d 的较小值。当不勾选"自动计算"时，可设置弯折平直段长度值。

（5）水平筋伸出长度　勾选"按保护层厚度缩进"时，水平筋按照设置的保护层厚度设置钢筋缩进值，当不勾选"按保护层厚度缩进"时，水平筋伸出长度 a1、a2 亮显，可设置伸出长度值。

（6）闭口箍筋最大阈值　当墙长小于该阈值时，水平筋形式为矩形闭口筋，阈值以上为开口筋。

（7）设置凹槽 U 形加强筋　墙体设置竖向凹槽时，勾选"设置凹槽 U 形加强筋"，弯折后的平直段长度中，可选择"箍住第二排竖向筋""15d"和"自定义"三种长度布置方式布置加强筋。

4. 拉筋参数

隔墙拉筋参数如图 6-95 所示，主要参数含义如下：

（1）拉筋直径、等级

1）拉筋等级：可选择 HPB300、HRB335、HRB400、HRB500、CRB550、CRB600、HTRB600 和 T63。

2）拉筋直径：可选择 6、8、10、12、14、16、18、20、22、25、28、32、36 和 40，单位 mm。

（2）拉筋做法　可选"梅花形"和"矩形"布置两种方式。

图 6-95　隔墙拉筋参数

（3）拉筋间距　设置梅花形布置和矩形布置时，拉筋的最大间距，最大间距设计值为正整数。

（4）设置封口 U 形筋　当钢筋（水平或竖向筋）为不伸出的直筋时，勾选"设置封口 U 形筋"，弯折后平直段长度可选择"15d"和"自定义"两种方式。

5. 洞口加强筋参数

洞口加强筋参数如图 6-96 所示，主要参数含义如下：

（1）洞口加强筋直径、等级

1）洞口加强筋等级：可选择 HPB300、HRB335、HRB400、HRB500、CRB550、CRB600、HTRB600 和 T63。

2）洞口加强筋直径：可选择 6、8、10、12、14、16、18、20、22、25、28、32、36 和 40，单位 mm。

（2）洞口加强筋做法

做法一：洞口加强筋仅布置角部加强筋，b、e、l 参数开放，可设置洞口角部加强筋的参数值。

做法二：补充水平竖向加强筋，设置伸出洞口混凝土边缘距离。

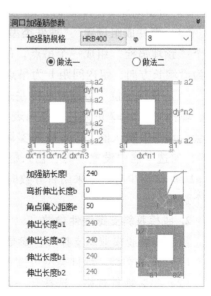

图 6-96　洞口加强筋参数

6.5.2 预制隔墙附件设计

预制隔墙配筋设计完成后，即可使用"隔墙附件设计"功能进行隔墙的三维埋件设计。单击"隔墙附件设计"按钮，设置隔墙附件参数后，单击或框选隔墙，完成预制隔墙附件设计。可通过勾选或取消勾选参数栏前的复选框，控制在附件设计时是否设计该类附件。预制隔墙附件设计包括的主要参数有吊装埋件、脱模兼斜支撑埋件、侧面连接埋件、上下侧连接和拉模件参数。

1. 吊装埋件参数

预制隔墙吊装埋件参数如图 6-97 所示，主要参数含义如下：

（1）吊装埋件类型　软件提供圆头吊钉、预埋锚栓、弯吊钩和直吊钩四类吊装埋件。

（2）吊装埋件规格　选择某一埋件类型后，此处下拉列表将显示其规格，直接选用即可。需增、改规格可直接单击右侧的"附件库"按钮。

（3）排布方式　吊点排布为吊点［吊钉中心、弯钩中心、锚栓中心、一组（两个）锚栓中心］沿墙长方向的排列设置，提供以下三种设置方式：

图 6-97　预制隔墙吊装埋件参数

1）指定数量：按照 a1、a2 设置取边距值，按用户设置吊点数量在满足边距的条件下均匀布置。

2）按最大间距 d：按照 a1、a2 设置取边距值，间距按照用户设置最大间距反算吊点数量，余数均分在首尾间距里；若（墙长 L-左右边距）≤最大间距，则只布置两个吊点。

3）自由间距 d：按照 a1、a2 设置取边距值，中间吊点定位按照自由间距依次取值。

（4）埋件成组设置　"埋件类型"选择"预埋锚栓"时，"埋件成组设置"选项生效。两个"预埋锚栓"组成一个吊点，吊点中心位于两个"预埋锚栓"中间。埋件成组布置方向为沿墙长方向，组内间距 b 为吊点内两个预埋锚栓的中心距离。

（5）埋件定位　可设置埋件左边距 a1、埋件右边距 a2 和厚度方向定位值。埋件左边距 a1、埋件右边距 a2 可通过下拉列表设置边距单位，下拉列表提供%和 mm 选项，切换单位时会自动切换默认值，也可按照实际需求输入定位值。厚度方向定位可选择是否"居中设置"，勾选"居中设置"时，输入框置灰，当不勾选"居中设置"时，输入框亮显可输入。当 a1 和 a2 至少有一个采用百分数时，"百分比计算取值模数"亮显，提供 100、10、5 和 1 四个选项。

2. 脱模兼斜支撑埋件参数

预制隔墙脱模兼斜支撑埋件参数如图 6-98 所示，主要参数含义如下：

（1）埋件类型　埋件类型可选择预埋锚栓。

（2）吊装埋件规格　选择某一埋件类型后，此处下拉列表将显示其规格，直接选用即可。如需增、改规格可直接单击右侧的"附件库"按钮。

（3）埋件列数

1）指定数量：按照 b3、b4 设置取边距值，按用户设置吊点数量在满足边距的条件下均匀布置；

2）按最大间距 d：按照 b3、b4 设置取边距值，间距按照用户设置最大间距反算吊点数量，余数均分在首尾间距里；若（墙长 L−左右边距）≤最大间距，则只布置两列吊点。

3）自由间距 d：按照 b3、b4 设置取边距值，中间吊点定位按照自由间距依次取值。

（4）埋件行数　吊点［锚栓中心、一组（两个）锚栓中心］沿墙长方向的排列设置，按"指定数量"进行设置，即按照 b1、b2 设置取边距值，按设置吊点数量在满足边距的条件下均匀布置。

（5）埋件成组设置　可选择是否成组设置埋件。两个"预埋锚栓"组成一个吊点，吊点中心位于两个"预埋锚栓"中间。"埋件成组布置方向"可选择"沿墙长方向"或"沿墙高方向"。"组内间距 b"为吊点内两个预埋锚栓的中心距离。

（6）埋件定位　可设置埋件下边距 b1、埋件上边距 b2、埋件右边距 b3 和埋件右边距 b4，可通过下拉列表设置边距单位，下拉列表提供%和 mm 选项，切换单位时会自动切换默认值，也可按照实际需求输入定位值。b1、b2、b3、b4 至少有一个采用百分数时，"百分比计算取值模数"亮显，提供 100、10、5 和 1 四个选项。

图 6-98　预制隔墙脱模兼斜支撑埋件参数

3. 侧面连接埋件参数

预制隔墙侧面连接埋件参数如图 6-99 所示，主要参数含义如下：

（1）埋件类型与规格　软件提供预制隔墙侧面连接埋件类型包括"预埋锚栓""预埋螺母（焊板）"和"预埋锚栓"。选择某一埋件类型后，可通过下拉列表选择其规格。

（2）自动识别生成　勾选"自动识别与现浇墙/柱相连的墙端设置"时，软件自动识别现浇墙相交墙端布置生成侧面连接埋件，取消勾选时，可以勾选选择生成侧面连接件的"连接端部"（左端和右端）。

（3）埋件排列　可输入正整数设置埋件生成的竖向排列间距 d 和竖向底边距 b。勾选"居中设置"时，沿墙厚中心布置埋件，取消勾选，可设置埋件距离局部坐标系起点厚度方向的距离。

图 6-99　预制隔墙侧面连接埋件参数

4. 上下侧连接参数

预制隔墙上下侧连接参数如图 6-100 所示，主要参数含义如下：

（1）墙顶连接方式　提供预制隔墙上侧连接埋件类型，包括"预留插筋孔""预留盲孔""连接钢筋""干式连接"和"无"，可通过下拉列表直接选择。选择墙顶连接方式后，可对应选择连接埋件的规格和设置连接埋件的定位。

（2）墙底连接方式　提供预制隔墙下侧连接埋件类型，包括"预留盲孔""干式连接"和"无"，可通过下拉列表直接选择。选择墙底连接方式后，可对应选择连接埋件的规格和设置连接埋件的定位，勾选"水平定位同墙顶"时，墙底连接埋件的水平定位参照墙顶水平定位的值；取消勾选，可设置墙底埋件在水平方向的定位尺寸、盲孔最大距。

（3）干式连接压槽及埋件参数　当墙顶或墙底有选用干式连接时生效，提供干式连接压槽埋件类型包括"预埋锚栓"和"预埋螺母（焊板）"。选择某一埋件类型后，可通过下拉列表选择其规格。

压槽尺寸可以通过连接压槽外宽度 c1、连接压槽内宽度 c2、连接压槽外高度 d1、连接压槽内高度 d2 和连接压槽深度 t 来设置。

5. 拉模件参数

预制隔墙拉模件参数如图 6-101 所示，主要参数含义如下：

（1）拉模埋件类型　提供预制隔墙拉模埋件类型，包括"预埋锚栓"和"预埋 PVC 管"。选择某一埋件类型后，可通过下拉列表选择其规格。

（2）埋件布置　可设置竖向拉模件或者水平拉模件，利用"布置区域设置"功能可自动识别相邻现浇区域，或手动指定区域，同时可设置拉模件最大间距及各拉模件距端部的距离。参数设置完成后单击构件即可完成相应拉模件布置。

6.5.3　梁带隔墙设计

1. 梁带隔墙配筋设计

梁带隔墙拆分设计完成后，即可使用"梁带隔墙配筋设计"进行三维钢筋设计。单击"梁带隔墙配筋设计"按钮，在弹出的对话框内设置配筋参数后，单

图 6-100　预制隔墙上下侧连接参数

图 6-101　预制隔墙拉模件参数

击或框选梁带隔墙，完成梁带隔墙的配筋设计。梁带隔墙配筋设计的主要参数包括水平筋、竖向筋、拉筋、洞口加强筋和连接钢筋等的钢筋参数。

（1）水平筋参数　梁带隔墙水平筋参数如图 6-102 所示。水平钢筋直径、级别、间距和边距根据项目需求输入。勾选"洞边墙设置箍筋"时，可设置梁带隔墙洞边墙宽度小于 n 倍墙厚，按墙柱箍筋设置。

（2）竖向筋参数　梁带隔墙竖向筋参数如图 6-103 所示。竖向筋直径、级别、间距和边距根据项目需求输入。竖向钢筋避开梁底筋，可通过"端头弯折长度"和"端头弯折偏移长度"进行设置。

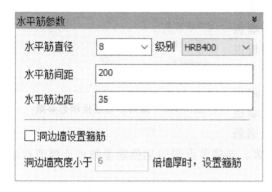

图 6-102　梁带隔墙水平筋参数

图 6-103　梁带隔墙竖向筋参数

（3）拉筋参数　梁带隔墙拉筋参数如图 6-104 所示。拉筋直径和等级根据项目需求输入。根据不同工艺需求，拉筋排布可分为"梅花形"或"矩形"。当选择"梅花形"时，自动按照隔一布一形式排布；当选择为矩形时，可按照手动输入的"拉筋最大间距"进行排布。

（4）洞口加强筋参数　梁带隔墙洞口加强筋参数如图 6-105 所示。洞口加强筋直径和等级根据项目需求输入。洞口加强筋位置及尺寸可手动输入。

图 6-104　梁带隔墙拉筋参数

图 6-105　梁带隔墙洞口加强筋参数

（5）连接钢筋参数　梁带隔墙连接钢筋参数如图 6-106 所示。上、下层梁带隔墙可通过连接钢筋进行弱连接，同时在上一层对应位置设置盲孔。在对话框内设置钢筋直径、等级、位置及长度，可在对应位置自动生成盲孔。

2. 梁带隔墙附件设计

梁带隔墙配筋设计完成后，即可使用"梁带隔墙附件设计"功能进行梁带隔墙的三维埋件设计。单击"梁带隔墙附件设计"按钮，在弹出的对话框内设置梁带隔墙附件参数后，单击或框选隔墙，完成梁带隔墙附件设计。可通过勾选或取消勾选参数栏前的复选框，控制在附件设计时是否设计该类附件。梁带隔墙附件设计的主要参数包括吊装埋件、脱模兼斜支撑埋件、侧面连接件、拉模件等。梁带隔墙附件设计的参数含义和设置方法与预制隔墙相同。

6.5.4 外挂墙板配筋设计

外挂墙板拆分设计完成后，即可使用"外挂墙板配筋设计"功能进行三维钢筋设计，软件在外挂墙板配筋设计的同时，按照默认规格及排列对外挂墙板进行吊装、脱模埋件、连接节点处支撑埋件的布置。单击"外挂墙板配筋设计"按钮，在弹出的对话框内设置配筋参数后，单击或框选外挂墙板，完成外挂墙板的配筋设计。外挂墙板配筋设计的主要参数包括钢筋

图 6-106　梁带隔墙连接钢筋参数

排布参数、洞口加强筋参数、点连接挂板埋件参数、连接节点竖向加强筋参数和连接节点水平加强筋参数。

1. 钢筋排布参数

外挂墙板钢筋排布参数如图 6-107 所示。竖向及水平钢筋直径、级别和间距，以及拉筋直径和等级根据项目需求填写。竖向筋与水平筋相对位置可选择"竖向筋在内侧"或"竖向筋在外侧"，竖向筋闭合形式根据不同项目工艺要求，可采用"闭合"或"不闭合"的形式。根据不同工艺需求，拉筋排布形式可采用"交叉排布"。当选择"梅花形"时，自动按照隔一布一形式排布；当选择为"矩形"时，可按照手动填写的拉筋间最大间距进行排布。

2. 洞口加强筋参数

外挂墙板洞口加强筋参数如图 6-108 所示。洞口加强筋直径和等级，以及洞口加强筋位置及尺寸根据项目需求填写。

3. 点连接挂板埋件参数

外挂墙板点连接挂板埋件参数如图 6-109 所示。根据 16G333 16J110—2《预制混凝土外墙挂板》图集，需要在外挂墙板上设置标高埋件。在对话框内可根据图示输入对应埋件位置。

4. 连接节点竖向/水平加强筋参数

外挂墙板连接节点竖向和水平加强筋参数如图 6-110 和图 6-111 所示。加强筋直径、等级、数量和位置根据项目要求填写。

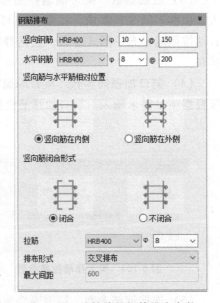

图 6-107　外挂墙板钢筋排布参数

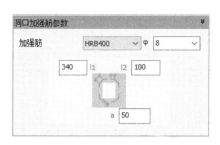

图 6-108　外挂墙板洞口加强筋参数

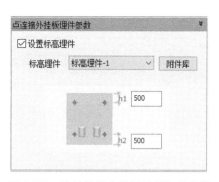

图 6-109　外挂墙板点连接挂板埋件参数

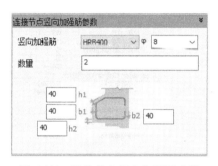

图 6-110　连接节点竖向加强筋参数

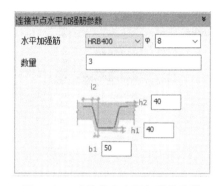

图 6-111　连接节点水平加强筋参数

6.5.5　预制飘窗设计

1. 预制飘窗配筋设计

预制飘窗拆分设计完成后，即可使用"预制飘窗配筋设计"功能进行三维钢筋设计。单击"预制飘窗配筋设计"按钮，弹出图 6-112 所示的对话框，设置配筋参数后，单击或框选飘窗，完成预制飘窗配筋设计。

"预制飘窗配筋设计"对话框内，左下侧为构件类型列表，与拆分设计保持一致；右下侧为配筋参数，切换左侧列表选项，右侧列表参数随动切换。不同类别飘窗的配筋参数基本相似，可分别输入保护层厚度、钢筋等级、上飘板、下飘板、侧板、转角墙及背板等的钢筋强度、直径、排布边距、排布间距等参数信息，完成飘窗配筋设计。

2. 预制飘窗附件设计

预制飘窗配筋设计完成后，即可使用"预制飘窗附件设计"功能进行飘窗吊装脱模等埋件设计。单击"预制飘窗附件设计"按钮，弹出图 6-113 所示的对话框，设置附件参数后，单击或框选飘窗，完成预制飘窗附件设计。可通过勾选或取消勾选参数栏后的复选框，控制在附件设计时是否设计该类附件。

在"预制飘窗附件设计"对话框内，左下侧为构件类型列表，与配筋设计保持一致；右下侧为附件参数，切换左侧列表选项，右侧列表参数随动切换。不同类别飘窗的附件参数基本相似，可分别输入吊装兼调整标高内埋螺母、墙板平整度调节内埋螺母、临时支撑内埋螺母、脱模钢筋吊环、窗框固定钢片相关参数，完成飘窗埋件设计。

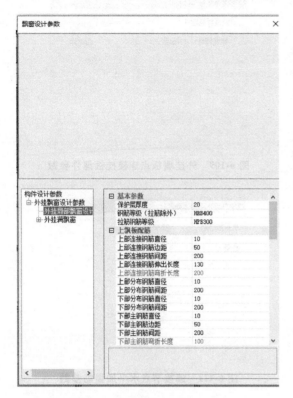

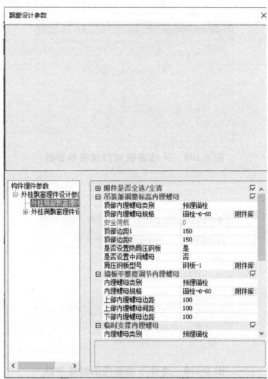

图 6-112　预制飘窗配筋设计参数　　　图6-113　预制飘窗附件设计参数

6.5.6　轻质隔墙设计

　　此功能主要用于轻质条板墙的拆分方案和深化设计。目前，PKPM-PC 软件中隔墙做法参考 DBJT 13—111（闽 2019—G—129）《福建省装配式内隔墙及建筑构造》图集。在使用"隔墙建模"功能完成蒸压加气混凝土（ALC）隔墙创建后，进行'预制隔墙'的预制属性指定，完成后即可采用"轻质隔墙设计"功能对 ALC 墙进行条板拆分、配筋及附件设计等深化工作。在"深化设计"选项卡单击"轻质隔墙设计"命令，弹出图 6-114 所示的对话框。该对话框包含"拆板方案"和"条板参数"两个选项卡。

　　在"拆板方案"选项卡内，选择"自动排板"方式，并在"条板参数"选项卡进行参数设置后，在模型中单击或框选已指定预制属性的蒸压加气混凝土板进行拆分。选择"手动排板"方式，可选择已存储的拆分方案，在模型中单击或框选已指定预制属性的蒸压加气混凝土板进行拆分，如果选择构件与拆分方案匹配则拆分成功，否则提示拆分方案不匹配；对于无拆分方案匹配的板可以单击"拆板编辑器"按钮，选择需要设计为条板的隔墙，右键确定后，进入轻质隔墙深化设计环境（图 6-115），进行拆分。该设计环境中，自动排板和主界面的自动排板规则及参数一致；排板方案与主界面的拆分方案保持一致；设计参数和"条板参数"一致。"拆板编辑器"操作界面的主要功能介绍如下：

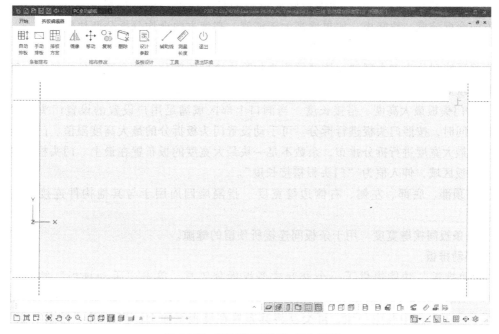

轻质隔墙设计 对话框

| 轻质隔墙设计 | × |

拆板方案　条板参数

● 自动排板

竖板最大高度　　3300　　□ 同隔墙高度

竖板最大宽度　　600

1200　<洞口宽度≤　1500　时，设置门头板

门头板最大高度　　400

门头板搭接长度　　150

顶部边缝宽度　　10

底部边缝宽度　　10

左侧边缝宽度　　5

右侧边缝宽度　　5

条板间接缝宽度　　5

○ 手动排板

拆分方案：

拆板编辑器

注：如果无合适拆板方案选择或者希望修改当前已
拆分轻质隔墙的拆分方案，请使用"拆板编辑器..."功
能进入"拆板编辑器"环境中进行设置。

示意图 >>

| 轻质隔墙设计 | × |

拆板方案　条板参数

外形参数

板型　　● 普通板　　○ 企口板

倒角尺寸(a)　　5

企口宽度(b)　　15

企口深度(c)　　10

☑ 配筋参数

配筋形式　　● 单层网片　　○ 双层网片

竖向筋规格　　HRB400　Φ　10

竖向筋边距　　15

竖向筋最大间距　　200

竖向筋厚度边距　　15

水平筋规格　　HRB400　Φ　10

水平筋边距　　15

水平筋最大间距　　200

附件参数

☑ 层顶连接件　U形钢卡　墙厚100　附件库

☑ 层底连接件　U形钢卡　墙厚100　附件库

☑ 门头板连接件　U形钢卡　墙厚100　附件库

□ 左侧连接件　U形钢卡　墙厚100　附件库

□ 右侧连接件　U形钢卡　墙厚100　附件库

侧面连接件间距　　1000

示意图 >>

图 6-114　"轻质隔墙设计"对话框

图 6-115　"拆板编辑器"操作界面

1. 自动排板

"自动排板"功能提供了一个快捷的条板拆分工具。自动拆分规则参考了《福建省装配式内隔墙及建筑构造》，条板由竖板和门头板排布组成。单击"自动排板"按钮，弹出图 6-116 所示的对话框，设置参数后，单击"排板"按钮，软件按照设置参数进行条板拆分。单击对话框中的"示意图"按钮，可控制右侧示意图是否展示。示意图中，竖向条板为竖板，横向条板为门头板。

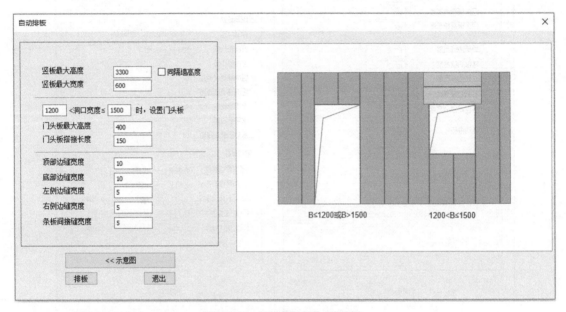

图 6-116 "自动排板"对话框

（1）竖板最大高度 可手动设置竖板拆分的最大高度限值。如果墙高小于等于该值，高度方向会拆分成一块竖板；如果墙高大于该值，高度方向会均分拆分两块竖板。

（2）竖板最大宽度 可手动设置竖板拆分的最大宽度限值。排板时，以隔墙轮廓和门窗轮廓将隔墙划分为多个区域，该区域应为扣除边缝后的部分，每个区域独立排板。每个区域排版时按照最大宽度进行排板，余数不足一块竖板最大宽度的，排布在最右侧。

（3）门头板最大高度、搭接长度 当洞口上部区域满足用户设置的设置门头板洞口宽度限制区间时，按照门头板进行拆分。可手动设置门头板拆分的最大高度限值。门头板从下向上按照最大宽度进行拆分排布，余数不足一块最大宽度的板布置在最上。门头板两侧需对称伸入竖板区域，伸入值为"门头板搭接长度"。

（4）顶部、底部、左侧、右侧边缝宽度 指隔墙四周用于与其他构件连接所预留的缝隙。

（5）条板间接缝宽度 用于条板间连接所预留的缝隙。

2. 手动排板

"手动排板"功能提供了一个交互式条板拆分工具。单击"手动排板"按钮，弹出图 6-117 所示的对话框。对话框中默认为任意矩形，同时可以通过"增加"按钮添加固定尺寸的形状数据，选中其中一项，可交互将其布置在墙板平面上。当采用"任意"矩形时，可先后拾取矩形两个斜角点位置，完成条板布置；当采用"固定"矩形时，可先后拾取矩形的一个角点，再单击一点确认矩形布置的方向，完成条板布置。

3. 排板方案

考虑拆分方案的重复使用，软件提供了"排板方案"功能。存储的方案在下次需要的时候可以直接从"排板方案"中调用，应用至当前墙板上，实现快速拆分。

当一个墙板拆分设计完成后，可单击"排板方案"按钮，弹出图 6-118 所示的对话框，此时，当前排板方案直接加载至对话框中，可修改方案名称，单击"保存"按钮，进行方案存储。当进入条板拆分环境时，载入墙板与存储方案相匹配，可直接打开"排板方案"，在方案下拉列表中选出拟用方案，单击"应用"按钮，将拆分方案应用至当前墙板上。

图 6-117　"手动拆分"对话框

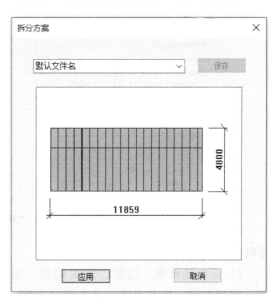

图 6-118　"拆分方案"对话框

4. 排布修改

主要包括镜像、移动、复制、删除等修改工具，用于拆分的条板、绘制的辅助线的编辑，按照屏幕提示进行操作即可。

5. 参数设置

单击"参数设置"按钮，弹出图 6-119 所示的对话框。对话框中，左侧为参数区，右侧为配图区，可通过左侧"示意图"按钮进行配图的显隐。轻质隔墙深化设计环境内形成的排布板块在退出环境后将同时形成外形、钢筋及埋件，故需在此处设置相关参数。以下参数均针对排布后的单块条板而言。

（1）外形参数

1）板型：可设置"普通板"和"企口板"。

2）倒角尺寸：可输入条板四角的倒角值。

3）企口宽度、深度：当选择"企口板"时需要设置。

（2）配筋参数　勾选"配筋参数"复选框后，三维模型生成配筋信息，不勾选则不生成配筋。主要配筋参数如下：

1）配筋形式："普通板"可设置"单层网片"和"双层网片"；"企口板"仅支持"双

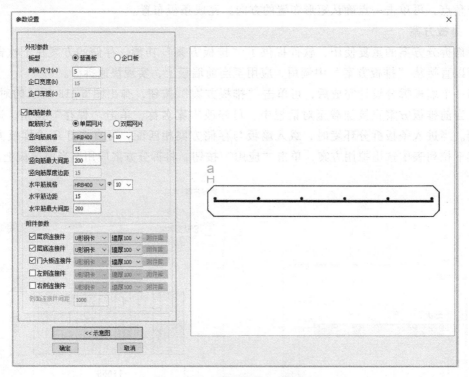

图 6-119 "参数设置"对话框

层网片"。

2）竖向筋规格、边距、最大间距：根据构件配筋要求，输入竖向钢筋的直径、等级、排列边距、排列间距。优先确定边距，按照最大间距进行排列，余数均分在两侧的间距上。

3）竖向筋厚度边距：当设置为"双层网片"时，可控制竖向筋距离混凝土外表皮的距离。

4）水平筋规格、边距、最大间距：根据构件配筋要求，输入水平钢筋的直径、等级、排列边距、排列间距。优先确定边距，按照最大间距进行排列，余数均分在两侧的间距上。

（3）附件参数

1）层顶、层底连接件：提供"L 形连接件"和"U 形钢卡"两种埋件类型。

2）门头板连接件：可设置"U 形钢卡"。

3）左右侧连接件：可设置"U 形钢卡"。

6. 工具

（1）辅助线　为方便手动排板点位拾取，可进行辅助线绘制。

（2）测量长度　测量长度工具，拾取两点测量距离。

7. 退出

对轻质隔墙进行条板排布设计完成后，单击"退出"按钮退出"拆板编辑器"，确认保存。退出环境后，在楼层模型中生成三维 ALC 条板墙模型。

6.6　预留预埋

PKPM-PC 软件 Ribbon 菜单中"预留预埋"选项卡如图 6-120 所示。

图 6-120　"预留预埋"选项卡

6.6.1　预留预埋布置

1. 孔洞布置

完成预制构件初步设计后，即可使用"孔洞布置"功能进行预留孔洞的布置及钢筋处理。单击"孔洞布置"按钮，弹出"预留洞口布置"对话框，可分别设置洞口构件类型、洞口布置参数和洞口钢筋处理参数。

图 6-121　洞口构件类型

（1）洞口构件类型　如图 6-121 所示，构件类型可选择预制板、叠合梁、预制墙和悬挑板。切换预制构件类型，其他参数会切换；目前仅支持对预制板上洞口钢筋处理。

（2）预制板洞口布置参数　洞口布置参数如图 6-122 所示。

1）布置模式：支持衬图绘制和自由布置两种方式，当有机电底图时，建议使用衬图绘制模式，根据底图绘制预留洞口；自由布置模式需要确定洞口尺寸后，布置在预制板上。

2）洞口形状：支持方洞及圆洞，当切换洞口类型时，洞口尺寸表格中的参数切换。

3）洞口定位边界：自由布置时可选择洞口定位边界为"结构板边"或"预制板边"。

4）定位模数：可下拉选择 1、5、10，也可自由输入正整数，自由布置洞口时，将按照此模数布置洞口位置。

5）洞边混凝土最小值：当洞口位于板边时，若与板边距离小于该值，则洞口边到预制板边的混凝土条被剪切，洞口将扩大。

图 6-122　预制板洞口布置参数

6）洞口尺寸：该表格可管理当前层的洞口尺寸和数量，当洞口类型为矩形时，尺寸需输入洞口长度和洞口宽度；当洞口类型为圆形时，尺寸需输入洞口直径，尺寸单位为 mm。

（3）梁、墙和悬挑板洞口布置参数　梁、墙和悬挑板洞口布置参数如图 6-123 所示。

1）洞口形状：支持方洞及圆洞，当切换洞口类型时，洞口尺寸表格中的参数切换。

2）精确定位：当确定洞口位置时，可使用"精确定位"功能，输入以各预制构件局部坐标系为原点的定位，单击预制构件，即可生成洞口；当参照 CAD 底图或交互布置洞口时，可关闭"精确定位"功能，相应的洞口定位参数置灰，此时可在模型中自由布置洞口。

3）交互布置：当关闭"精确定位"功能时，在对话框中输入洞口尺寸，可捕捉 CAD 底图中的洞口边界点，以方洞和圆洞的中心点确定洞口位置；

4）洞口定位：洞口定位参数与预制构件类型相关，以预制构件局部坐标系为基准，以方洞和圆洞的中心点为定位基点。

（4）洞口钢筋处理参数　洞口钢筋处理参数仅对预制板生效，相应参数如图 6-124 所示。

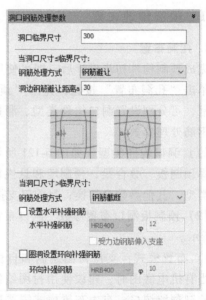

图 6-123　梁、墙和悬挑板洞口布置参数　　　图 6-124　洞口钢筋处理参数

1）洞口临界尺寸：预制板上洞口钢筋处理分为两种方式，常以洞口临界尺寸作为分界线，区分大洞与小洞，16G101 图集以 300mm 为大小洞的临界尺寸，用户可根据实际情况自行输入该参数。

2）小洞处理方式：小洞处理方式可选钢筋避让或钢筋拉通，钢筋避让做法参考 16G101 图集中相关条文。

3）大洞处理方式：可选钢筋拉通、钢筋截断、仅截断桁架但底筋拉通，钢筋截断可设置补强钢筋，补强做法参考《混凝土结构构造手册》的相关条文。

4）大洞钢筋补强设置：可勾选"设置水平补强筋"及"圆洞设置环向补强筋"；不勾选时，仅对大洞处的钢筋截断，不增加补强钢筋。勾选"设置水平补强钢筋"时，将自动按照《混凝土结构构造手册》的相关条文计算补强钢筋搭接长度，并可手动调整补强钢筋等级、钢筋直径，设置受力钢筋是否伸入支座。勾选"圆洞设置环向补强钢筋"时，可设置环向补强筋（布置圆洞时），并可手动调整环向补强钢筋等级、钢筋直径。

2. 模板留孔

根据施工安装需要，可通过"模板留孔"功能在预制外围护结构（墙板或外挂墙板）上布置模板预留孔（勾选左/右可设置竖向单列或双列）或外架预留孔（水平单行）。如图 6-125 所示，对话框内可选预留洞口的直径、定位边距及排列间距。

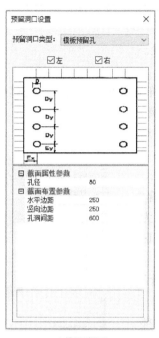
a) 模板预留孔

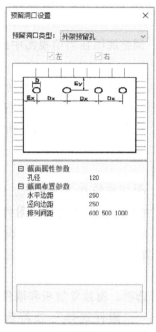
b) 外架预留孔

图 6-125　"预留洞口"设置对话框

3. 导入衬图

"导入衬图"功能支持导入 CAD 图，参照底图精准布置机电洞口、线盒等预留预埋。衬图管理工具界面如图 6-126 所示，其使用步骤及功能介绍如下：

图 6-126　衬图管理工具界面

1）导入底图：单击"导入底图"导入当前视图需要参照的底图，此时参照的底图文件将在底图文件列表中列出。

2）参照底图：单击"参照底图"将上图界面中选中的底图参照到当前视图。

3）取消参照：删除当前视图中参照的选中的底图文件。

4）删除底图：从底图列表中删除选中的底图参照文件，同时在视图中删除参照的底图。

5）调整位置：调整底图在当前视图中的位置。

4. 埋件布置

支持在预制墙、预制板、空调板、阳台板上布置水暖电功能件、支模吊装件、结构连接件、其他功能件和填充物。以水暖电功能件为例，单击"附件布置"按钮，弹出图 6-127 所示的对话框。

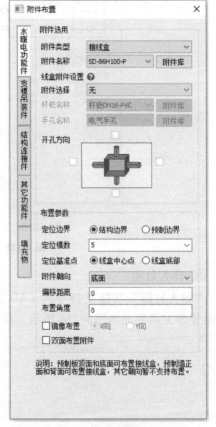

（1）附件选用

1）附件类型：包括接线盒、止水节、钢套管、线管、手孔和孔槽六个选项。若选择的附件类型为接线盒，则对话框内会增加"线盒附件设置"区域，在该区域可设置线盒相关的杯梳和线管。

2）附件选择：提供"无""杯梳""线管""线管+手孔"四个选项，覆盖常规板和墙使用。

3）杯梳名称："附件选择"处若选择"杯梳"，此处下拉列表将显示名称，直接选用即可；当选中"线管"或"线管+手孔"时，此项变为"线管名称"。

4）手孔名称："附件选择"处若选择"线管+手孔"时，可以通过下拉列表选用"手孔"附件。

5）开孔方向：当"附件选择"中选择"线管"或"杯梳"时，示意图四周的四个复选框开放，可勾选设置相应方向的附件。

（2）布置参数

1）定位边界：可选择以结构板四边为定位基准线，或者以预制板四边为定位基准线。

图 6-127 "附件布置"对话框

2）定位模数：可设置布置模数，使得附件在板上的定位值符合该模数；可下拉选择模数 1、5、10，或直接输入模数值。

3）定位基准点：提供接线盒中心点和线盒底部两种方式，确定线盒布置的基准线。

4）附件朝向：可设置附件的吸附于预制构件的面，对于预制板，预埋件可放置于其顶面或底面。

5）偏移距离：附件相对于其吸附面的偏移值。

6）布置角度：附件在吸附面上的旋转角度，以吸附面的正右方为 0°，逆时针为正方向。

7）镜像布置：若勾选则可以沿 X 向或 Y 向镜像对称布置附件。

5. 埋件修改与删除

单击"埋件修改"按钮，在模型区单击需修改的埋件，弹出相应对话框，可对单个预埋件的规格参数进行修改，单击"确定"后参数即可生效。

单击"埋件删除"按钮，在模型区选择单击或框选需要删除的预埋件，即可删除所选预埋件。

6. 拉结件布置

拉结件的布置方式与预埋件布置类似，可设置修改拉结件的定位参数与外形参数，然后选择需布置的预制构件，布置方式可选水平布置或竖向布置，勾选左/右或上/下可设置竖向单双列或上下行。

7. 钢筋调整

在预制板上完成洞口和线盒布置后，可通过"钢筋调整"功能对洞口处、线盒处的钢筋进行处理。

8. 线盒避让钢筋

当机电线盒与板上钢筋发生碰撞时，可使用"线盒避让钢筋"功能，软件根据设定的参数，自动移动发生碰撞的线盒。完成避让后，顶部提示将统计避让失败线盒个数、避让成功线盒个数及未移动线盒个数（不与钢筋冲突），并在模型中高亮显示。

9. 附件固定钢筋

采用本功能依据埋件生成固定用的钢筋。

6.6.2　预留预埋识图

1. 导入 DWG

该功能用于载入 DWG 格式图，识别图层生成预留洞口和线盒。具体操作与"结构建模"选项卡的"导入 DWG"类型。

2. 卸载 DWG

该功能用于将已导入的 DWG 格式图进行删除。

3. 移动 DWG

该功能用于移动已导入的 DWG 格式图。单击该命令，选择移动的基点，再次单击移动的目标位置，完成移动；也可以在选择移动的基点后，输入目标点坐标完成移动。

4. 识别预留预埋

该功能用于识别 DWG 格式图的特定图层完成预留预埋的生成。具体操作如下：

1）单击"识别预留预埋"按钮，弹出图 6-128 所示的"识别洞口附件"对话框；单击对话框右侧三角形按钮，可以展开对话框。

2）单击对话框中的板洞和板线盒按钮，选择图样中相应的图层，在构件类别后的对话框中会显示相应的图块名称。

3）可最多选择三种不同图层的接线盒，以及一种墙上线盒。单击确定后，会自动生成线盒和洞口，吸附在相应的预制墙和预制板上。

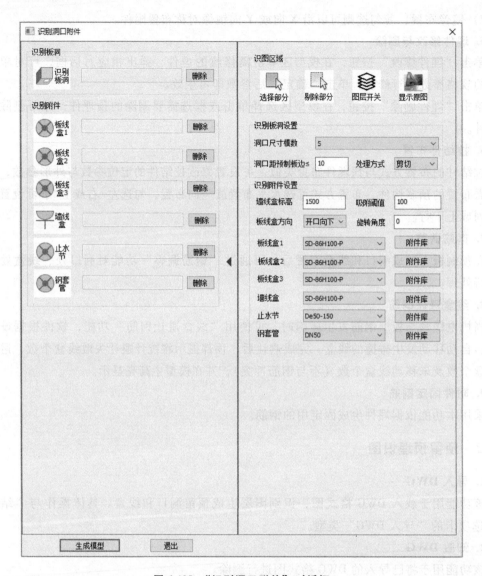

图 6-128 "识别洞口附件"对话框

6.6.3 机电工具箱

1. 一键提资

"一键提资"功能匹配识图创建机电线盒功能，生成预留预埋。单击"一键提资"按钮，弹出图 6-129 所示的对话框。通过筛选楼层、设备类型和预制构件等确定检查和生成 PC 预留预埋的范围，单击"生成预留预埋"按钮，将读取机电设备的相关参数生成 PC 预埋件。

2. 机电楼层复制

"机电楼层复制"功能可匹配识图创建机电线盒功能，拾取完成的某自然层电气设备，可以通过该功能复制到其他自然层。

图 6-129 "生成设备条件"对话框

6.7 短暂工况验算

深化设计阶段，除了要完成预制构件配筋设计，对吊装、脱模埋件等附件也进行了布置。但设计的附件是否满足相应短暂工况的要求，还要进一步验算（特别是对于未选择自动计算、自动布置的附件）。为此，PKPM-PC 软件的"指标与检查"选项卡提供了短暂工况验算的功能，设置验算参数后，可选择"单构件验算"或"批量验算"两种验算方式。

6.7.1 验算参数

在"指标与检查"选项卡单击"验算参数"按钮，弹出图 6-130 所示对话框。在使用短暂工况验算之前需要设置验算参数，设置的参数影响验算的结果。各主要参数的含义如下：

（1）混凝土容重 该参数影响预制构件荷载计算时的构件自重标准值计算，默认值取 25。

（2）吊装动力系数 该参数影响预制构件荷载计算时构件的"吊装荷载"。根据 JGJ 1—2014《装配式混凝土结构技术规程》第 6.2.2 条、6.2.3 条，默认值取 1.5。

（3）脱模动力系数 该参数影响预制构件荷载计算时构件的"脱模荷载 1"。根据 JGJ 1—2014《装配式混凝土结构技术规程》第 6.2.2 条、6.2.3 条，默认值取 1.2。

（4）脱模吸附力 该参数影响预制构件荷载计算时构件的"脱模荷载 1"。根据 JGJ 1—

2014《装配式混凝土结构技术规程》第 6.2.2 条、6.2.3 条，默认值取 1.5。

（5）吊索与竖直方向的夹角　该参数为预制构件吊索与竖直方向的夹角，默认值取 0。

（6）预埋吊件安全系数　对于除吊环之外的吊件的承载力（吊件钢材破坏）验算，采用安全系数法；安全系数默认值取 4。

（7）混凝土破坏安全系数　对于吊钉、内埋螺母等除考虑本身的吊件承载力之外，同时考虑混凝土基材以锚栓为中心的倒锥体破坏。混凝土破坏验算采用安全系数法，安全系数默认值取 4。

（8）脱模时混凝土强度百分比　对预制构件的裂缝验算采用的容许应力法，依据 GB 50666—2011《混凝土结构工程施工规范》第 9.2.3 条；因预制构件脱模时，一般不能达到设计的混凝土抗拉强度标准值，所以增加此参数作为验算的修正。

（9）楼板吊点计算个数　当预制板采用吊环作为吊点时，此参数生效；当设置计算个数时，吊点按照输入的值进行计算。

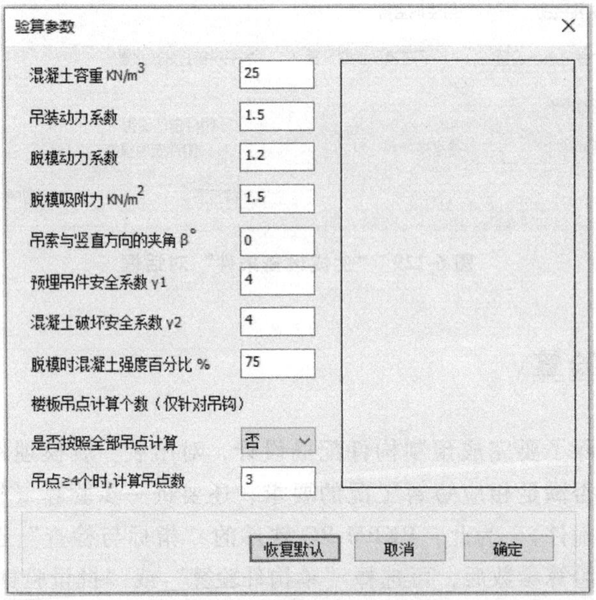

图 6-130　"验算参数"对话框

6.7.2　单构件验算

支持进行短暂工况验算的构件类型包括叠合板、预制剪力内墙、三明治外墙、叠合梁、预制柱、外挂墙板和预制楼梯。单击"单构件验算"按钮，在模型中选择需要验算的构件（验算构件需提前完成埋件设计），软件会自动生成并打开该预制构件的短暂工况验算计算书。计算书内容包括相应构件的基本参数及短暂工况的验算结果。若验算结果不满足要求，会以红色字体标识。

6.7.3　批量验算

单击"批量验算"按钮，弹出"批量验算"对话框，逐个单击或框选模型中需要进行验算的构件，在对话框中会依次显示每个构件的验算结果。在对话框中选择"查看结果"，模型中已校核的构件会以不同颜色高亮显示（红色表示验算未通过，绿色表示验算通过），双击对话框中的构件项次，模型中的对应构件会以深粉色高亮显示。

6.8　深化设计操作实例

在 5.3 节计算分析的基础上，本节进一步介绍该案例的深化设计方法。需注意，预制构件具体配筋构造及附件设计参数需结合工程项目实际情况予以确定，为此，本节仅以装配式混凝土框架结构中板、柱、梁和隔墙的深化设计为例，讲解利用 PKPM-PC 软件进行装配式混凝土结构深化设计的主要操作步骤，各项配筋及附件设计参数，除特殊说明外，均按默认值取用。

6.8.1　预制板深化设计

1. 板配筋值

打开 PKPM-PC 软件，Ribbon 菜单切换至"深化设计"选项卡，单击"楼板配筋设计"按钮。以"钢筋桁架叠合板"为例，在对话框内，单击"板配筋值"按钮，进入板配筋值操作界面。当已有结构专业提供的板配筋图，可直接在板配筋值操作界面进行手动布置或修改。当需要接力 PKPM 结构模块进行配筋数据读取时，单击"PKPM 楼板计算"按钮，软件跳转至 PKPM 结构设计模块的板设计界面，如图 6-131 所示。在该界面中按照"设置配筋参数""配筋计算""结果查改""钢筋布置"等步骤完成结构配筋。关于 PKPM 结构设计模块的相关操作，请参考相关教材资料或软件说明，本书限于篇幅不再详细介绍。

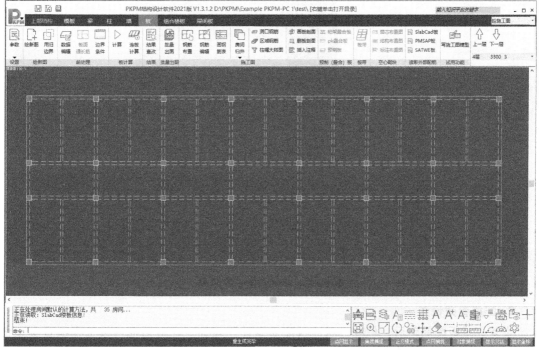

图 6-131　PKPM 结构设计模块的板设计界面

在 PKPM 结构设计模块完成板配筋计算后,单击退出该模块,并自动跳转回板配筋值操作界面,并弹出图 6-132 所示的提示框。按需求勾选相应选项后,单击"确定"按钮,软件自动读取 PKPM 结构设计模块的板配筋计算结果(图 6-133)。如果需要对导入的结果进行修改,可单击要修改的板块,软件中将该板块高亮显示并在左侧对话框内显示其"配筋参数",修改后单击"应用"按钮;或直接双击要修改的板块,在图面上进行原位修改。

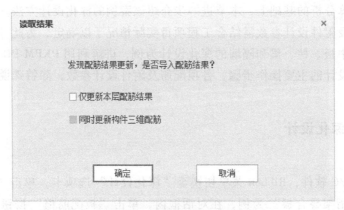

图 6-132 "读取结果"提示框

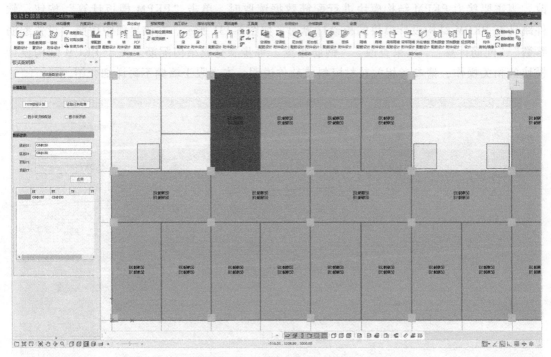

图 6-133 板配筋值计算结果

2. 配筋参数设置

设置完成板配筋值后,单击"返回板配筋设计"按钮,在对话框内按工程项目实际情况设置各项配筋设计参数。

3. 配筋设计

设置好配筋参数后，在图面上单击或框选要进行配筋设计的板块，软件自动完成板配筋，效果如图 6-134 所示。

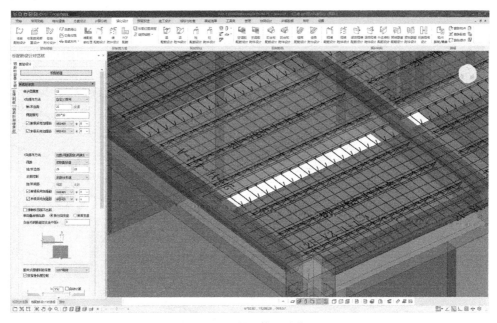

图 6-134　板配筋设计效果

4. 底筋避让

由图 6-134 可发现，相邻预制板块的底筋伸出端出现位置重叠，此时利用"深化设计"选项卡中"底筋避让"功能进行修改。单击"底筋避让"命令，在弹出的对话框内设置底筋避让参数后，单击"应用"按钮，软件自动完成避让操作，效果如图 6-135 所示。

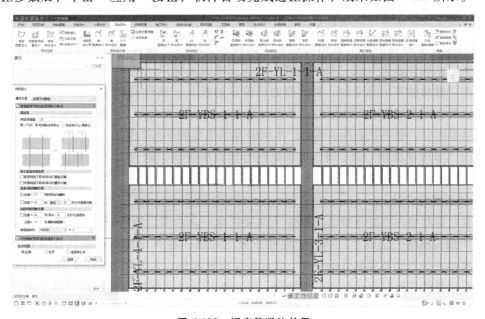

图 6-135　板底筋避让效果

5. 附件设计

单击"板附件设计"按钮，在弹出的对话框内设置板吊装埋件的类型与排布参数，然后单击或框选要进行埋件设计的板块，软件自动完成吊装埋件设计，效果如图 6-136 所示。

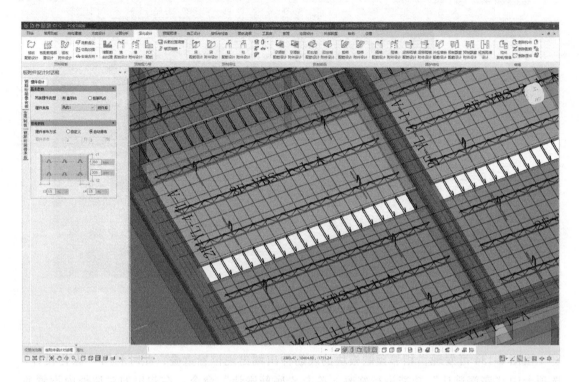

图 6-136　板吊装埋件设计效果

布置完成吊装埋件（特别是采用自定义排布方式时），需要对吊装埋件进行短暂工况验算。将 Ribbon 菜单切换至"指标与检查"选项卡，单击"验算参数"按钮设置验算参数后，采用"单构件验算"或"批量验算"功能完成验算操作。

单击"批量验算"命令时，框选要进行验算的板块，软件自动完成验算操作，并将验算结果以列表形式显示在对话框内。单击对话框内的"查看结果"，图面上将以不同颜色进行验算结果区分，绿色代表验算通过。本例验算结果如图 6-137 所示。

单击"单构件验算"命令时，单击要进行验算的板块，软件自动完成验算操作，并生成图 6-138 所示的 Word 格式验算书。

6. 预留预埋设计

需要在预制板内布置水暖电功能件（如接线盒、止水节、线管等）时，将 Ribbon 菜单切换至"预留预埋"选项卡，单击"埋件布置"按钮，在弹出的对话框内设置埋件参数，然后在图面上单击要布置埋件的位置，完成埋件布置操作，效果如图 6-139 所示。由于布置的水暖电功能件可能与板内钢筋位置冲突，因此需要通过"钢筋调整"或"线盒避让钢筋"命令完成避让操作，效果如图 6-140 所示。

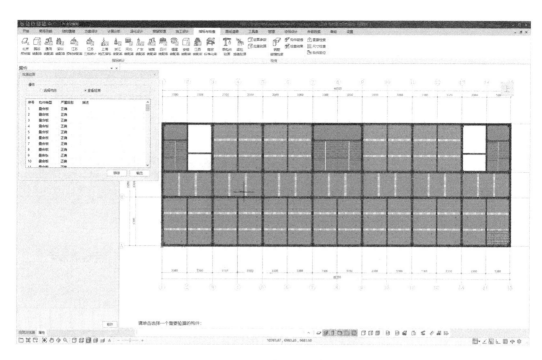

图 6-137　预制板批量验算结果

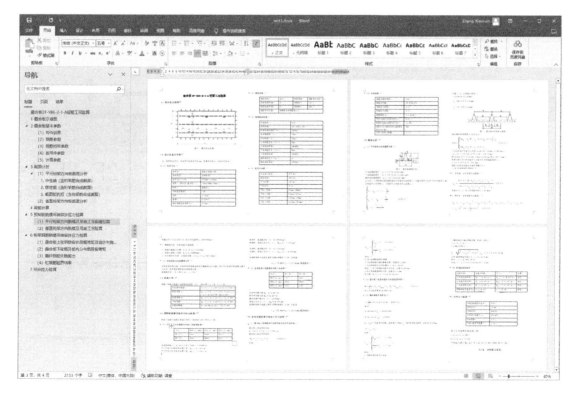

图 6-138　单块预制板验算结果

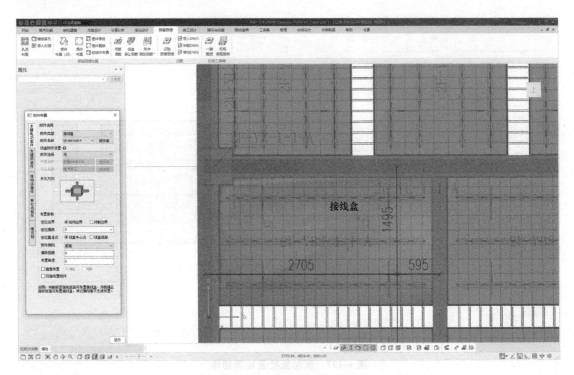

图 6-139　接线盒布置效果

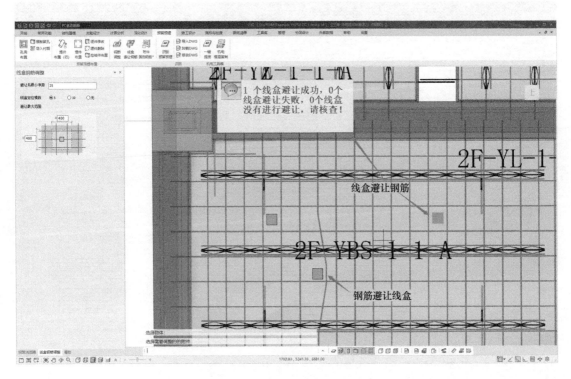

图 6-140　水暖电功能件避让效果

7. 切角加强

在装配式结构设计中，板角位置通常会存在切角（如本例中框架柱占位导致的板切角）。此时，单击"深化设计"选项卡中的"切角加强"按钮，设置切角加强筋调整参数后，单击或框选需要进行切角加强的板块，软件自动完成切角加强，效果如图 6-141 所示。

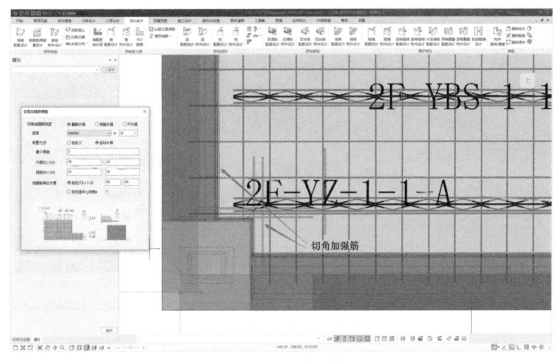

图 6-141　切角加强筋布置效果

至此，钢筋桁架叠合板的配筋设计基本完成。实际项目设计时，如果对上述各项软件按输入参数自动设计的结果不满意，可通过"板配筋局部重设计"、属性栏等进行进一步修改。

6.8.2　预制梁柱深化设计

1. 预制梁配筋值

打开 PKPM-PC 软件，Ribbon 菜单切换至"深化设计"选项卡，单击"梁配筋设计"按钮。在对话框内，单击"梁配筋值"按钮，进入梁配筋值操作界面。当已有结构专业提供的梁配筋图，可直接在梁配筋值操作界面进行手动布置或修改。当需要接力 PKPM 结构模块进行配筋数据读取时，单击"PKPM 梁施工图"按钮，软件跳转至 PKPM 结构设计模板的梁设计界面，如图 6-142 所示。在该界面中按照"设钢筋层""设置设计参数""生成施工图""裂缝挠度等校核""钢筋局部查改"等步骤完成结构配筋。关于 PKPM 结构设计模块的相关操作，请参考相关教材资料或软件说明，本书限于篇幅不再详细介绍。

在 PKPM 结构设计模块完成梁配筋计算后，单击退出该模块，软件自动跳转回梁配筋值操作界面，并弹出图 6-132 所示的提示框。按需求勾选相应选项后，单击"确定"按钮，软件自动读取 PKPM 结构设计模块的梁配筋计算结果（图 6-143）。如果需要对导入的结果进行修改，可单击要修改的梁段，软件中将该板块高亮显示并在左侧对话框内显示其"配筋参数"，修改后单击"应用"按钮；或直接双击要修改的梁段配筋文字，在图面上进行原位修改。

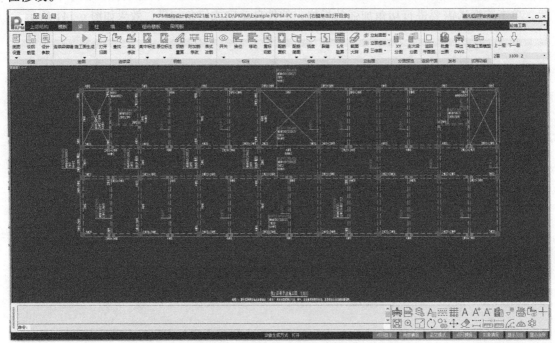

图 6-142　PKPM 结构设计模块的梁设计界面

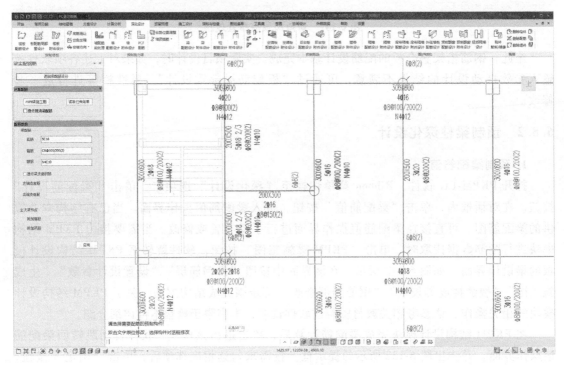

图 6-143　梁配筋计算结果

2. 预制梁配筋参数设置

设置完成梁配筋值后，单击"返回梁配筋设计"按钮，在对话框内按工程项目实际情况设置各项配筋设计参数。

3. 预制梁配筋设计

设置好配筋参数后，在图面上单击或框选要进行配筋设计的梁，软件自动完成梁配筋。

4. 预制柱配筋设计

参考 6.8.1 节预制梁配筋设计的步骤，完成预制柱的配筋设计。梁柱配筋设计效果如图 6-144 所示。

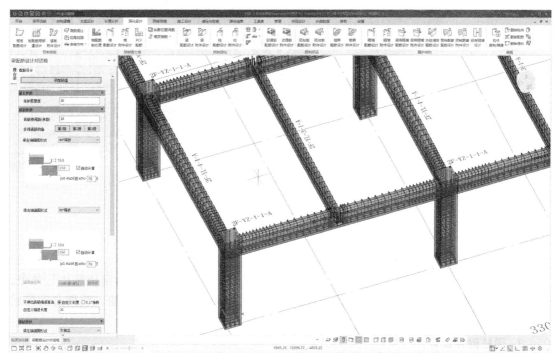

图 6-144　梁柱配筋设计效果

5. 预制梁底筋避让

如图 6-145 所示，相邻预制梁端或 X 向与 Y 向梁相交位置，预制梁的底筋伸出端可能出现位置重叠，此时利用"深化设计"选项卡中，"底筋避让"功能进行修改。单击"底筋避让"按钮，在弹出的对话框内设置底筋避让参数后（注意：梁底筋避让参数需在对话框内手动输入），框选要进行底筋避让的梁构件，软件自动完成避让操作，效果如图 6-146 所示。

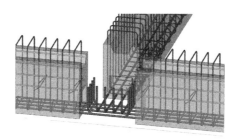

图 6-145　底筋避让前发生位置重叠

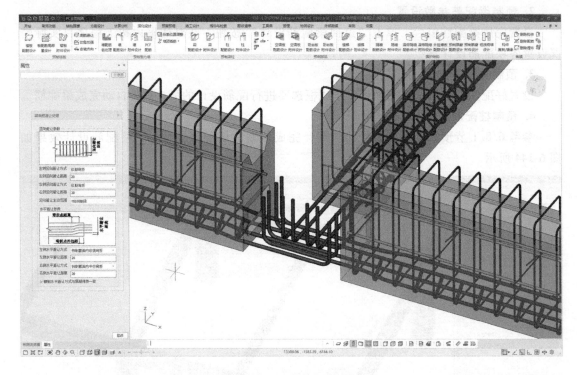

图 6-146　梁底筋避让效果

6. 预制梁钢筋自动避让

"梁钢筋自动避让"用于调整梁柱节点钢筋碰撞问题。单击"梁钢筋自动避让"命令，在对话框内设置避让参数后，选择要进行避让的构件，单击"应用"按钮，软件自动完成避让操作。

7. 梁柱附件设计

单击"梁附件设计"按钮，弹出的对话框内设置梁吊装/脱模埋件和拉模件的类型与排布参数，然后单击或框选要进行埋件设计的梁段，软件自动完成附件设计。柱附件的设计与梁类似。

布置完成梁柱附件后，需要进行短暂工况验算。将 Ribbon 菜单切换至"指标与检查"选项卡，单击"验算参数"按钮设置验算参数后，采用"单构件验算"或"批量验算"功能完成验算。具体操作与板附件的短暂工况验算类似。

8. 梁柱安装方向

利用"梁安装方向"和"柱安装方向"功能，配合具体施工需求调整梁、柱的安装方向。梁柱安装方向操作相同，以柱为例，单击"柱安装方向"命令，在弹出的对话框内设置安装方向与生成范围后，单击"生成"按钮，软件自动完成安装方向指定，并在图面上以箭头表示（图 6-147）。

9. 预留预埋设计

梁柱预留预埋设计的方法与操作与预制板类似，可参考 6.8.1 节完成操作。

至此，预制梁柱的配筋设计基本完成。

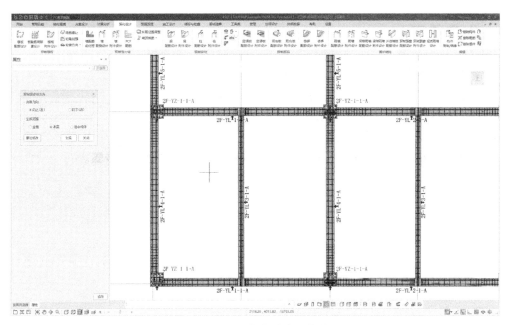

图 6-147 梁柱安装方向指定

6.8.3 轻质隔墙深化设计

本项目预制隔墙采用蒸压加气混凝土（ALC）。打开 PKPM-PC 软件，Ribbon 菜单切换至"深化设计"选项卡，单击"轻质隔墙设计"按钮，在弹出的对话框内，选择拆板方案，即"自动排板"或"手动排板"。以"自动排板"为例，设置自动排板参数与条板参数后，选择要进行拆板设计的隔墙，软件自动完成轻质隔墙的设计，效果如图 6-148 所示。

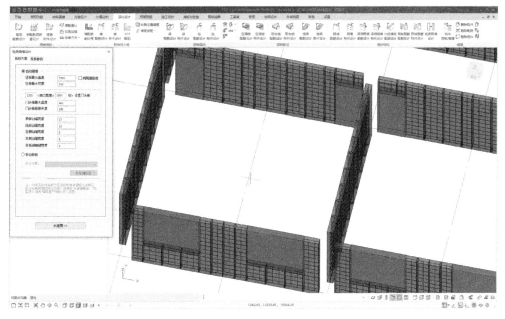

图 6-148 轻质隔墙排板效果

6.9　本章练习

1. 简述预制楼板深化设计的基本步骤。
2. 简述预制剪力墙配筋前处理的目的与主要功能。
3. PKPM-PC 软件中，梁底筋水平避让有哪几种方式？
4. 如何进行轻质隔墙排板设计？
5. 独立完成 6.8 节操作实例，进一步了解深化设计的基本操作与步骤。

本章介绍：

绘图是装配式结构方案设计与深化设计结果表达的重要方式，绘图结果将直接用于构件生产与施工安装。PKPM-PC 软件中，装配式混凝土结构图纸绘制操作集成于"图纸清单"选项卡内，包括了构件编号生成、图纸生成、图纸编辑、图纸管理、算量统计和计算书等主要功能。利用"图纸清单"选项卡内的各项功能，可方便地根据深化设计结果实现结构平面图、装配式平面图、构件详图的绘图工作，并支持图签导入、图纸合并、生成工程量清单与计算书等功能，减少后期人工操作的工作量。为此，本章主要针对"图纸清单"选项卡的各项功能做介绍，并通过操作示例演示 PKPM-PC 软件中生成设计图纸的一般步骤。

学习要点：

- 掌握生成图纸的一般步骤。
- 了解图纸生成的参数配置。
- 了解自动排图与算量统计等功能与基本操作。

如图 7-1 所示，PKPM-PC 软件的装配式结构设计绘图功能位于"图纸清单"选项卡，包含了编号、图纸生成、图纸编辑、图纸管理、算量统计与计算书六个子菜单。

图 7-1 "图纸清单"选项卡

7.1 编号

7.1.1 编号生成

"编号生成"功能用于根据设置的编号规则对模型中的预制构件进行相应的归并和编号操作。单击"编号生成"按钮，弹出图 7-2 所示的对话框。依次设置"构件类型过滤""编号规则"和"编号范围"后，单击"生成编号"按钮，软件自动完成预制构件归并与编号。

在"编号生成"对话框内，直接输入区分各类构件的前缀字符，并勾选将要编号的构件类型。其中，双向叠合板、单向叠合板及全预制板可以共用构件前缀，其他构件前缀不可重复。

1. 编号规则

编号规则可配置多方案，并将存入模型中。当方案设置好后，直接通过"方案配置"下拉列表选择即可。不同构件可选用不同的编号方案，如需调整或增加方案，直接单击"规则设置"按钮即可弹出图 7-3 所示的"编号规则"对话框。当需要将模型中的方案导出、重命名、删除等时，可直接单击"编号规则"对话框顶部的按钮，实现相应功能。对话框内主要参数的含义如下：

图 7-2 "编号生成"对话框

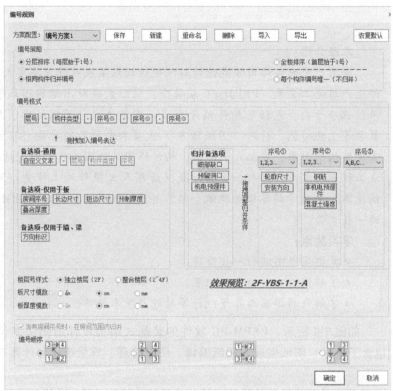

图 7-3 "编号规则"对话框

（1）编号策略　软件提供了四种编号策略组合方式，即"分层排序+相同构件归并编号""全楼排序+相同构件归并编号""分层排序+每个构件编号唯一"和"全楼排序+每个构件编号唯一"。

1）分层排序+相同构件归并编号：每类构件在每层均会有 1 号，每层序号独立，层内的相同构件归并，相同构件同号。

2）全楼排序+相同构件归并编号：每类构件仅在首层会有 1 号，所有层的序号一同排序，全楼的相同构件一同归并，相同构件同号。

3）分层排序+每个构件编号唯一：每类构件在每层均会有 1 号，每层序号独立，构件序号唯一（无论是否相同，按顺序排序即可）。

4）全楼排序+每个构件编号唯一：每类构件仅在首层会有 1 号，所有层的序号一同排序，构件序号唯一（无论是否相同，按顺序排序即可）。

（2）编号格式　由若干备选项组成，不需要时去掉其勾选即可。当需要调整项与项之间的位置时，此外，自定义前缀输入框内可输入任意字符，用于替代项目代号、楼栋号等信息。

（3）归并条件设置 可支持最多三级归并（以树状结构归并，第一级相同的构件再区分第二级，以此类推），当需要减少编号层级时，取消对应项的勾选即可。除了第一级编号必须为数字，后两级编号都可从数字、大写字母和小写字母中选择。

（4）编号顺序 按对话框内的图示选择所需的编号顺序即可。

2. 编号范围

1）全楼范围：操作对全楼的所选构件类型生效。

2）本层范围：操作对本层的所选构件类型生效。

3）所选中构件：操作仅对所选中的局部构件生效。

4）仅更新变更构件编号：勾选此项时，操作仅对上次编号后发生了变更的构件生效，同时受构件类型勾选和全楼/本层/所选中的范围影响。仅更新变更构件编号有如下两种方式：

① 与旧构件对比归并：编号方案为归并编号时，此项可用，可维持原有构件的编号不变，仅将变更构件重新归并入已有构件，如无法归并，则从尾号顺延编号。

② 原有尾号顺延：编号方案为归并或一物一码时均可用，可维持原有构件的编号不变，仅将变更构件从尾号顺延编号。

7.1.2 编号修改

"编号修改"功能用于在"编号生成"的基础上进行编号修改。需手动修改构件编号时，单击"编号修改"按钮，界面左侧弹出"编号修改"对话框，同时视图区域的模型转换为灰显状态，如图7-4所示。构件编号管理对话框顶端会显示当前视图状态，当位于自然

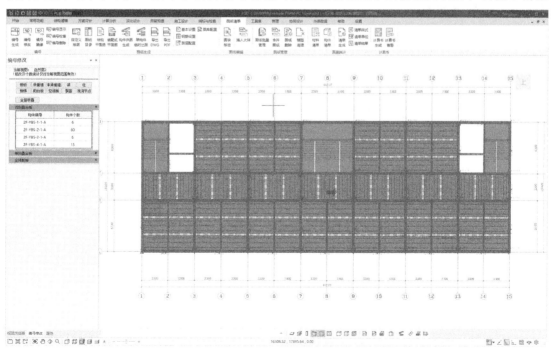

图7-4 编号修改操作界面

层时会显示层名称，当位于全楼视图时会显示全楼。需注意，若需要原位修改叠合板编号，需在进入"编号修改"之前隐藏现浇层。

单击各类构件按钮，下方会切换显示所选构件类型包含的预制构件列表。展开各类预制构件的折叠框，会显示模型中已有的该类预制构件的编号列表。编号列表里列出了构件编号及对应编号的构件个数，单击列表某一构件编号时，视图区会以黄色亮显该编号的所有构件。双击列表某一构件编号时，可进行编辑，可自由输入用户定义的任何编号形式，字母、字符、数字、汉字均可，输入后单击输入框外的任何地方即可完成修改。当修改了某一构件编号名称后，与之对应的所有构件编号均同步刷新。

双击视图区模型里的构件编号时，可进入原位修改状态。用户可对单个构件编号进行原位编辑，完成后按〈Enter〉键确认。当原位修改编号为新增编号时，编号列表会同步增加新增编号，构件个数也会同步刷新。

7.1.3 编号镜像

"编号镜像"用于编号的镜像处理，操作方式与"构件镜像复制"功能类似。单击"编号镜像"按钮，弹出图 7-5 所示的对话框。需注意，目标位置编号与原编号一般不完全相同，需要加符号予以区分并表达二者的镜像关系。

1）源构件末尾添加：镜像操作后，此处填入的值将被添加至源构件编号的末尾。多次镜像操作时，该符号将被连续添加。

2）目标构件末尾添加：镜像操作后，此处填入的值将被添加至目标构件编号的末尾。多次镜像操作时，该符号将被连续添加。

7.1.4 编号显示

单击"编号显示"按钮，弹出图 7-6 所示的"标注显示控制"对话框，选择要显示编号的构件类型及编号方式，单击"刷新"按钮后可在模型中查看构件编号。

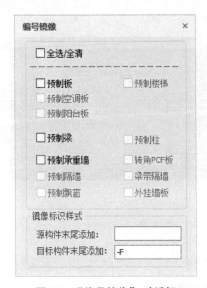

图 7-5 "编号镜像"对话框

图 7-6 "标注显示控制"对话框

1）编号查看：勾选该项后模型中将显示预制构件编号。

2）构件规格号/构件编号：模型中的预制构件按照国标图集规则进行编号或者按照编号规则中的定义方式进行编号。

3）尺寸标注：勾选该项后模型中将显示结构构件和预制构件的定位尺寸。

7.1.5 编号检查

单击"编号检查"按钮，弹出图 7-7 所示的"构件编号检查"对话框，可对未编号构件、同一编号对应不同构件及相同构件对应不同编号三种检查项进行检查。检查范围可选择当前楼层，也可对全部楼层进行检查。选择好检查项和检查范围后，单击"检查"按钮，即可对已有的预制构件编号进行检查。

7.1.6 编号删除

如想删除部分编号，可使用"编号删除"功能。单击"删除编号"按钮，弹出图 7-8 所示的对话框。删除编号时，支持构件类型过滤，并可选三种模式：

图 7-7 "构件编号检查"对话框

图 7-8 "删除编号"对话框

1）全楼范围：直接单击"应用"按钮，则将整个模型中的编号全部清除（仅清除所选构件类型的编号）。

2）本层范围：直接单击"应用"按钮，则将本层中的编号全部清除（仅清除所选构件类型的编号）。

3）选中构件：需在右侧模型操作区选择具体构件，单击"应用"按钮，则将所选中构件的编号清除（仅清除所选构件类型的编号）。

7.2 图纸生成

7.2.1 自定义排图

针对装配式构件详图数量多、排版统一等特点，PKPM-PC 软件提供了"自定义排图"

功能，支持用户在出图前预先设置图签、图框和排图方案，直接出图即可批量生成符合公司图签、图框要求，适配具体项目排图方案的图纸。单击"自定义排图"按钮，进入自定义排图环境，主要命令如图 7-9 所示。

图 7-9　自定义排图环境的主要命令

1. 图签图框

进入排图环境后，程序默认打开"图签图框"功能（图 7-10），或者单击"图签图框"按钮。图签图框编辑的基本步骤包括：自定义图签图框方式，导入图签图框，调整内外框间距和调整排图区域。

（1）自定义图签图框方式

1）程序生成图框+用户导入图签：默认使用该方式。这一方式下，需要勾选"程序生成图框"。此时，需要用户导入公司图签，程序将识别图签的右角点与图框内框的右角点进行匹配，组合成图签、图框。程序内置正常图幅、扩大 1/4 图幅、扩大 1/2 图幅采用相同的图签，在正常图幅位置导入即可，扩大图幅采用的图签联动。

2）用户导入图签图框。直接把公司图签图框作为整体导入，此时需要取消"程序生成图框"的勾选。同时，正常图幅、扩大 1/4 图幅、扩大 1/2 图幅使用的图签图框独立。如果需要进行图幅扩大，需要分别导入对应图幅扩大图幅对应的图签图框。

（2）导入图签图框　单击"图幅名称"对应的图框图签导入框，在右侧显示"…"按钮，单击该按钮，弹出图 7-11 所示的"图库"对话框，可在图库对话框左侧树列表中右键，创建文件夹或导入图签图框 dwg，导入

图幅名称	模板
A0	通用模板A0.dwg
A1	通用模板A1.dwg
A2	通用模板A2.dwg
A3	通用模板A3.dwg
A4	通用模板A4.dwg
A0+1/4	通用模板A0.dwg
A1+1/4	通用模板A1.dwg
A2+1/4	通用模板A2.dwg
A3+1/4	通用模板A3.dwg
A4+1/4	通用模板A4.dwg
A0+1/2	通用模板A0.dwg
A1+1/2	通用模板A1.dwg
A2+1/2	通用模板A2.dwg
A3+1/2	通用模板A3.dwg
A4+1/2	通用模板A4.dwg

图 7-10　"自定义图签图框"对话框

后，双击时导出图签图框 dwg，即可将此图签图框应用至对应的图幅上。需要注意的是，导入图签图框要求 dwg 格式文件中的图签图框按照 1∶10 绘制。当图签图框采用"块"导入时，生成图纸和合并图纸中的图签图框也将是"块"。

需注意，可在 CAD 图签中预先设置工程名称、设计、审核、图名等标题栏信息占位标识符，在"图纸清单"选项卡→"图层配置"→"标题栏信息"中填入对应信息，生成图纸中即可按输入信息生成。

（3）调整内外框间距　对于"程序生成图框+用户导入图签"情况下（勾选"程序生成图框"的情况下），右侧绘图区显示图框为程序自动绘制，此时会显示内外框间距标注（图 7-12），双击标注可进行内外框间距调整，以此保证导入图签与程序生成图框更好地匹配。

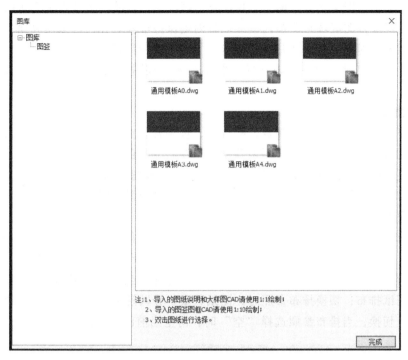

图 7-11 "图库"对话框

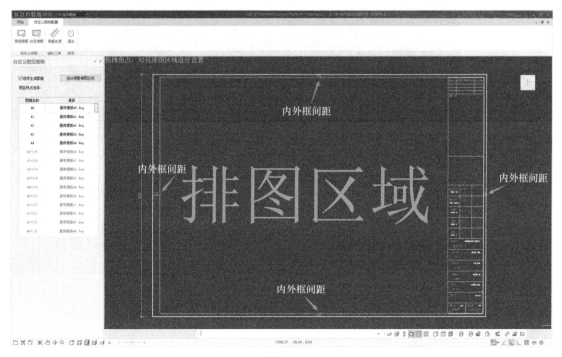

图 7-12 内外框间距

（4）调整排图区域 排图区域主要用于定义图纸可排布绘制视图的范围，是视图和图框位置对应的重要设置，图 7-12 中虚线框即排图区域。由于不同的图签图框导入后排图区域大小不同，在图签图框交互功能中，拖动排图区域蓝色框的四个角点进行排图区域位置及大小的调整，保证排图区域与图框内框或图签内侧保持重叠对齐，可采用界面下方的捕捉功能实现点的捕捉与对齐。对于程序生成图签用户导出图签的情况，对话框右上角"自动调整排图区域"按钮亮显，程序可识别导入图签的最大范围，从而自动确定排图区域的大小设置。

2. 交互排图

目前程序支持叠合板、全预制板、叠合梁、预制柱、剪力外墙、剪力内墙、板式楼梯、阳台板、空调板、外挂墙板、梁带隔墙等预制构件类型的自定义排图。

完成图签图框和排图区域设置之后，单击"交互排图"按钮，进入图 7-13 所示界面，选择拟设置排图方案的预制构件类型、图幅尺寸，设置分区模板和宫格线绘制要求，在视图列表中单击视图节点，在右图中进行视图的排布设置。

（1）排布参照　软件提供各构件类型的构件详图及各图幅（A0~A4）的全套默认排布，在此基础上，可对视图排布进行调整；同时，可选择其他已调整好的图幅排布，通过参照布置复制为当前图幅图块排布，以此为基础进行调整排布。当选择"默认"，即程序默认的排布参照进行图纸排布；切换排布参照时，图纸数量、分区模板、宫格线出图、视图列表状态等均进行对应切换；当排布参照选择"空"时，清空当前已排视图。

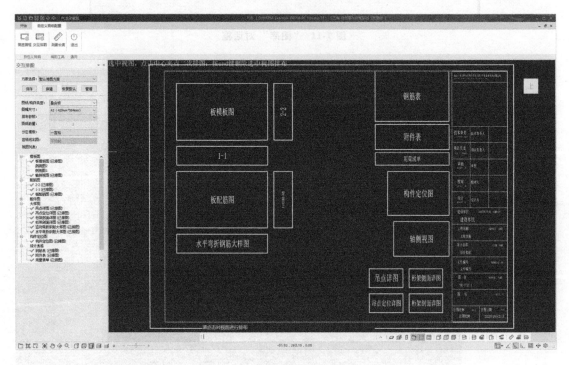

图 7-13　交互排图功能界面

（2）分区模板　提供"一宫格"和"四宫格"两个选项。

1）当分区模板切换为"四宫格"时，程序默认增加水平和垂直线，将排图区域 4 等分。视图在排图时，边约束可以拾取最近的排图区域边线或者宫格线进行排图；水平和垂直线支持调整位置，水平线选中，显示与排图区域上下边距之间的标注，同时显示线段的夹点，双击可进行修改；垂直线显示与左右边距的标注，双击可进行修改；输入值限定分别为［0，区域总高］和［0，区域总长］两区间的整数。同时，在选中宫格线后，再次单击宫格线的夹点，宫格线可以随着鼠标拖动，水平线可在竖直方向上下拖动，竖直线可在水平方向左右拖动，拖动范围限制在排图区域范围内，拾取定位点，可将宫格线放置定位。

2）当分区模板由"四宫格"切换为"一宫格"时，宫格线消失，与宫格线依赖定位的视图自动换算成与相同方向的排图区域边距定位。

（3）宫格线出图　可选择"绘制"和"不绘制"两个选项，表示宫格线是否在生成图纸中进行绘制。

（4）排图约束　视图定位存在边约束和视图约束两种，可通过〈Tab〉键自由切换。程序支持左上、右上、左下、右下的边距约束，和顶对齐、中心对齐、底对齐、左对齐、中心对齐、右对齐等视图约束对齐。这里，边距、间距是指视图包含标注信息的最外轮廓与边框、其他视图之间的间距，对齐是指两视图按指定的约束边界对齐。已排图视图可以单击选中后，标注和中心夹点会显示，可原位修改标注及视图间距，也可以单击中心夹点进入二次排图状态。依次排布拟出图视图，形成排图模板，可实现不同图幅排图方案的快速同步。

（5）取消排图　在"交互排图"对话框下部的"视图列表"中，可以右击取消排图。或者在右侧交互排图区选中拟删除视图，使用〈End〉快捷键进行删除。如果删除视图没有其他视图依赖定位，则该视图直接被删除；反之，程序将提示"是否删除依赖视图"，选择"删除"，则依赖此视图定位的视图均被删除排图；选择"不删除"，则依赖其定位的视图会换算成边约束，保留排图，可通过二次排图调整重新进行约束定位修改；选择"取消"，则放弃本次删除操作。

（6）插入大样图/图纸说明　在"视图列表"中，右击"图纸说明"和"图库大样"，选择"插入节点"，可进入"图库"，与导入图签图框的方法相似，可在左侧列表内通过右键菜单导入对应的图纸说明或大样图，双击 dwg 图纸或选择图纸单击"插入"，可在视图列表中增加视图，此视图可参与排图。注意：导入图纸说明和大样图需要采用 1∶1 的绘制比例。

以上设置完成后，保存，退出环境，在基本参数中进行出图图幅及比例、是否图幅自动扩大、图纸标注信息、标注尺寸样式等设置，再使用"构件详图生成"（批量详图生成）或者"单构件临时出图"功能，即可按照设置图签图框和排图方案进行图纸生成。

7.2.2　结构平面图

"结构平面图"功能用于生成结构施工图，包含墙柱定位图、结构模板图、板配筋图、梁配筋图、柱配筋图。单击"图纸清单"选项卡中的"结构平面图"按钮，弹出图 7-14 所示的"结构施工图生成"对话框，选择要生成的图纸完成图纸创建。

在"结构施工图生成"对话框内，左侧区域为施工图类型，单击可切换施工图类型进行楼层选择。右侧区域为出图列表，会显示已勾选的所有图纸，顶部显示已选择的图纸数量。中间区域为楼层选择，在某一施工图类型页面下，可将勾选楼层的这类施工图列入右侧区域的出图列表中。单击楼层名可进行自定义修改，修改楼层名后，右侧区域的图纸名称会联动修改

在已生成过结构平面图的情况下，勾选对话框左下部的选项"清除全部旧图纸"，重新

生成图纸时会自动将全部旧图纸清除，否则仅对需要更新的旧图纸进行清除。

选择完需要出的图纸之后，单击右下角"生成"按钮，将会保存对话框中的勾选状态，退出对话框，生成对应的图纸。生成的图纸可在程序左侧项目浏览器中施工图纸栏查看。

单击右下角的"取消"按钮。将取消当前对话框的操作内容并退出对话框。

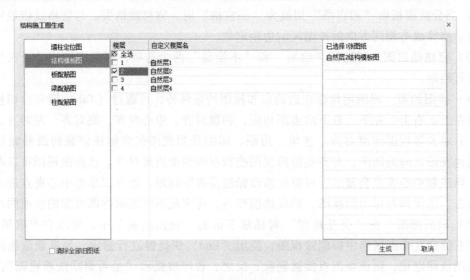

图 7-14 "结构施工图生成"对话框

7.2.3 装配式平面图

"装配式平面图"功能用于生成装配式施工图，包含现浇层插筋图、隔墙平面布置图、墙柱平面布置图、梁板平面布置图、墙柱详图、隔墙条板排布图。单击"图纸清单"选项卡中的"装配式平面图"按钮，弹出图 7-15 所示的"装配式施工图生成"对话框，选择要生成的图纸完成图纸创建。

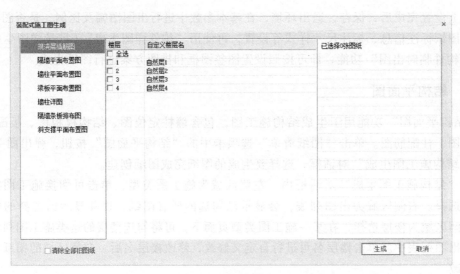

图 7-15 "装配式施工图生成"对话框

7.2.4 构件详图生成

使用该功能可以批量生成构件详图，该功能生成的图纸可以用后续合并图纸功能进行图纸的合并，单构件临时出图生成的图纸不能用合并图纸功能进行图纸合并。

第一次单击"图纸清单"选项卡中的"构件详图生成"按钮时，将默认打开"图纸配置"对话框，提醒用户进行图面参数设置。在参数设置完成并单击右下角"确定"按钮后，提示"出图后，将无法撤销，是否继续"，单击"是"按钮，则进入图 7-16 所示的"选择绘制"对话框。注意：只有已经配筋且已编号的构件，才能在此对话框中生成图纸。

"选择绘制"对话框里，列出了所有构件类型、楼层号。选择需要出图的构件类型和楼层号后，构件一栏会列出相关的所有构件归并编号，勾选需要出图的构件编号，单击"出图"按钮，则会批量输出用户所选构件的详图，生成后

图 7-16 "选择绘制"对话框

的图纸可在"项目浏览器"中的"构件详图"分类查看，可双击条目查看相应图纸。

7.2.5 单构件临时出图

基于设计或出图需要，可在单击"图纸清单"选项卡中的"单构件临时出图"按钮后，单击任一已拆分、配筋的预制构件，以查看该构件的详图，可用于临时查看构件详图或单构件补充出图。通过该功能生成的构件详图可在"项目浏览器"中的"临时构件图纸"查看，可双击条目查看相应图纸。

7.2.6 导出 DWG、PDF 文件

单击"图纸清单""导出 DWG"按钮，弹出图 7-17 所示的"导出 DWG 文件"对话框，选择要转化为 DWG 的图纸，并指定转化生成图纸的存放位置和转化 DWG 的文件版本，单击"导出"按钮完成。

单击选项卡中的"导出 PDF"按钮，弹出图 7-18 所示的"导出 PDF 文件"对话框，选择要转化为 PDF 的图纸，并指定转化生成图纸的存放位置，单击"导出"按钮完成。

7.2.7 基本设置

基本设置功能用于对所出平面图和构件详图的图幅及比例、详图设置、梁板平面布置、墙柱平面布置图、尺寸标注及样式等进行设置，使得出图结果尽量满足设计图纸要求，减少后期修改量。单击"图纸清单"选项卡中的"基本设置"按钮，弹出图 7-19 所示的对话框。

图 7-17 "导出 DWG 文件"对话框

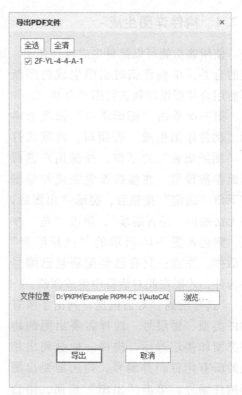

图 7-18 "导出 PDF 文件"对话框

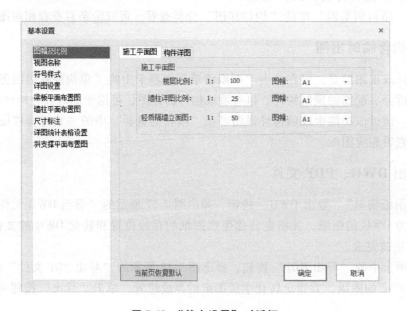

图 7-19 "基本设置"对话框

1. 图幅及比例

包括"施工平面图"和"构件详图"两个选项卡，主要参数含义如下：

（1）图幅 通过下拉列表选择需要出图的图框大小。

（2）楼层比例、墙柱详图比例、轻质隔墙立面图比例、构件比例　设置图纸的出图比例。楼层比例为平面图的出图比例，构件比例为构件详图的出图比例，墙柱详图比例为墙柱详图的出图比例，轻质隔墙立面图比例为隔墙条板排布图中轻质隔墙立面图的出图比例。软件默认绘图比例与出图比例一致。

（3）构件定位图比例　设置构件详图中索引大样图（keyplan图）的比例，索引大样图相对详图中构件尺寸的比例应为：构件比例/构件定位图比例。例如：构件比例为 1∶25，构件定位图比例为 1∶500，则在构件详图中，索引大样图与构件图的等尺寸比例为 25/500＝1/20。

（4）自动调整构件图长度　勾选此项时，构件详图先按照设置的图幅出图，当发现设置图幅不能完全放下图纸的内容时，会选择当前图幅+（1/4 或 1/2）图幅出图。需要注意的是，在自定义排图中如果选择了使用程序内置图框，可以自动进行图幅的放大，当选择自行导入图框时，需要将各图幅的+1/4 和+1/2 的图幅一起导入，此功能生效。

2. 视图名称

可对施工平面图中的楼层平面图视图名称、构件详图中的一般视图名称及索引大样图名称的文字大小及样式进行参数交互控制，按照参数设置生成图纸。

（1）施工平面图视图名称　可控制结构平面图和装配式平面图中所有楼层平面图的视图名称样式，支持控制下画线、图名文字、比例文字等样式调整。

（2）构件详图视图名称　可控制各个预制构件构件详图中的模板图、配筋图、剖面图、大样图、轴侧视图、构件定位等视图名称样式，支持控制下画线、图名文字、比例文字等样式调整。

（3）构件详图索引大样图名称　可控制阳台板空调板预制飘窗等预制构件构件详图中索引大样图视图名称样式，支持控制索引符号、图名文字、比例文字等样式调整。

3. 符号样式

可对施工平面图中的构件编号名称，以及构件详图中的钢筋引注编号、引注符号、断面剖切符号、大样图索引符号、标高符号、安装方向、饰面符号等符号样式进行参数交互控制，按照参数设置生成图纸。

4. 详图设置

"详图设置"选项如图 7-20 所示，各主要参数含义如下：

（1）隐藏图框下部图名　勾选此项时，隐藏图框下部的图名。

（2）区分主次轮廓线　勾选此项时，生成的预制构件详图轮廓线按照主要轮廓和次要轮廓分配到两个图层上。不勾选时，全部按照主要轮廓处理。

（3）标注预制板支座和拼缝中心线　勾选此项后，板详图中会绘制出预制板支座和拼缝中心线，不勾选则不绘制。

（4）板构件接线盒杯梳表达方式　对板接线盒的表示提供两种方法，一是缩略图示意，二是箭头示意。

（5）板详图布局　提供"长边水平""短边水平""同平面布置图方向""安装方向"和"局部坐标系"五个选项。

1）长边水平：混凝土矩形轮廓（非矩形则按照拆分方向补齐为矩形）中的长边水平放置进行布图。当混凝土轮廓中的长边和短边长度相同时，以拆分方向作为长边方向。

图 7-20 详图设置

2）短边水平：混凝土矩形轮廓（非矩形则按照拆分方向补齐为矩形）中的短边水平放置进行布图。当混凝土轮廓中的长边和短边长度相同时，以垂直拆分方向作为短边方向。

3）同平面布置图方向：当预制板长短边与全局坐标系平行时，预制板布局与平面布置图方向相同。当预制板长短边与全局坐标系倾斜时，以长边或短边旋转到全局坐标系水平最小的角度排布。

4）安装方向：选择此项时，右侧提供"箭头朝上""箭头朝下""箭头朝左"和"箭头朝右"四个选项。其含义同选项名称。当选择此项，但是预制板未设置安装方向时，按照预制板"局部坐标系"出图。

5）局部坐标系：选择此项时，以预制板局部坐标系 X 方向（拆分方向）水平排布预制板详图布局。

5. 梁板平面布置图

"梁板平面布置图"选项如图 7-21 所示。主要参数含义如下：

（1）显示线盒、显示洞口 勾选该项时，平面布置图中会显示线盒和洞口，但不会标注位置。

（2）装配方向 勾选该项时，平面布置图中会显示预制楼板的装配方向；可以通过修改比例来放大装配方向的大小。

（3）桁架方向 勾选该项时，平面布置图中会显示桁架方向。

（4）板厚度、板重量 勾选该项时，平面布置图中会显示预制楼板重量及楼板厚度；楼板厚度表示方法为"h＝板厚（预制底板厚/现浇层厚）"。

（5）显示钢筋、显示桁架 勾选该项时，可以在平面布置图中显示出钢筋和桁架。

（6）接缝宽度标注、接缝名称 勾选该项时，在平面布置图中会显示接缝的宽度和名称。

（7）混凝土线框显示 勾选该项时，在平面布置图中，可以显示板内部的钢筋。

图 7-21　梁板平面布置图

6. 墙柱平面布置图

"墙柱平面布置图"选项如图 7-22 所示。其中"标注类型"控制墙柱标注类型,包括构件编号和构件规格号两种;勾选"墙重量""柱重量"或"墙洞口"选项时,可在墙柱平面布置图中隐藏或显示相应信息。

图 7-22　墙柱平面布置图

7. 尺寸标注

"尺寸标注"选项如图 7-23 所示。其中"标注规格"控制尺寸标注的位置,可以输入首道尺寸线距离构件轮廓线的距离和第二道尺寸线到首道尺寸线之间的距离;"标注格式"控制尺寸合并的样式和最小合并的数量。

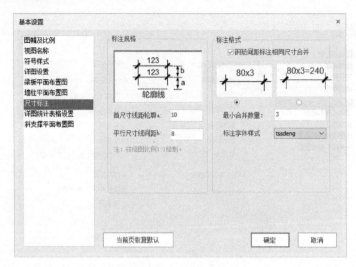

图 7-23 尺寸标注

8. 详图统计表格设置

可根据需求对详图统计表进行自定义设置，使详图统计表格生成更加灵活。

7.2.8 图层配置

单击"图纸清单"选项卡中的"图层配置"按钮，弹出"图纸参数配置"对话框，可对图层颜色及标题栏信息进行设置。

1. 颜色

"图纸参数配置"对话框内颜色设置选项卡如图 7-24 所示。在左侧树状列表中，按照图

图 7-24 颜色设置

纸类型，可分别设置每类图素所属的图层。单击所属图层右侧的按钮，可以链接到图层设置对话框，选择需要的图层，确定之后，即可将所选图层赋予该类图素类型。平面图填充图层页面，可以设置装配式平面图中预制构件的填充图案、填充比例及所属图层。单击填充图案的按钮可以链接到填充设置对话框，选择需要的填充样式；在填充比例处，可以设置填充图案的绘图比例；也可设置所属图层，操作方法同上。

2. 标题栏信息

"图纸参数配置"对话框内标题栏信息设置选项卡如图 7-25 所示，用于设置图签栏里需要表达的各项信息。

图 7-25 标题栏信息设置

7.2.9 图库配置

单击"图纸清单"选项卡中的"图库配置"按钮，打开图 7-26 所示的"图库"对话

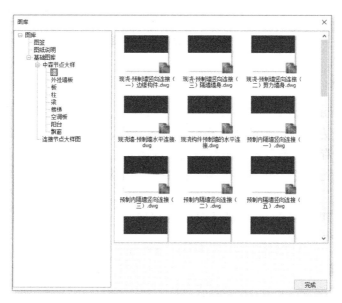

图 7-26 "图库"对话框

框，可向图库内导入图签、图纸说明、节点大样等 dwg 文件。右击目录标题，可在该目录下新建子文件夹，也可直接在该目录下导入 dwg 文件（支持一次导入多个 dwg 文件）。选中子目录，再单击一次可对子目录进行重命名。图签目录下的 dwg 文件可在图纸配置中设置图签时使用，图纸说明目录下的 dwg 文件可在图纸配置中设置图纸说明时使用，基础图库目录下的 dwg 文件可在插入大样中使用。

7.3 图纸目录

单击"图纸清单"选项卡中的"图纸目录"命令，弹出图 7-27 所示的对话框。图纸目录功能可根据现有列表中的图纸自动对其进行编号和排序，并提供多种灵活修改的方式进行调整和补充，最终生成 DWG 和 PDF 图纸。

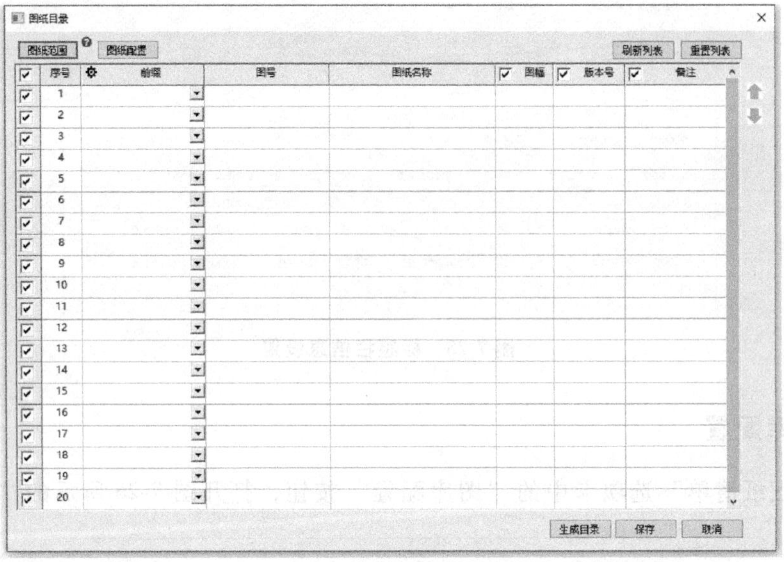

图 7-27 "图纸目录"对话框

7.3.1 图纸范围

通过图 7-27 所示对话框内的"图纸范围"按钮设置生成初始列表内容。此时根据项目数生成的图纸分为详图、平面图、临时构件图三类，根据复选框确定图示列表，此列表只显示项目树中存在的预制构件图纸和关联的楼层信息。需要注意，若已生成列表后，再次对图纸范围进行变更，则不在此范围的图纸会用灰底显示，提示用户此列表范围已调整。

图纸目录生成 DWG 图的最终结果根据复选框确定，并且序号会根据复选框的勾选情况自动顺延排序，无须手动调整。

7.3.2 前缀设置

在图 7-27 所示对话框内单击"前缀"按钮，在弹出的对话框（图 7-28）内可设置图纸的编号前缀，并调整前缀的样式。通过复选框可取消和增加前缀名称。下拉列表可配置前缀的具体内容，默认提供楼层、图幅选项可自动读取模型中的图纸数据，双击下拉框也可直接修改为固定文字。编号位数为设置编号的格式，如设置为 3 位，则第一张为"××-001"。

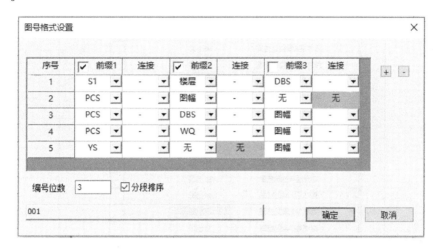

图 7-28 "图号格式设置"对话框

7.3.3 图纸配置

当图纸列表确定后，单击图 7-27 所示对话框内"图纸配置"按钮可进行 DWG 图的相关设置。如调整图幅、字体、日期和版本号等。

7.4 图纸管理

7.4.1 图纸批量管理

图纸输出后，可进行图纸批量管理，如图 7-29 所示。在图纸管理的 A 列中，已出图构件会显示为勾选状态，如需删除相应图纸，取消其在 A 列的勾选即可。B 列为构件详图对应的构件编号，仅用于查看，不能修改。C 列为某构件的出图状态，可与 A 列的勾选状态参考对应。当某一构件已出图，但进行了模型修改后，可通过勾选其相应的 D 列，重新为该构件出图。

7.4.2 合并图纸

可将已出的施工图和构件详图合并到一张图中，并导出 DWG 图纸。单击"图纸清单"选项卡中的"合并图纸"按钮，弹出图 7-30 所示的"合并出图"对话框。最左侧的四个按钮，分别是新建合并图纸、删除合并图纸、上移和下移合并图纸的相对位置。当新建合并图纸后，会在"合并图纸列表"里显示图纸名称，可以单击选中列表里需要修改的图纸名称，再单击一次进入编辑状态以重命名该图纸。

图 7-29 "图纸管理"对话框

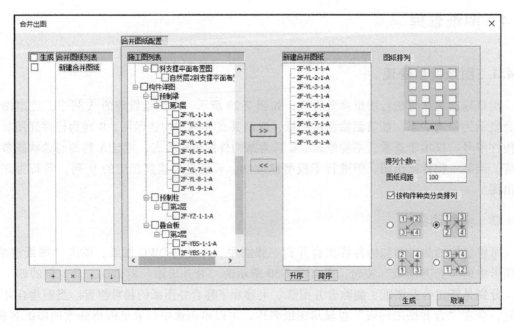

图 7-30 "合并出图"对话框

7.4.3　图纸删除

单击"图纸清单"选项卡中的"图纸删除"按钮，弹出图 7-31 所示的"图纸删除"对话框。对话框中列出了已出图的所有图纸，选择需要删除的图纸，单击"确定"按钮即可删除。

图 7-31　"图纸删除"对话框

7.5　算量统计

7.5.1　材料清单

单击"图纸清单"选项卡中的"材料清单"按钮，生成图 7-32 所示的"材料统计清单"对话框，可查看全部或每一类型的预制构件的数量、材料体积、重量、钢筋用量、相关附件型号及数量等数据信息。生成的数据表格可导出到 Excel 中进行处理。

7.5.2　构件清单

单击"图纸清单"选项卡中的"构件清单"按钮，弹出图 7-33 所示的"预制构件清单"对话框，选择要进行构件清单统计的楼层，生成"预制构件清单"表格，可分构件类型查看全楼或分楼层的不同编号预制构件相关几何尺寸、预制体积、重量、数量等数据信息。生成的数据表格可导出到 Excel 中进行处理。

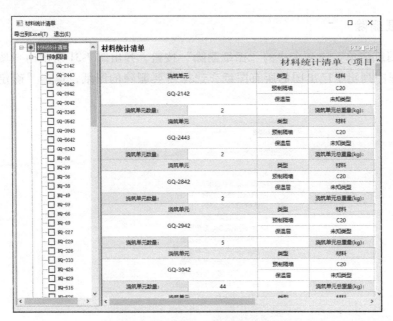

图 7-32 "材料统计清单"对话框

图 7-33 "预制构件清单"对话框

7.5.3 清单生成

单击"图纸清单"选项卡中的"清单生成"按钮，弹出图 7-34 所示的对话框。对话框中分清单模板列表、统计范围、清单样式和公共按钮四个部分。

1. 清单模板列表

列表部分显示所有清单模板，选中其中一项时，右侧显示选中项对应的"统计范围"

图 7-34　"清单模板设置"对话框

和"清单样式"。

1）复选框：复选框与界面右下角"确定"按钮配合使用，单击"确定"按钮，列表中勾选的清单项生成清单。

2）新建：单击"新建"按钮，弹出图 7-35 所示的对话框。在该对话框内，"类型"提供"清单模板"和"文件夹"两个选项；"名称"控制生成的清单名称，新建的清单项不允许与已有清单项同名。

2. 统计范围

确定生成清单时统计对象的范围。通过"楼层"和"构件类型"共同确定统计范围。

1）楼层：确定统计的楼层范围。勾选时，统计该层；不勾选时，不统计。

图 7-35　"新建清单"对话框

2）构件类型：统计的构件类型范围。勾选时，统计该类型构件；不勾选时，不统计。

3. 清单样式

确定清单生成时，清单采用的表格样式。通过下拉列表选择。下拉列表中选项为"清单样式"命令中的清单样式列表。

4. 公共按钮

对整个页面进行统一管理的公共按钮。

1）取消：取消本次所做的修改，恢复到上次保存的数据，退出"清单生成"命令。

2）保存：将界面中的参数保存到程序配置文件中。

3）确定：将界面中的参数保存到程序配置文件中，关闭对话框。并同时按照清单模板列表中的勾选生成对应的清单。生成成功后，自动跳转到"清单结果"中。

7.5.4 清单样式

执行"清单样式"命令或者单击"清单模板设置"对话框中的"详细设置"按钮，打开图 7-36 所示的"清单样式设置"对话框。分为表格浏览器、函数、清单样式表格、属性栏和公共按钮五个部分。

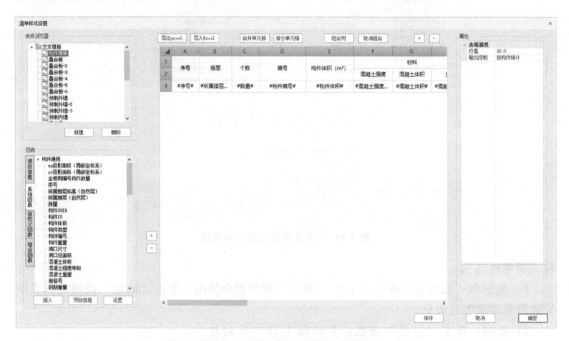

图 7-36 "清单样式设置"对话框

1. 表格浏览器

列表部分显示所有清单样式模板，选中其中一项，右侧显示选中项对应的清单样式表格和属性栏。单击"新建"按钮，弹出图 7-37 所示的对话框，对话框内各项参数含义如下：

1）清单样式类型：暂时仅支持"文本模板"一种类型。

2）复制从 ...：除了提供文本模板中所有清单样式列表选项之外，还提供"当前表格""空"两个选项。

3）清单样式名称：控制清单样式的名称，清单样式不支持重名。

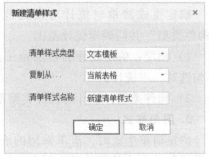

图 7-37 "新建清单样式"对话框

2. 函数

用于将程序附带的或者用户自定义的函数插入到右侧的清单样式表格中。函数按照函数属性默认分为四组，分别是项目信息、系统函数（构件类、钢筋类、埋件类）、自定义函数和组合函数。左侧卷展栏切换会切换函数列表中的列示项。

3. 清单样式表格

清单样式表格是清单样式设置的主体部分，是清单表格的基础样式。

1）表格编辑：双击单元格支持文字输入和修改；插入的函数或者手动输入的函数全部采用双#号夹在一起，如#构件编号#。当编号名称与函数名称匹配时，可以被识别的函数。

2）行增加：在选中行/激活单元格的上方插入行。单击图 7-36 左下侧"+"按钮，弹出图 7-38 所示对话框。"行类型"影响最终的清单样式表达，提供普通行、标题行和重复行三种形式。当行数量比较多时，行描述对行添加说明，方便行区分。

图 7-38　"插入行"对话框

3）行删除：单击图 7-36 左下侧"-"按钮，执行删除命名，可删除选中行或激活单元格所在的行。

4）列增加：单击图 7-36 右上侧"+"按钮，执行列增加命名，在选中列或激活单元格的左方插入列。

5）列删除：单击图 7-36 右上侧"-"按钮，执行列删除命名，删除选中列或激活单元格所在的行。

6）组合列：将选中的单元格所在的列组合在一起，作为一个整体进行列重复。

7）取消组合："组合列"命令的逆操作，不组合的列全部作为单独列进行重复。

8）合并单元格：将选中的单元格合并到一起。

9）拆分单元格：将合并到一起的单元格拆分成独立单元格。

10）导出 Excel：将当前清单样式表格导出为".xlsx"格式的文件。

11）导入 Excel：将".xlsx"格式的文件导入，并在表格浏览器中增加一个条目。条目名称采用导入文件中的工作簿名称。

4. 属性栏

在表格区选中不同的内容，弹出不同的属性栏。

5. 公共按钮

1）保存：将数据保存到程序配置文件中。

2）取消：不保存编辑的数据，恢复到上次保存的数据状态，关闭对话框。

3）确定：保存页面中的数据，关闭对话框。

7.5.5　清单单位

执行"清单单位"命令，弹出"单位设置"对话框（图 7-39）。此对话框中的设置，配合"清单样式"中的属性栏设置，影响最终清单数据单位表达。可以设置的

图 7-39　"单位设置"对话框

单位包括长度单位、角度单位、面积单位、体积单位、重量单位和无量纲数字。

7.5.6 清单结果

执行“清单结果”命令，弹出生成的“清单查看 & 导出”对话框，如图 7-40 所示。切换左侧的列表，右侧显示选中条目（蓝色底纹）的清单内容。列表前的复选框配合左上角的“导出 Excel”“合并导出 Excel”和“删除”使用。

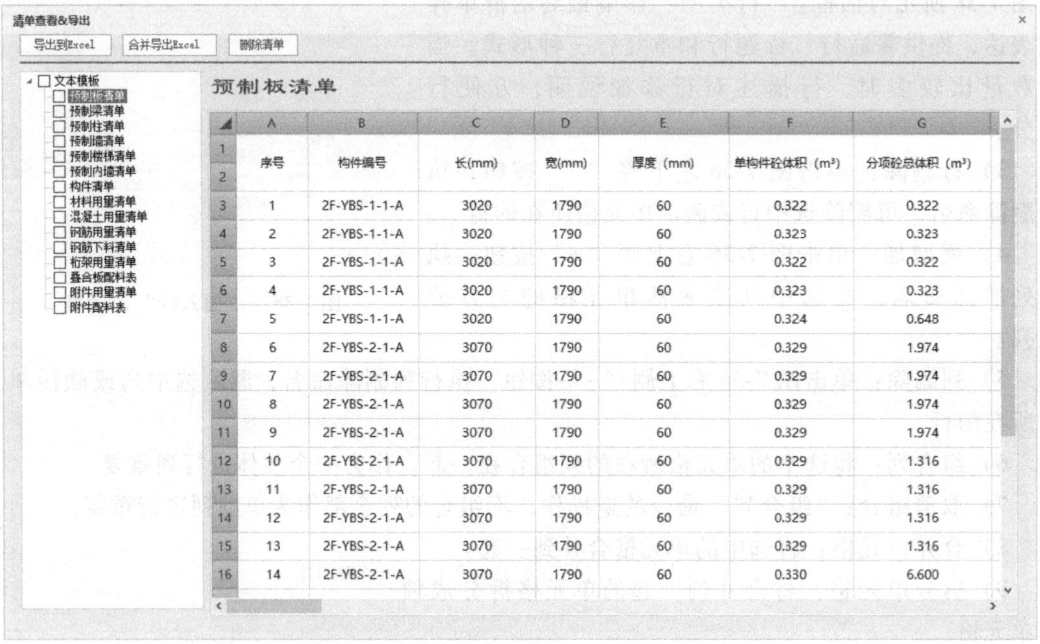

	A	B	C	D	E	F	G
1 2	序号	构件编号	长(mm)	宽(mm)	厚度（mm）	单构件砼体积（m³）	分项砼总体积（m³）
3	1	2F-YBS-1-1-A	3020	1790	60	0.322	0.322
4	2	2F-YBS-1-1-A	3020	1790	60	0.323	0.323
5	3	2F-YBS-1-1-A	3020	1790	60	0.322	0.322
6	4	2F-YBS-1-1-A	3020	1790	60	0.323	0.323
7	5	2F-YBS-1-1-A	3020	1790	60	0.324	0.648
8	6	2F-YBS-2-1-A	3070	1790	60	0.329	1.974
9	7	2F-YBS-2-1-A	3070	1790	60	0.329	1.974
10	8	2F-YBS-2-1-A	3070	1790	60	0.329	1.974
11	9	2F-YBS-2-1-A	3070	1790	60	0.329	1.974
12	10	2F-YBS-2-1-A	3070	1790	60	0.329	1.316
13	11	2F-YBS-2-1-A	3070	1790	60	0.329	1.316
14	12	2F-YBS-2-1-A	3070	1790	60	0.329	1.316
15	13	2F-YBS-2-1-A	3070	1790	60	0.329	1.316
16	14	2F-YBS-2-1-A	3070	1790	60	0.330	6.600

图 7-40 “清单查看 & 导出”对话框

1）导出到 Excel：将复选框勾选的清单表全部导出，每项作为一个文件导出。将清单表格名称作为导出的文件名。

2）合并导出 Excel：将复选框勾选的清单表全部导出，所有项合并为一个文件导出。选中此种导出，需要指定合并的文件名，清单名称作为表格内的工作簿名称。

3）删除清单：删除勾选的清单表格。

7.6 计算书

1. 计算书生成

单击“图纸清单”选项卡中的“计算书生成”按钮，弹出图 7-41 所示的“计算书输出”对话框，选择要输出的计算书类型，并设置各类型计算书的详细输出内容和指标统计项，单击“输出计算书”按钮完成计算书的生成。勾选“合订输出”项，可将生成的各类型计算书合订为一个文档进行输出。计算书输出位置为计算书生成的默认位置，目前软件暂不提供变更计算书输出位置的功能。

2. 计算书查看

单击“图纸清单”选项卡中的“查看计算书”按钮，弹出“计算书查看”对话框，选

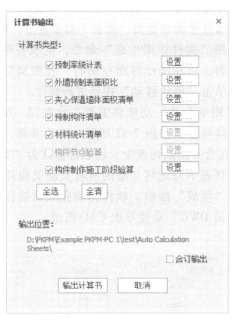

图 7-41　"计算书输出"对话框

择要查看的计算书类型（仅查看已生成的计算书），软件自动弹出对应类型的计算书结果。

7.7　图纸操作实例

在 6.8 节结构深化设计的基础上，本节进一步介绍该案例的绘图方法。

1. 生成编号

打开 PKPM-PC 软件，将 Ribbon 菜单切换至"图纸清单"选项卡，单击"编号生成"按钮，在弹出的对话框内设置构件类型、编号规则和编号范围后，单击"生成编号"按钮，软件自动生成预制构件编号。需要对构件编号进行修改时，单击"编号修改"按钮后，可采用图面上双击需要修改的构件直接进行单构件编号修改，或在左侧"编号修改"对话框内进行同编号构件的批量修改。

2. 设置参数

利用"图纸清单"选项卡中的"基本设置"命令，对软件生成的详图、平面布置图等进行详细设置，减少出图后的人工修改工作量。利用"图层配置"命令对图层颜色、线型、填充样式，以及图签标题栏信息等进行详细设置，满足个性化设计习惯与要求。

3. 自定义排图

需要对图纸的图签、排版格式按设计习惯与要求进行修改时，单击"自定义排图"按钮，在"自定义图纸配置"操作环境中，利用"图签图框"命令设置图签样式与内外框间距；利用"交互排图"命令调整预制构件详图的出图内容（包括模板图、配筋图、配件图、大样图、构件定位图、统计表格、图纸说明和图库大样等）与排布格式。

4. 图纸生成与管理

（1）图纸生成　利用"图纸清单"选项卡中的"结构平面图"命令生成墙柱定位图、

结构模板图、板配筋图、梁配筋图和柱配筋图；利用"装配式平面图"命令，生成现浇层插筋图、隔墙平面布置图、墙柱平面布置图、梁板平面布置图、墙柱详图、隔墙挑板排布图和斜支撑平面布置图等；利用"构件详图生成"命令，生成各种类型预制构件详图。需要对软件生成的图纸进行查看时，可在操作界面左侧的"视图浏览器"中进行切换，如想进一步修改图面内容排布，可单击"图块移动"按钮进行操作。

（2）图纸合并　利用"图纸合并"功能将需要表达在同一图面上的图纸进行合并，减少导出的图纸数量，方便后续操作。如图 7-42 所示，以合并第二层预制梁图纸为例，单击对话框左侧的"+"按钮，在合并图纸列表中，将名称修改为"第二层预制梁"或其他方便区分的名称，然后在施工图列表中勾选第 2 层的所有预制梁构件，单击">>"按钮，最后设置图纸排列格式后，单击"生成"按钮，软件自动完成图纸合并操作，结果如图 7-43 所示。合并后的图纸可用"导出 DWG"功能导出 CAD 图纸。

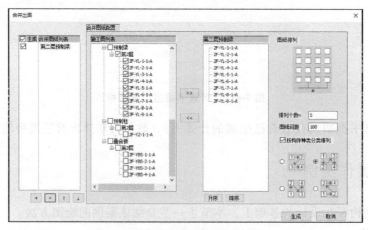

图 7-42　第二层预制梁合并出图

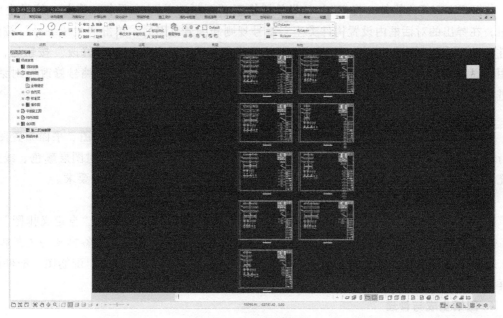

图 7-43　图纸合并结果

（3）图纸目录　单击"图纸目录"按钮，在弹出的对话框内选择图纸范围，并设置前缀、图号等后，单击"生成目录"按钮即可。

（4）图纸导出　利用"导出 DWG"或"导出 PDF"命令，在弹出的对话框内设置图纸范围与保存路径后，单击"导出"按钮即可完成图纸导出操作。

5. 清单与计算书生成

单击"清单生成"按钮，在弹出的对话框内设置清单模板列表与统计范围后，单击"确定"按钮，软件自动完成工程量统计工作，并弹出"清单结果"对话框，供查看或进一步导出为 Excel 文件。

单击"计算书生成"按钮，在弹出的对话框内设置计算书类型后，单击"输出计算书"按钮，软件自动根据所选内容生成 Word 或 Excel 格式的计算书，并保存在项目目录下的"Auto Calculation Sheets"文件夹内。

7.8　本章练习

1. 如何在自定义排图中导入 DWG 图签？

2. 单构件临时出图功能有何作用？

3. 按本章 7.7 节所示步骤，完成建筑案例第二层的图纸生成，并导出 DWG 格式图纸。

参 考 文 献

[1] 中华人民共和国住房和城乡建设部. 装配式混凝土结构技术规程：JGJ 1—2014 [S]. 北京：中国建筑工业出版社，2014.

[2] 张同伟. PKPM 结构软件应用与设计实例 [M]. 北京：机械工业出版社，2022.

[3] 张宇鑫，刘海成，张星源. PKPM 结构设计应用 [M]. 2 版. 上海：同济大学出版社，2010.

[4] 郭仕群，杨震. PKPM 结构设计与应用实例 [M]. 北京：机械工业出版社，2022.

[5] 欧新新，崔钦淑. 建筑结构设计与 PKPM 系列程序应用 [M]. 2 版. 北京：机械工业出版社，2010.

[6] 陈超核，赵菲，肖天鉴，等. 建筑结构 CAD：PKPM 应用与设计实例 [M]. 北京：化学工业出版社，2011.

[7] 李永康，马国祝. PKPM 2010 结构 CAD 软件应用与结构设计实例 [M]. 北京：机械工业出版社，2012.

[8] 李永康，马国祝. PKPM V3.2 结构软件应用与设计实例 [M]. 北京：机械工业出版社，2018.